初めてママの妊娠・出產・育児ブック

幸福生產書

給新手媽咪專用的懷孕・生產・育兒百科

日本研究嬰兒胎內記憶的第一人

醫學博士 池川明——監修

江宓蓁——譯

肚子裡的寶寶的故事

「我還記得在肚子裡發生的事喔！」

媽媽，
偷偷告訴妳，我在妳肚子裡的記憶。

為了到外面以後能健健康康地長大，
我做了很多很多練習喔！

我在紅通通的小房間裡又跳又滾；
吸手指、打呵欠；
喝一點羊水、尿一點尿；
在妳的肚子裡事先演練。

媽媽的聲音還有爸爸的聲音，
我都聽得很清楚喔！

媽媽覺得幸福的時候，
我也會開心地笑。

還會翻滾好多好多次。

吶，告訴妳一個秘密好嗎？

會到媽媽的肚子裡，是我自己決定的喔！
因為我最喜歡媽媽了！
為了喜歡媽媽，所以我才到這個世界上來的。

我最喜歡媽媽，
最喜歡爸爸，
最喜歡大家了！

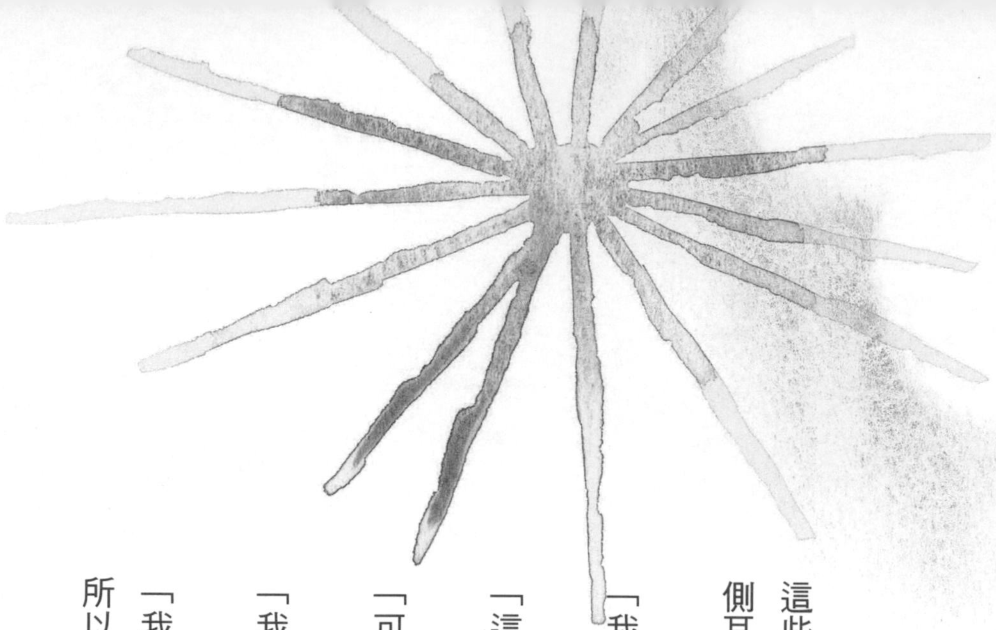

這些是記得自己出生前的事的孩子們所說的話。
側耳聽聽他們的故事吧！

「我在水裡面飄來飄去的。」

「這兒好溫暖、好溫暖，而且一直轉來轉去的。」

「可以清楚聽到媽媽的聲音唷！」

「我從肚臍偷看過外面的世界喔！」

「我知道自己出生的時候快要到了，
所以故意轉了一圈才出來的唷！」

「外面真的好亮好刺眼喔！」

其中也有幾個記得自己進入肚子以前的事的孩子。

「我啊，
一直好想從天上到這裡來，
所以才決定到有爸爸和媽媽兩個人在的地方喔！」

「是我選了媽咪和爹地。
我一直都在等你們喔！」

「我想要成為女明星，所以才選擇了媽咪。
因為媽咪是最漂亮的人。」

他們是自己選擇誕生的地方喔。

不相信嗎？

但是，確認這件事的真實性，
真的有這麼重要嗎？

畢竟我們還不是很清楚，
生命到底是從何而來的，不是嗎？

不過，要是我們能認為
「孩子們是自己選擇父母而誕生」的，
媽媽的心情不會稍微輕鬆一點嗎？

不是「媽媽生下孩子」，
而是「孩子自己決定出生」。

媽媽只需要幫自己的孩子一點小忙就可以了。

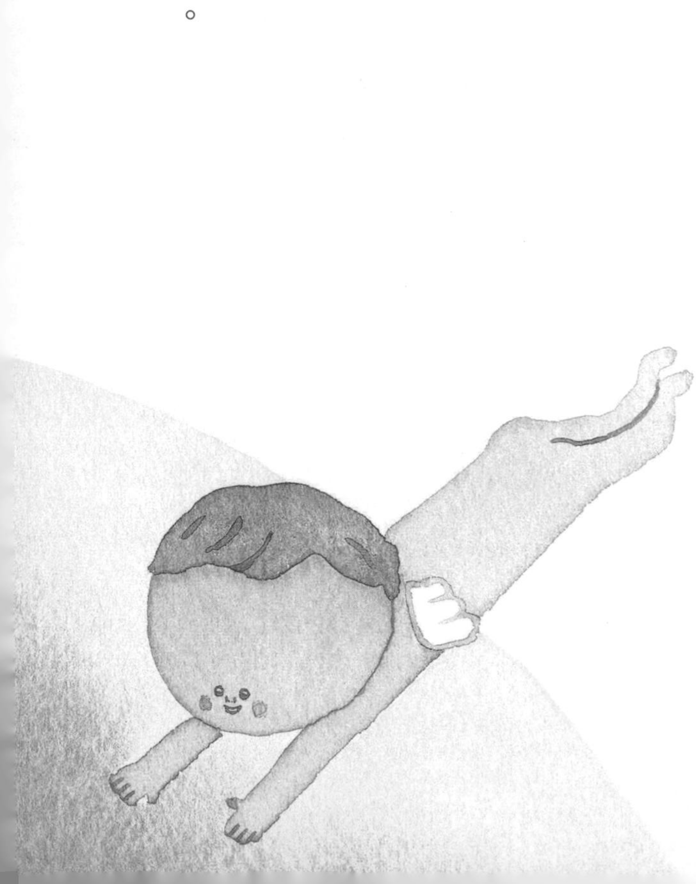

前言

正在閱讀這本書的您，想必肚子裡正孕育著一個新生命吧！我能想像您是懷著何種心情在翻閱這本書，肯定是滿心的溫馨與祥和吧！

可是，一定會有幾位媽媽們的心裡有點擔心，有點害怕，有點寂寞。其中說不定還有媽媽抱著堅定的意志，決定獨自一人撫養孩子長大。然而不論是哪一位媽媽，之後都會有無比美好的挑戰，以及燦爛非凡的未來在等著您。

到目前為止，我們都是以成年人的眼光來看待懷孕、生產、育兒等事。但是正如同本書開頭「肚子裡的寶寶的故事」中所描寫的，寶寶們應該也有他們自己的意志、願望、以及感情。若您實際詢問3～4歲的孩子，就會發現大部分的人都會回答自己的確有這些記憶。可惜的是這些記憶會隨著年紀漸長逐漸消失。

若我們假設寶寶和大人有著同樣的感覺呢？他們只不過是無法任意行動，表情達意的方法也有限而已。或者，若是有人將當時的記憶刻劃在內心深處，在成為大人之後依然牢記在心呢？如此一來，我們看待寶寶的態度應該會就此產生巨大的改變吧！

許多寶寶說，他們是自己選擇父母的。同時他們也說：「我是為了幫助媽媽才誕生的」。因此我衷心希望，如果有一種懷孕或是育兒過程，能夠珍惜並且尊重上述寶寶們的想法就好了。

何不讓我們一同站在寶寶的立場，朝著全新的育兒方法邁進呢？

池川　明

新手媽咪專用 懷孕・生產・育兒百科

目次

懷孕初期（1～4個月） 43

生產 161

產後 177

育兒 189

訂定生產計畫

訂定生產計畫

生產就是開始一個嶄新的人生

有人說寶寶在誕生之前其實是有好好挑選過父母的。為了迎接這個新生命，父母親也必須做好足夠的心理準備。為了使新生兒的誕生成為無比美妙的體驗，請和妳的伴侶多多討論應該要做些什麼。從懷孕的那一刻起，育兒工作就已經開始了。

生產計畫是什麼

如同字面上所說，生產計畫指的就是為了生下孩子而做的計畫。主要是決定在何處生產、以何種方式生產、生產時希望由誰陪同等等。

當然，生產對一個人的身體來說會有非常巨大的變化。懷孕途中可能會出現一些問題，導致不得不剖腹，而醫院的體制也有可能不如自己的預期。但是，生產這件事無法假手他人，為了讓生產成為妳和伴侶、寶寶的美妙體驗，從懷孕的那一刻起，不，應該說是從妳想要一個寶寶的那一刻起，就務必請開始考慮訂定一個生產計畫。

首先請閉上眼睛想像一下。

妳覺得會讓妳感到幸福的生產是什麼樣子的呢？請把浮現在妳心中的情境紀錄下來吧！為了讓妳心中所想像的畫面成真，應該採用何種生產方式呢？而實際上，自己又能做到什麼樣的生產呢？如此一來，專屬於妳的生產計畫應該就能夠逐漸成形。

各式各樣的生產計畫

現在在這裡為大家介紹幾個媽咪前輩所寫的生產計畫。

- 希望能夠馬上抱到剛生下來的寶寶。
- 希望盡可能地避免接受醫療處置（會陰切開、灌腸、剃毛等）。
- 希望丈夫和寶寶的哥哥姐姐能夠陪同生產。
- 希望能夠在家生產。
- 因為自己很怕痛，所以希望能採用無痛分娩。
- 想回到娘家附近生產。
- 希望在助產院生產。
- 希望能在有助產士的醫院，以盡量接近自然的方式生產。
- 不想使用陣痛促進劑（催生

劑）。

- 希望能夠記錄寶寶誕生的瞬間。
- 想在日式的被褥上而不是在西式的床上生產。
- 希望採用水中分娩法。

各種生產法

生產方法大致上可分為兩種。一種是等待陣痛自然出現再行生產的自然分娩，另一種則是決定生產日後再計畫性地進行生產的計畫分娩。首先要考慮的是自己比較希望採用哪一種方法。因為這項決定會與自己要在何處生產，以及產檢應該如何進行有關。所以我們就從這裡開始討論吧！

二次大戰之後的生產在醫療資源的後援下，周產期的生存率有著飛躍式的大幅成長。這也造成了原本是人類生理現象之一的生產可被安排在醫療的管理之下。

然而人們依靠醫療資源來尋求更安全的生產方法時，反而帶給嬰兒過度的壓力，因此引發新的出生創傷問題也是不爭的事實。

針對這個狀況的解決辦法就是不再依靠醫療資源，盡可能地以自己的力量來生產的自然分娩。其中最具代表性的就是法國的拉梅茲呼吸法。

同時在此之後，重視媽咪這個主體的自然分娩逐漸進化，進而誕生了各式各樣的生產法。

產房與醫院設施也必須配合媽咪們的需求，導入各種生產方法以求新求變。生產方法也變得相當多樣化。

近年來婦產科也開始推行孕婦諮詢，而協助訂立生產計畫的醫院也變多了。但是，訂定計畫的時期似乎都是在懷孕後期或是在媽媽教室開始之後為多。

不過，要先知道現在到底有哪些生產方法，再來訂定適合自己的生產計畫才是最佳的。

嗯嗯……
我希望能像這樣把寶寶生下來！
BIRTH PLAN

生產法的種類

根據寶寶誕生位置的分類
- 陰道分娩
- 剖腹生產

根據呼吸法等放鬆方法的分類
- 拉梅茲呼吸法
- 舒服樂生產法
- 氣功式
- 冥想法

根據生產場所的分類
- 在家生產
- LDR
- 水中分娩

根據生產姿勢的分類
- 普通分娩
- 座位分娩
- 自由體位式分娩

其他生產法
- 無痛分娩・減痛分娩
- 誘發分娩（計畫分娩）
- 利用芳香療法

多樣化的生產方法

生產方法有非常多種。為了訂定自己的生產計畫，不妨先行了解各種生產法的特色。

陰道分娩

所謂陰道分娩，就是指寶寶通過產道由陰道出生的生產法。這種生產法也稱作自然分娩。

剖腹生產

媽咪或是寶寶出現某些狀況，醫生判定陰道分娩的危險性過高，必須剖開肚子直接取出寶寶，這個方法就是剖腹生產。可分為事先和醫師討論後才決定的「選擇性（預定）剖腹產」，以及在陰道分娩的途中基於突發事件而緊急開刀的「緊急剖腹產」兩種。

普通分娩

以仰躺的姿勢躺在分娩台上生產。這是最為普通的生產方式。

座位分娩

坐起上半身來進行分娩的生產方式。這個姿勢的優點是比起仰躺姿勢容易出力，憋氣用力也較為輕鬆，寶寶因而能更加順利地滑下產道。有些婦產科診所會備有這種姿勢專用的分娩台。如果有意採用這種分娩法，請事先詢問看看是否可行。

自由體位分娩

一般常見仰躺在床上生產的普通分娩，其實都是以醫療人員為主體的生產法。而以媽咪和寶寶為主體來進行更為自由的生產法，即為自由體位生產法。

陣痛一開始，媽咪可以採取自己最能放鬆的姿勢度過生產過程。例如保持坐姿或是靠在撐住自己的人身上；抓住椅子；趴下後採取辛斯氏體位（參照Ｐ２３９）等，用自己最感放鬆的姿勢來進行憋氣用力產下寶寶。

最近的婦產科診所不但可以在床上或是日式被褥上生產，還引進了水床等，正積極地推動自由體位生產法的普及。

拉梅茲呼吸法

拉梅茲呼吸法是減痛分娩（不依賴藥物，僅靠呼吸法等放鬆方式以緩和疼痛的方法）當中最具代表性的分娩法。這個方法是由法國醫師拉梅茲所提倡，藉由呼吸方式讓媽咪以最輕鬆的狀態度過陣痛。

舒服樂生產法

１９６０年由凱塞多醫師在法國提出，是一門企圖追求精神的安定與調和的學問，後經由松永醫師介紹到日本。藉由一邊聆聽舒服樂生產法的音樂，一邊進行冥想練習等簡單的訓練，緩和媽咪身心的緊張感後，就能夠自然地產下寶寶。採用這種生產法的醫院，通常會舉辦媽媽教室之類的產前教育。

氣功式（RIEB法）

RIEB是由Relax（放鬆）、Imaging（冥想）、Exercise（運動）和Breath（呼吸）等單字字首組成。是橋本醫師為了孕婦而特別採納中國氣功法當中的腹式呼吸（鬆腹），藉由緩慢運動腹部來達到放鬆的效果以度過陣痛。

冥想法

培養想像力以調整身心狀態。事前先樂觀積極地想像生產過程，等到實際生產時就能輕鬆以對。例如想像自己在最喜歡的地方，或是想像子宮正如同花朵綻放般緩緩開啟，藉著與身體的對話來度過陣痛。

在家生產

這個方式是透過助產士的指引在自己家裡生產。在自己熟悉的家中，周圍又是自己的家人，可讓孕婦在生產時感到安心，同時非常放鬆。不過先決條件是，在生產前的整個懷孕過程都完全正常才能採用此方式。

LDR*

即將生產的前一刻，當媽咪進入分娩室坐上分娩台時，緊張感會越來越高。LDR則是可以減低這種緊張感的方法。L指陣痛；D指分娩；R指回復。LDR就是把這三個原先分散在三個房間各自進行的動作集中到一個房間進行。也就是在陣痛室裡一併完成後續的生產以及產後回復的動作。

*註：在台灣又可稱做「樂得兒」產房。

水中分娩

屬於自由體位生產法之一。為了不讓原本待在羊水中的嬰兒受到新環境變動的刺激，因此刻意選在同樣的環境中來進行生產的方法。媽咪在生產時，會把腰部以下浸在與羊水同樣溫度的溫水裡。同時，浸泡在溫水當中也有舒緩陣痛的效果。

無痛分娩

無痛分娩是利用麻醉止痛以防止身體過度緊張，進而促使生產順利進行。實施方法有神經阻斷麻醉、吸入性麻醉、針麻醉等方法。不可以因為「疼痛好可怕」就隨意決定採用這個方法。還是要先請媽咪仔細確認麻醉的風險，再和醫師討論適合自己的方法。

誘發分娩（計畫分娩）

事先決定生產日，並計畫性地使用陣痛促進劑以促使生產的方法。剖腹生產也是此種方法之一。通常是基於醫學方面的理由才會採用這個方法，適用在懷孕時可能碰上的各種風險。例如胎兒發育不良；妊娠毒血的症狀未獲改善；以及多胞胎等高風險狀況下，就會採用這個方法。

生產計畫的
其他重要事項

除了生產方法外，這個段落將另外介紹生產計劃當中的其他重要因素。

高齡生產

高齡生產的優點與缺點

由於結婚之後仍然繼續工作的女性逐漸增加以及結婚年齡的上升，女性的生產年齡有逐年升高的趨勢。

實際上，不孕、流產，以及唐氏症之類的染色體異常症狀的風險的確會隨著年齡增加而遞增。同時也不能否認，肌力下降會造成自然分娩更加困難。

但是，隨著年齡增長而有許多歷練的媽咪們，可以認真考慮懷孕・生產・育兒其實是非常棒的。不但心境上會比較從容，而且也能開心體驗各種可能的機會。而這份開心的心情也能傳達給寶寶，對彼此來說應該都會是非常美好的經驗。

必須做足充分的準備

雖然在精神層面上，高齡生產具有相當多的優點。但是在訂定生產計畫時，還是要仔細確認可能伴隨而來的風險。

若在理解所有風險之後決定自然生產，那麼從飲食到生活習慣方面都必須為了讓自己能夠順利生產而加以準備。

例如若不想進行會陰切開，就必須在發現懷孕時開始按摩會陰部，使其變得柔軟。媽咪們不要光是希望，最好是連同這些事情也一併考慮，好好地制定自己的生產計畫吧！

夏季生產，冬季生產

一旦發現懷孕，媽媽手冊上就會寫上預定生產日大約在何時。若在夏季，就必須做好因應高溫的對策，同時也必須注意汗疹之類的照護。

若在冬季，則必須做好禦寒準備。根據妊娠週所在的季節，需要準備的物品和注意事項都會有所不同。訂定生產計畫時必須把這些事情也納入考慮之中。

產後的嬰兒護理

袋鼠護理

生產後立刻讓媽咪和寶寶進行肌膚接觸就稱為袋鼠護理。出生前的寶寶是在羊水的包覆下，在媽咪的肚子裡生活。但是出生後，寶寶會被曝露在空氣之中，開始呼吸，接觸截然不同的世界。一切的一切都是全新的體驗，因而寶寶會充滿不安。這時

若能聽見熟悉的媽咪的聲音和心跳，會讓寶寶感到非常安心。同時應該也能增強兩人間的羈絆。

考慮到這些優點，近年來有越來越多的婦產科醫院採用產後母嬰同室的制度。在訂定生產計畫時，最好能事先向醫院確認這一點。當然媽咪們也能在計畫當中寫上務必進行袋鼠護理這點。

母乳哺養

媽咪在住院期間，醫院會對媽咪進行如何哺乳、沐浴，以及換尿片等育兒指導，而其中最重要的就是哺乳方法。

您決定要用母乳餵養寶寶嗎？若是對此有所堅持，最好一併寫入生產計畫中，並在產前開始小心做好乳房保健。由於媽媽教室等課程也會指導如何哺乳，因此可以把自己的希望告知醫師並積極收集情報，以做好萬全的準備。

如果強烈希望以母乳來哺育寶寶，當然必須考慮選擇重視母乳哺育的婦產科醫院或設施。

自然分娩可以做到何種程度？

所謂自然分娩，就是「等待陣痛自然出現，不介入任何醫療行為，經由陰道分娩產下嬰兒」。但是有關醫療行為介入的部分，則是隨著醫師和醫院的不同而有相當大的討論空間。

如果單看自然分娩，有些醫院是專指不使用陣痛促進劑和麻醉劑；也有些醫院認為醫院只是輔助，主要還是靠媽咪生產的力量產下胎兒才叫做自然分娩。

對訂定生產計畫的內容來說，各個醫院的對應方法是非常重要的。

陣痛促進劑會在何時使用？會陰切開到底是如何進行？有些醫院會把會陰切開當作是生產的必要準備而進行。

有許多媽咪都很厭惡會陰切開。可是實際生產時的確會發生陰道口張不開而導致寶寶心音下降的狀況。若生產計畫當中有註明不願意進行會陰切開，就必須選擇願意支持您意願的醫院，並在懷孕期間從事體操、瑜珈並對會陰施加按摩，以確保會陰部的柔軟度。

換句話說，訂定生產計畫的意義就是決定自己今後的懷孕生活將會如何度過。媽咪若是藉著自己的力量自然產下寶寶固然令人讚嘆，但是現代人的飲食和生活習慣都有所變化，生活中也充滿著壓力，因此變得很難像以前一樣憑自己的力量生下孩子。如果您堅持進行真正的自然分娩，那麼就一定要選用能回復自己生產力量的生活方式。這一點請務必銘記在心。

生產計畫 1

S.S女士（20歲）
產下女嬰（目前兩個月大）
出生時體重3,094公克

不發出聲音，全力放在生產上。絕對不要錯過寶寶出生的那瞬間。

為了寶寶，必須把高跟鞋以及緊身的衣物封印起來。

回到娘家時，父母親給了不少建議

和寶寶一起開心進行踢腿遊戲

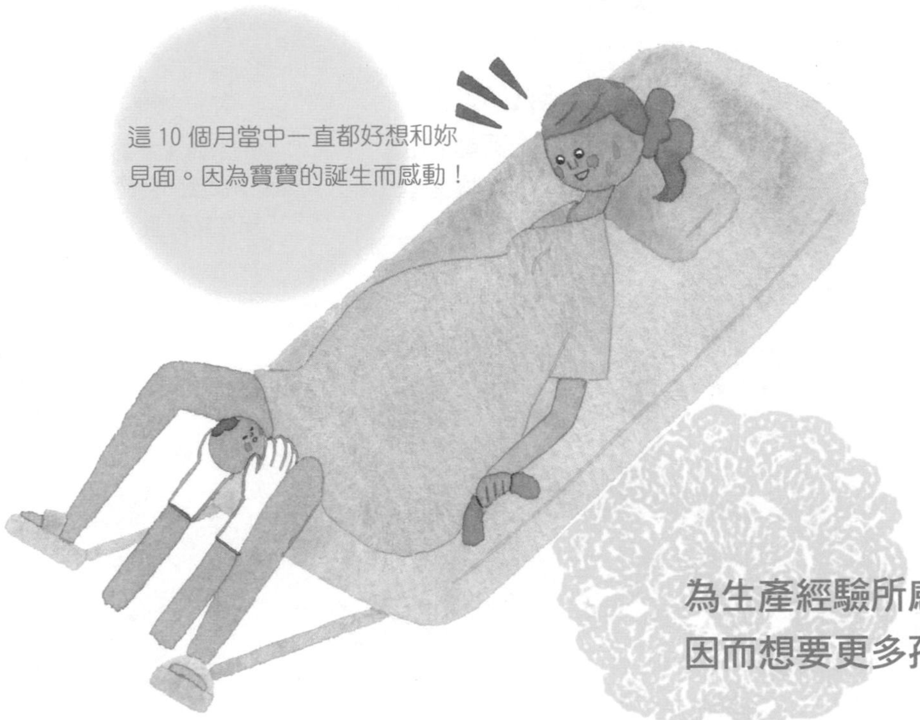
這 10 個月當中一直都好想和妳見面。因為寶寶的誕生而感動！

為生產經驗所感動，因而想要更多孩子。

Q 為了生產計畫而需加以注意的事情是？

A 為了順利生產，我放棄高跟鞋不穿。
也盡可能地選擇寬鬆的衣物穿著。
雖然碰上了搬家，不過幸好是懷孕初期，所以平安度過。
生產時我根本無法闔眼。

Q 生產計畫成功了嗎？（若以100分為滿分會是幾分呢？）

A 成功，而且是100分滿分。當我被推進分娩室之後，完全不出聲，努力憋氣用力，大概20分鐘後就把孩子生下來了。

Q 在這次懷孕與生產過程當中發現的事情是？

A 能夠和一直期待著「好想見面、好想見面」的孩子相見，那一瞬間我實在太感動了。心裡有種就是為了這一刻我才撐了十個月的感覺。同時也知道了自己有多麼感謝那段時間一直支持著我的丈夫和父母。生產時的疼痛雖然劇烈，但是能夠忍耐過這種體驗的女性一定會更為堅強的。

Q 作為前輩媽咪有何建言？

A 生產時若是出聲喊叫，力氣就會跟著消失。把喊叫的力氣收到肚子裡，心裡只要想著再堅持一下就能和寶寶見面。生產時寶寶也很努力，請鼓勵自己還差一步並繼續加油，因為疼痛一定會結束的！

生產計畫 2

須田奈津惠女士（30歲）
產下女嬰（目前未滿月）
出生時體重3,396公克

希望有家人陪同生產
希望撫摸剛出生的寶寶的頭
希望能向寶寶的臍帶和胎盤好好地道謝
希望能由丈夫剪斷臍帶
希望進行袋鼠護理等等

當決定辭職時，
正巧就懷孕了

就算是大熱天
也會穿上兩層襪子

肚子裡的寶寶給我的建議是
「不要太勉強自己了」

在家人的守護下生產，
100% 滿足！
生產計畫全部實現，
我非常滿意！

Q 為了生產計畫而加以注意的事情是？

A 我把生產計畫寫在媽媽手冊裡。為了在生產時能夠正確傳達我的意願，我對丈夫還有家人詳細說明了計畫內容，拜託他們代為轉達。

Q 生產計畫成功了嗎？（若以100分為滿分會是幾分呢？）

A 100分。我真的非常滿意！能和大家一起迎接新生命尤其讓我感動。

Q 在這次懷孕與生產過程當中發現的事情是？

A 我是在辭去護士工作時懷孕的，時機真的非常剛好。孕婦生活原本非常順遂，但是在30週左右時出現胎位不正。回想起來，我常常忘了自己是個孕婦，活動過多而且時常勉強自己。於是我認真反省、珍惜和寶寶相處的時間、注意身體狀況並穿上褲襪或是接受針灸以避免著涼。在改變生活方式之後，胎位不正也隨即獲得了改善，讓我感受到肚子裡的寶寶的自我意識。這個經驗讓我學到，不管任何事都有它存在的理由和意義。

Q 作為前輩媽咪有何建言？

A 和妳現在肚子裡的孩子一同度過的懷孕期僅此一次。請一定要開開心心地度過。

希望能在自己家裡，在家人的陪同下進行水中分娩
點上蠟燭，並撥放恩雅的音樂CD
希望生產時能依照寶寶的節奏，
等待寶寶出生

生產計畫 3

真美子女士（35歲）
產下男嬰（目前兩個月）
出生時體重3,300公克

理想是在燭光下
進行水中分娩。

為了不要感到寒冷，於是
全家一起去泡溫泉。

當自己還在驚慌失措時生產就開始進行了，
好不容易才坐進了水裡

因為太快生下寶寶
而被家人大聲抗議

依照寶寶的節奏，完成最完美的生產！

Q 為了生產計畫而需加以注意的事情是？

A 為了培養和寶寶之間的默契，我會一直跟他說話。另外為了避免著涼，我從懷孕之前就會注意下半身的保暖。三餐都吃有機栽培的食材，以穀類和根莖類為主。我請丈夫學習有關生產的知識，並就自家生產這個話題討論過許多次。

Q 生產計畫成功了嗎？（若以100分為滿分會是幾分呢？）

A 可能是因為我在懷孕期間對各方面都相當小心注意，所以出血量很少，生產過程非常順利。雖然寶寶的節奏太快導致家人趕不上他誕生的瞬間，不過我知道那是寶寶自己的誕生節奏，所以還是給100分！

Q 在這次懷孕與生產過程當中發現的事情是？

A 雖然我做好了充分的準備，也事先演練了好幾次，但是真的開始時，速度卻是快到讓人驚訝。就在我還在驚慌失措時立刻開始了一陣強烈的陣痛，最後只好慌慌張張地衝進浴室。當我心想家人都還沒回來該怎麼辦才好時，才一個用力寶寶就生出來了。其中印象最深刻的，就是最後自己彷彿是扭著身體把寶寶擠出來似的。雖然和想像的狀況不太一樣，但是在生產時我還是有感受到寶寶的存在，並等待著他的到來。

Q 作為前輩媽咪有何建言？

A 為了自然地產下寶寶，最重要的就是做好身體和心理上的準備。而在做準備的過程中，自己和家人的羈絆會變得更加堅固，家人們會更願意接納寶寶，寶寶也會非常開心。所以請大家一定要加油。

生產計畫 4

花里　笑女士（39歲）
產下女嬰（目前六個月）
出生時體重3,008公克

在醫院的日式被褥上進行自然生產
（不進行會陰切開，不使用陣痛促進劑）
丈夫陪同生產
袋鼠護理
住院時母嬰同室，丈夫也在病房留宿

為了順利生產
每天散步兩小時

飲食方面也很注意，
嚴格管理體重

有時間就會和寶寶說話的
理想孕婦

就是因為不可能事事如意，人生才有意義

無法改善胎位不正，只好剖腹生產。丈夫安慰我「妳已經盡了最大的努力了」

當初一直以為是男孩，結果是非常可愛的女孩！

Q 為了生產計畫而需要加以注意的事情是？

A 每天必須進行總計兩小時的散步。為了避免手腳冰冷而接受針灸。充分攝取鐵質以免貧血。管理體重。和寶寶對話。

Q 生產計畫成功了嗎？（若以100分為滿分會是幾分呢？）

A 醫師嘗試外轉動三次都無法改善胎位不正，最後只好在38週時到其他醫院進行剖腹生產。從生產計畫來看應該是0分。

Q 在這次懷孕與生產過程當中發現的事情是？

A 為了能夠進行自然分娩，我做了各種努力，但是最後還是得剖腹產。當時我的心情真的非常低落。不過手術時的出血量相當少，過程也相當順利，寶寶得以健健康康地誕生。對於凡事追求完美、總是不斷勉強自己的我來說，這次的經驗讓我知道，就算事情發展不如己意仍然是一件美好的事，已經發生的事就是最好的事。其實丈夫一直以為寶寶是男孩子，所以一直叫她「小勇、小勇」。結果生下來才發現是個女孩！

Q 作為前輩媽咪有何建言？

A 不管最後是採用哪一種生產方式，對自己和寶寶來說都是最好的方式。請用平常心看待吧！

我的生產計畫

妳希望採用什麼方式生產？（想像亦可）
為了採用這個方法需要做好哪些準備？請盡量列舉出來。（須具體）

姓名
年齡
出產
預產期

例：希望能獲得助產士的協助。
希望能盡可能地不藉助醫療行為進行生產。
希望丈夫能陪同生產等等。

對自己的期望
（　　　　　　　　　　　　）

對家人的期望
（　　　　　　　　　　　　）

對醫護人員的期望
（　　　　　　　　　　　　）

※ 若對產後的育兒有何期望，也請一併寫下來。

希望獲得這樣的協助

	懷孕時	生產時
丈夫		
家人		
醫護人員		

給即將見面的寶寶的話

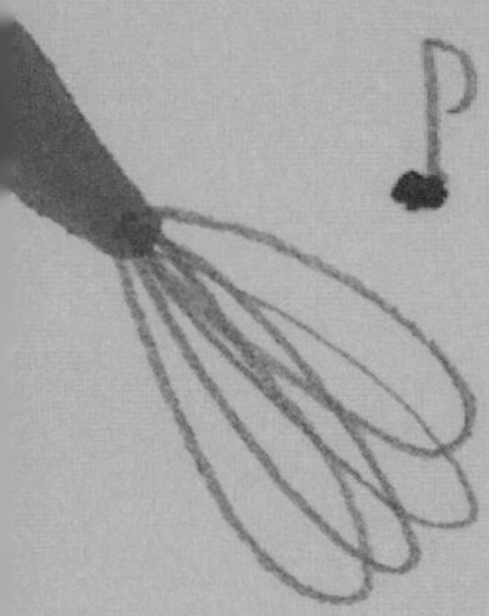

促進寶寶成長發育
懷孕前必須注意的飲食

在懷孕 4 ～ 7 週（2 個月）的器官形成期時，
寶寶的腦和脊髓開始形成。
這個時候通常都還沒發現自己懷孕……
當妳開始想著真想要一個寶寶時，
就正是改善日常飲食習慣的好機會！

營養均衡

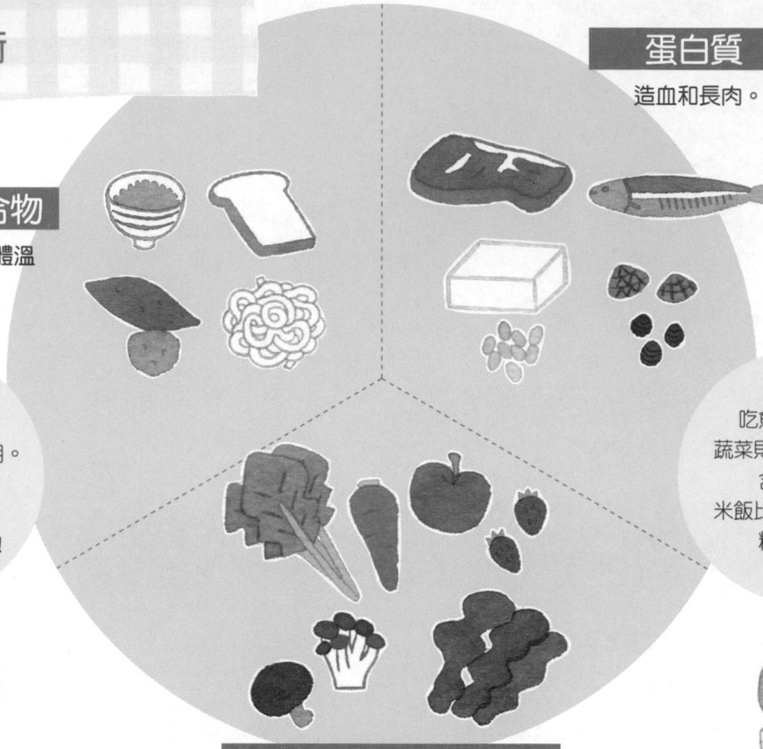

碳水化合物

構成體力和體溫

蛋白質

造血和長肉。

礦物質・維他命

調整身體狀況

以糙米和蔬菜
為主食的人，
必須節制水果的食用。
而常吃肉的人，
則必須多吃水果，
來保持營養均衡喔！

吃魚比吃肉好，
蔬菜則是建議挑選不
含農藥的。
米飯比麵包好，尤其
糙米最好。

試著把昨天吃的東西寫下來吧。

昨天我吃了
什麼呢……

 主食（飯、麵、麵包等。能量的來源）			
 主菜（使用魚貝類、肉類、蛋、大豆製品等材料製作的主要菜餚。蛋白質和脂肪的來源。）			
 配菜（以蔬菜、根莖類、海藻、香菇、水果為主要材料。藉以攝取維他命、礦物質和食物纖維。）			
 其它（水果、乳製品、湯類、飲料類等不屬於主食、主菜和配菜的食物。主要功用是補充容易缺乏的營養。）			

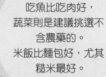

營養均衡是每日飲食的重點

盡量吃當季盛產的食物

比起保健食品，還是盡可能地從自然食品當中攝取營養比較好喔！
糙米和魚貝類當中所含有的礦物質最好。

春

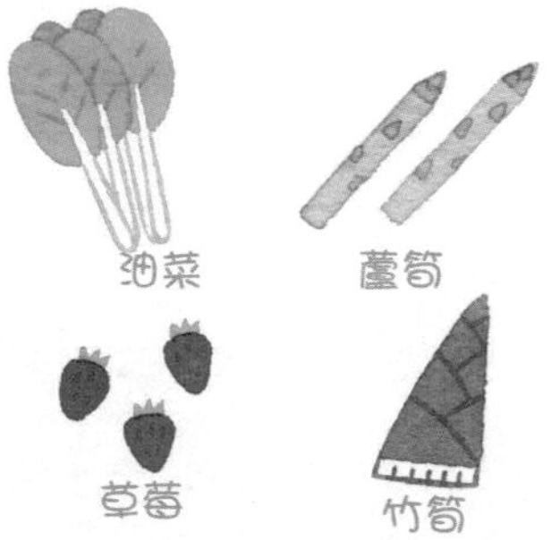

其它還有早春高麗菜、豌豆莢、芹菜、當歸、洋蔥、蠶豆、款冬、油菜花、蕨菜、鰹魚等

夏

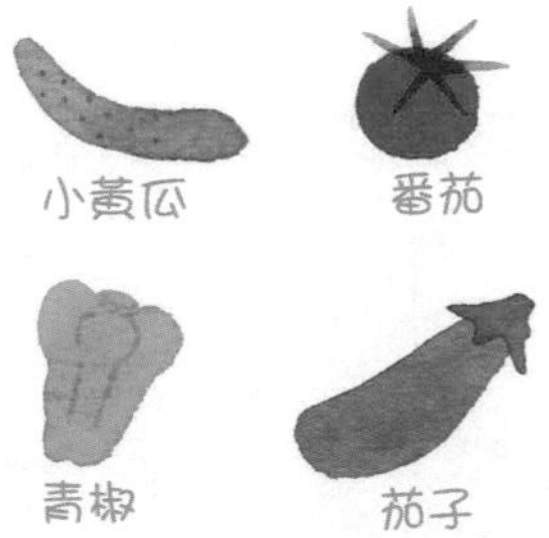

其它還有玉米、毛豆、秋葵、萵苣、扁豆、紫蘇、馬鈴薯、苦瓜、茗荷、哈密瓜、藍莓、西瓜、櫻桃、扇貝等。

秋

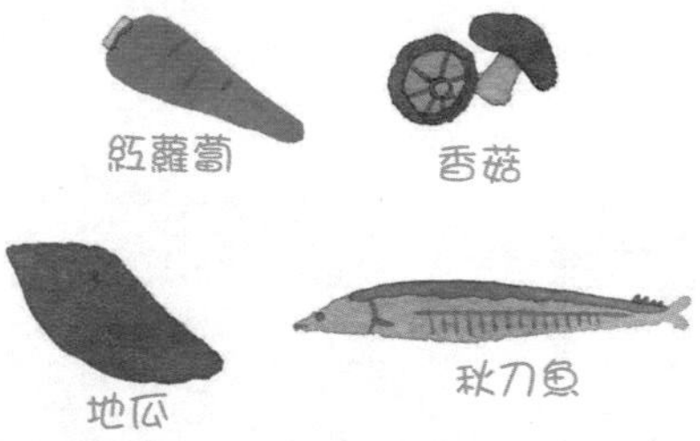

其它還有牛蒡、芋頭、野山藥、金針菇、鴻喜菇、花生、銀杏、栗子、蘋果、桃子、無花果、柿子、水梨、葡萄、花枝、鮭魚、鰹魚等。

冬

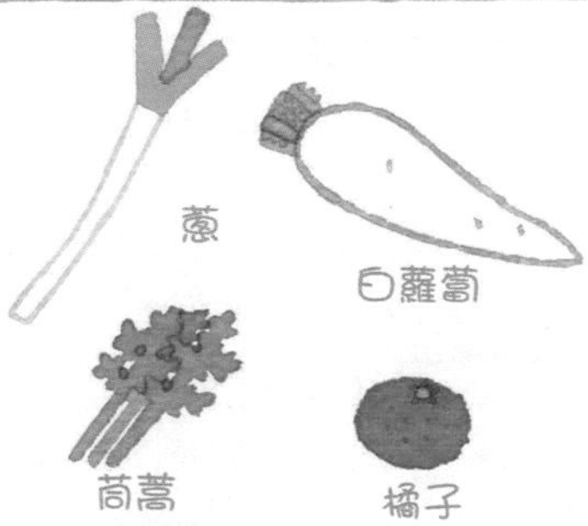

其它還有白菜、洋芹、款冬芽、蕪菁、波菜、水菜、紅豆、蘿蔔乾、蓮藕、細蔥、金桔、牡蠣、青花魚、鰈魚等。

真由美小姐的小小經驗談

真由美小姐

料理研究家，專門研究促進細胞活性化，加強免疫力的食物。

食物與子宮的關係

媽咪的子宮將來會成為寶寶居住的房間，是非常重要的場所。最好能在懷孕之前先把環境整理好，再迎接寶寶的到來。只要媽咪能夠克制甜食、動物性食品或是油炸物，不但能夠直接改善手腳冰冷和便祕的問題，同時也能讓子宮變成適合寶寶居住的地方。首先，平時最好盡量攝取當季的盛產食物。若能在懷孕前調整好子宮環境，害喜的症狀就會減輕，問題也會逐漸變少。

懷孕初期的飲食

克服害喜

害喜其實是因為媽咪的身體把寶寶當成是一種「異物」而引起的症狀。「因為寶寶來到了身體裡，所以請多多關照寶寶吧！」請媽媽們這麼對自己的身體說說看。

害喜時，就算吃不下也沒關係，等有胃口時再吃就可以了。請和寶寶一起跨越害喜的難關吧！

需要多多攝取的營養素

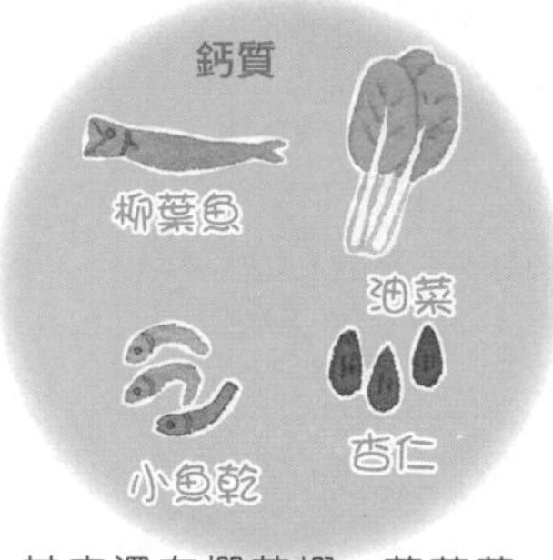

其它還有櫻花蝦、蕪菁葉、芝麻、羊栖菜、波菜、芹菜等。

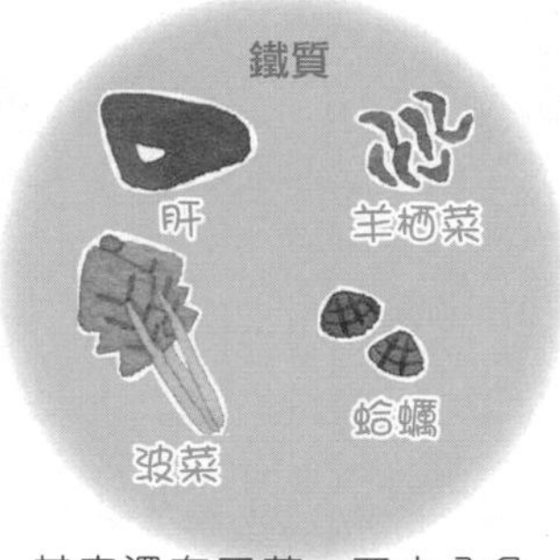

其它還有王菜、西太公魚、油菜、牡蠣、茼蒿、草莓、乾杏子等。

其它還有鰹魚、沙丁魚、肝、魚乾等。

克服害喜的小建議

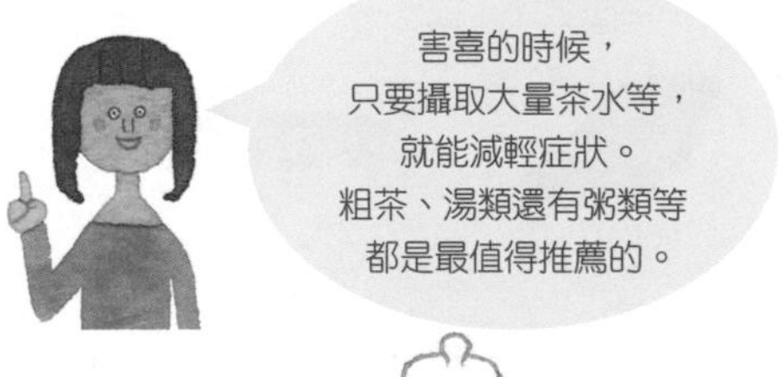

讓身體暖一點

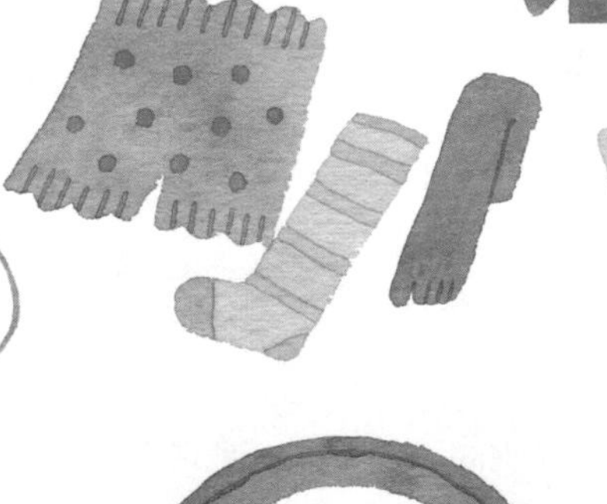

用檸檬和醋來增加酸味

想一些快樂的事情
（情緒也是非常重要的）

隨時準備好小飯糰

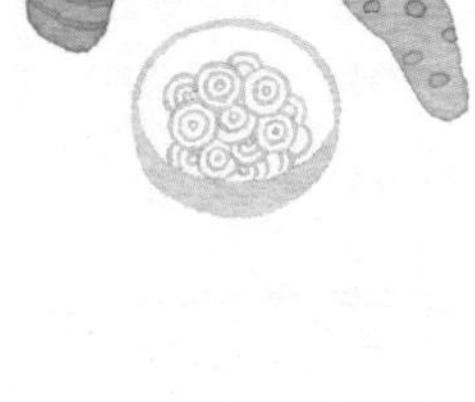

使用辣味佐料來提高食慾

蘿蔔乾和羊栖菜的涼拌沙拉

材料（2 人份）
A
蘿蔔乾（乾的） 25g
羊栖菜（乾的） 7g
扁豆（煮熟的） 6 根
B
梅子醋 1 茶匙
柑桔醋 1 茶匙
白芝麻醬 1 又 1/2 茶匙
醬油 1 茶匙
※ 可依照個人喜好添加 1 茶匙麥芽糖。

作 法

①將蘿蔔乾和羊栖菜用水浸泡過後，瀝掉多餘水分，切成容易入口的長度。
②熱鍋，乾炒蘿蔔乾。待發出香味之後加入 1 大匙的水，蓋上蓋子，用小火蒸煮 30 秒左右之後裝盤。
③重新熱鍋，將羊栖菜乾炒至不再有腥味，再一起裝入②的盤子裡。
④將 B 材料全數混合，製作沙拉醬。
⑤把不再燙手的蘿蔔乾和羊栖菜，還有切成一口大小的扁豆混合在一起，並加進沙拉醬拌勻。可隨個人喜好添加小番茄等。
※ 攪拌沙拉醬時請不要使用不鏽鋼碗，用陶製或是玻璃製的容器攪拌可以防止氧化，延長放置時間。

推薦理由

蘿蔔乾可以暖和身體而且富含植物纖維，可消除便祕。羊栖菜則富含鐵質。

內含豐富根莖類，稠～稠的羹湯

材料（2 人份）
牛蒡 50g　　鴻喜菇 50g
紅蘿蔔 50g　　洋蔥 100g
蓮藕 50g
麥片（或是其它喜歡的五穀雜糧）15g
羅勒葉 1 片
橄欖油 2/3 大匙
鹽巴 1/3 茶匙

高湯（昆布高湯／夏天則加入 3 成的香菇高湯） 700ml
葛粉 1 大匙
鹽巴 少許

作 法

①將洋蔥切成粗粒，其他蔬菜則是切成 1cm 大小。
②把洋蔥、橄欖油和鹽巴放入厚底鍋。讓洋蔥充分沾上橄欖油後開火熱鍋。用稍弱的中火翻炒洋蔥，直到炒出甜味。
③依序放入牛蒡、紅蘿蔔、鴻喜菇。每加入一項材料就要仔細翻炒一遍。
④加入高湯至可以淹過蔬菜的高度，再加入羅勒葉，以小火燉煮 10 分鐘。隨後將麥片加入剩下的高湯裡，再全部倒進鍋內燉煮 15 ～ 20 分鐘。
⑤將浸泡在 2 大匙清水當中 20 分鐘以上的葛粉慢慢倒進湯裡攪拌，增加濃稠度，最後再用鹽巴調味。

推薦理由

將有整腸作用的葛粉加入能分解動物成分的洋蔥裡。五穀雜糧也有重整腸內平衡的功用。

真由美小姐的小小經驗談

害喜是寶寶和媽咪的第一次較勁

「當媽咪的身心都接納了寶寶，害喜就會結束喔」。這是在我懷了第三胎開始害喜約一星期後，助產士給我的建議。我對自己的身體說：「寶寶就快要來了，我的身體啊，拜託妳囉」，另外也對寶寶說：「你能來到我的肚子裡，爸爸跟媽媽都非常非常開心喔！」以此來克服負面的感情。幾天後，當我真正作好迎接寶寶的準備時，害喜就自然消失了。

懷孕中後期的飲食

控制體重！同時讓身體保持暖和！

懷孕中期以後，害喜症狀趨緩，身體狀況也會變得比較穩定。這時也差不多該是徹底調整飲食習慣的時候了！因為過度肥胖導致難產的機率會較高。

話雖這麼說，但是也不必過度緊張。只要好好品嘗當季盛產的食物即可。同時也不要忘記攝取大量的植物纖維以預防便祕。

需要多多攝取的營養素

植物纖維

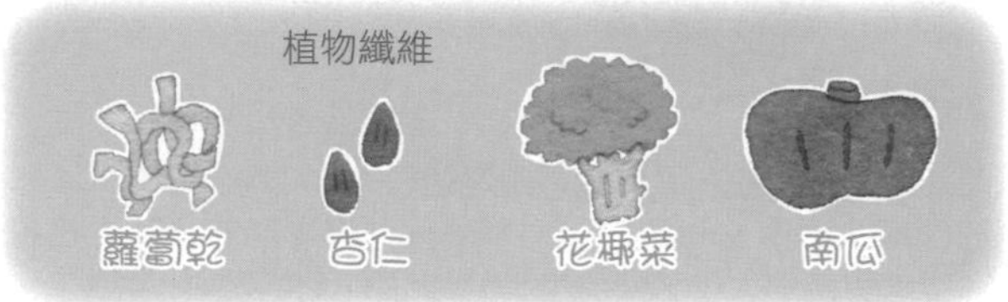

其它還有毛豆、王菜、牛蒡、波菜、燕麥片、納豆、杏仁 、羊栖菜、秋葵、柿子乾等。

寶寶很難吸收
氧化的東西。
因此食用油的品質和
使用方法都非常重要。
懷孕中最好能到有機食品店購買
高品質的食用油使用。
據調查，芝麻油加熱到 160 度；
菜籽油到 180 度；橄欖油則是到 200 度
時會開始和空氣中的氧氣結合，
進而開始氧化。建議媽咪把蔬菜
放進陶鍋，用食用油加以攪拌
之後開火翻炒，這樣溫度
就不會超過 100 度了。

降低熱量的小建議

× 用煎炒食物代替油炸食物 ○

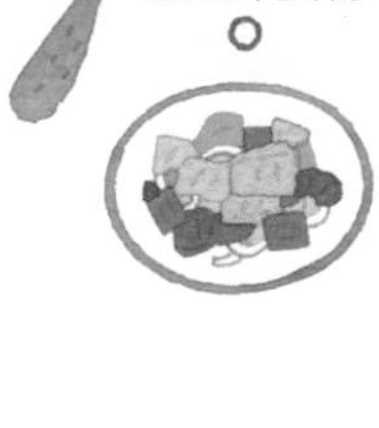

× 牛肉 · 豬肉只吃大腿和里肌肉。雞肉則是雞胸肉或是去皮 ○

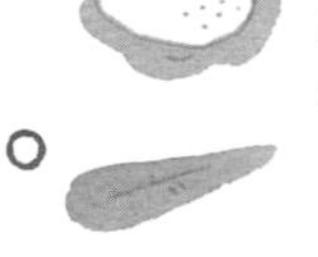

白肉魚、蝦子、花枝、章魚、貝類等都很不錯

用細網燒烤或是熱水涮煮，去除多餘的脂肪

外出用餐時建議以套餐代替單點

用水果或堅果取代零食

紅豆豆漿葛餅

材料（容易製作的份量）
A
煮熟的紅豆　1/2 杯（避免使用市面上販賣的含糖蜜紅豆）
芝麻醬　1/2 大匙
羅漢果　2 ～ 3 大匙
鹽巴　一撮

B
豆漿　1/4 杯
葛粉　近 2 大匙
寒天粉　1/4 茶匙

作　法

①將Ａ材料全數放入鍋中，用小火攪拌均勻。
②將Ｂ材料放到另一個鍋子裡，讓葛粉充分溶解之後，開火轉至稍弱的中火，用木杓快速地攪拌。由於鍋邊很容易沾黏，須特別小心。
③煮滾之後繼續攪拌2～3分鐘，接著再把Ａ材料放進去一同攪拌。
④全部拌勻之後放入淺盤鋪平，待溫度降低之後再抓成一口大小的團子。可按照個人喜好灑上黃豆粉或抹茶粉。

紅豆可以改善腎臟功能，幫助排出體內老舊廢物。

米粉餅乾

材料（容易製作的份量）
細米磨粉　50g
可可粉　1/8 杯
杏仁粉　20g
鹽巴　一撮
楓糖漿　1 茶匙（不使用亦可）
菜籽油　25ml
豆漿　25ml

作　法

①將所有粉狀材料混合，並加入豆漿和楓糖漿。
②將菜籽油混進米粉糰裡。
③用模子壓出想要的形狀之後，放進190度的烤箱裡烤20分鐘。

用米粉代替容易引起過敏症狀的麵粉。而且也不必等麵糰發酵，容易製作。稍加變化之後還能當成孩子的零嘴。

真由美小姐的小小經驗談

從三個人的生產經驗當中，介紹幾個值得推薦的方法。

・暖和身體
若要暖和身體內部，可多攝取糙米和蔬菜、番茶（滙集了較硬的芽、較嫩的莖、或加工煎茶時被剔除的葉子所製造的綠茶）或蒲公英茶、貓爪藤茶、玄米咖啡等。若要暖和外部，則可進行泡腳，或是在洗澡時溫暖腰部和雙腳。此外，還可在浴缸裡放入電氣石或竹炭等會發出紅外線的物品，另外再加進一些鹽巴會更好。
・皮膚問題可塗抹山茶油或杏仁油。
・痔瘡問題，可試著塗抹蓖麻子油於患部，效果非常好。
請務必一邊感受著孩子，一邊嘗試這些方法。

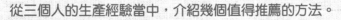

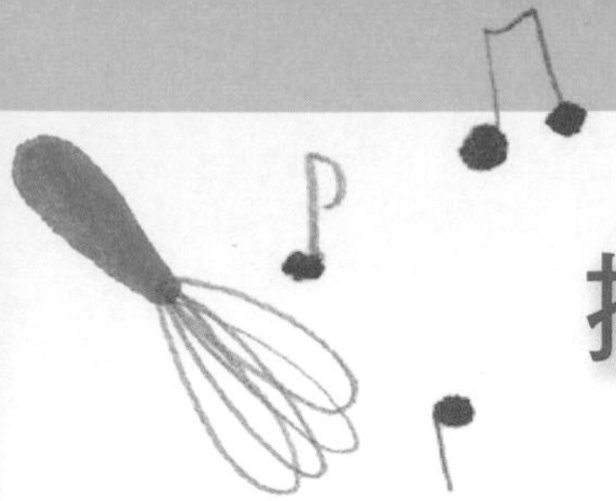

控制鹽分攝取的飲食

妳有控制好鹽分的攝取量嗎？
一般來說，一天當中的鹽分攝取量大概會在12～13g以上，但是在懷孕期間最好控制在7～10g為佳。根據研究，攝取太多鹽分容易造成妊娠毒血症。而且隨著年齡增長，攝取過多的鹽分也可能會引發一些常見疾病。趁這個機會來讓自己習慣清淡的口味吧！

大匙調味料的鹽分含量（g）

- 食鹽　15g
- 醬油（深色）　2.6
- 醬油（淺色）　2.9
- 信州味增　2.4
- 紅味增　2.3
- 白味增　1.5
- 英式黑醋　1.4
- 中濃醬　0.9
- 番茄醬　0.6
- 市面上販賣的沙拉醬　0.4～0.9
- 美乃滋　0.3

當攝取過多鹽分時，
就會想要吃一些水果等
富含鉀的食物。一旦覺得
「好像吃太鹹」時，
不妨好好感受一下
自己的身體狀況
並進行調整。

控制鹽分攝取的小建議

盡量吃剛做好且尚未入味的食物

利用高湯提味

挑選新鮮食材，品嘗它原本的味道

醬汁

餐桌上不要擺放調味料

拉麵

盡量避免食用沖泡食品以及加工食品

不要忘記甜點當中也有鹽分

根莖類與羊栖菜的雜燴煮

材料（容易製作的份量）
蒟蒻絲　1包
香菇　1包（6片）
羊栖菜（乾的）　30g
洋蔥　2個
牛蒡　1根
紅蘿蔔　1根
蓮藕　中等大小1節
鹽巴　4.5～5g左右

由於調味料只有鹽巴，所以非常適合需要控制鹽分攝取的懷孕期婦女。

作　法

①去除蒟蒻絲的雜質，用水浸泡羊栖菜，接著再分別切成容易入口的大小。
②香菇切絲，洋蔥切薄片。
③仔細清洗根莖類，直接使用，無須去皮。牛蒡、紅蘿蔔切絲；蓮藕則是切成小塊的薄片。
④準備陶鍋或是厚底鍋，在鍋底灑上鹽巴。鹽巴必須從鍋子上方10cm左右的位置往下灑，這樣才能繞著整個鍋子平均地灑上鹽巴。用量以鍋底可見到一層薄薄的鹽即可。（約1.5～2g）
⑤依序將蒟蒻絲、香菇、羊栖菜、洋蔥、牛蒡、紅蘿蔔、蓮藕一層層鋪進去。這時必須將每一種材料小心排好，上下不可有空隙。可用手掌輕輕將材料壓實。
⑥等到材料全部放進去之後，按照④的要領再灑上一層鹽巴。（約3g）
⑦蓋上蓋子，以小火煮30～40分鐘。當蒸氣冒出後，不久就可以聞到香甜的氣味，那個時候就是關火的最好時機。請記住開火烹煮期間不可以打開鍋蓋。
⑧煮好之後，把鍋子從瓦斯爐上移下來，深入鍋底攪拌好所有的材料之後，迅速蓋上蓋子。等到不再冒熱氣之後再分裝置其它容器，放進冰箱。
※ 請選用蓋上蓋子後，蒸氣不會漏出來的鍋子。如果是有預留排氣孔的鍋蓋，請用筷子之類的東西把它堵住。

來點變化吧！

雜燴煮拌飯

材料（2人份）
雜燴煮　1杯
醬油　2茶匙
白芝麻　少許
梅干　1個
白飯　2碗

作　法

①在煮好的雜燴煮裡加入醬油，再和白飯一起攪拌均勻。
②裝進碗裡，灑上白芝麻（炒過的），最後再放上梅干。

其它創意用途
- 加入味增湯裡面的料
- 加入沙拉
- 加入餃子、春捲的內餡
- 加入可樂餅、炒飯、義大利麵的配料

雜燴煮是什麼？

雜燴煮就是直接把完整的蔬菜層層疊疊在鍋裡煮熟的烹煮法，讓人能夠完整吃到蔬菜當中蘊含的生命力。緊緊地蓋上鍋蓋開火加熱，蔬菜裡的能源就會變成「甘甜味」。雖然調味料只有鹽巴，但是卻能讓人大受感動，「原來蔬菜是這麼甜這麼好吃的東西」。美味的秘訣就在於抱著感謝的心情，小心處理這些蔬菜，並將它們毫無縫隙地疊起來，再灑下「差不多份量」的鹽巴。若產地與季節不同，蔬菜的味道和水分含量也會有很大的不同。

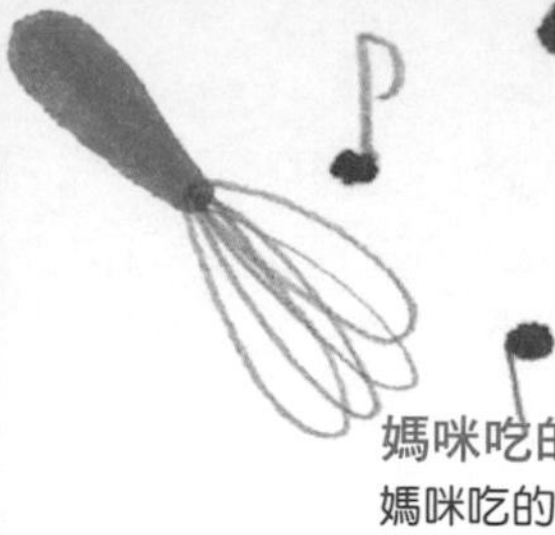

哺育母乳時的飲食

媽咪吃的東西會轉變成母乳

媽咪吃的東西會直接影響乳量以及味道。最理想的飲食就是以蔬菜、穀物為中心的日式餐點。然而為了製造出好喝的母乳，妳可以做些什麼呢？不妨問問正在喝母乳的寶寶吧！在乳腺較為安定的第三個月時，希望妳能務必注意飲食。

如何製造美味母乳的小建議

基本以日式餐點為主

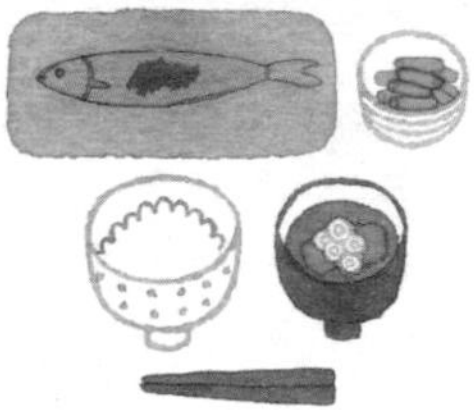

以水果代替蛋糕和零食

建議飲用不含咖啡因的麥茶、番茶和香草茶

隨時補充水分

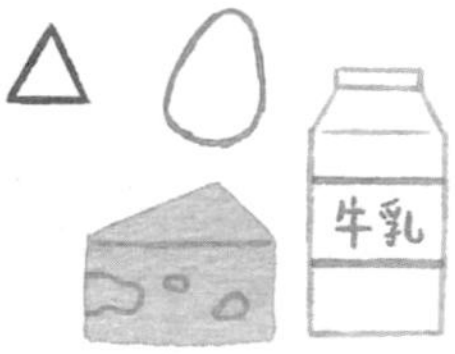

過度攝取蛋和乳製品，可能會造成乳腺的阻塞

避免飲用冰的飲料

也要注意辣椒等刺激性食物

真由美小姐的小小經驗談

我的母乳哺育秘辛

第一個孩子誕生時，我還是一個搞不清楚狀況的新手媽媽，得過好幾次乳腺炎，也曾經在浴室裡一邊落淚一邊擠出乳汁。直到第二個孩子誕生時，我得到許多人的建議，開始過著注意飲食的母乳哺育生活。

當我吃下牛肉、豬肉或雞肉等動物性食品時，右邊的乳房就會阻塞；當我吃下甜食、冰品或堅果類時，左邊的乳房就會阻塞。此外，當我勉強自己的時候是右邊，而太過壓抑的時候則是左邊乳房會變硬。當時我真的每天都在訝異乳房和寶寶，還有食物和媽媽之間的感情，原來這些事物彼此間真的有著深厚的關連呢！

芋頭焗烤，搭配豆漿製成的白醬

材料（２人份）

Ａ

芋頭（小） 6 ～ 8 個
洋蔥　1 個
橄欖油　1 大匙
全麥麵粉（或是米粉） 2/3 大匙
豆漿　1 ～ 1.5 杯
鹽巴　少許
茼蒿（燙熟的） 30g

Ｂ

麵包粉　1 大匙
荷蘭芹（已經切碎） 2/3 大匙
橄欖油　2/3 大匙
鹽巴　一撮
麻子仁（或其它喜歡的堅果類切碎）
1 茶匙

作　法

①洗淨芋頭，不需去皮，直接放進壓力鍋裡蒸熟。趁芋頭還很燙的時候去皮，然後拿來鋪滿焗烤盤。
②洋蔥切薄片之後放進炒鍋，等洋蔥均勻沾上橄欖油後再灑上鹽巴，用稍弱的中火仔細翻炒。炒到略帶焦黃時，加入少許的水之後繼續炒。
③等到炒出洋蔥的甜味後，加入全麥麵粉翻炒一分鐘。為了不讓麵粉結塊，必須少量地持續加入豆漿，並用木杓迅速攪拌。接著再把切成三公分左右的茼蒿放進去，加入鹽巴調整味道。
④把步驟③做成的白醬淋在①上面，再把事先攪拌好的Ｂ灑上去。接著把焗烤盤放進預熱至230度的烤箱，以210度的溫度烤15～20分鐘。
（請注意不同的烤箱，火力也不盡相同。上述是以電子烤箱為例。）
※就算跳過步驟④也一樣美味。
※也可以拿波菜或番茄等當季蔬菜代替茼蒿，享受季節之美。

地瓜會讓寶寶容易放屁，馬鈴薯則會讓身體變冷，最好的選擇是芋頭、南瓜和山藥。

乾果和堅果的一口吃小點心

材料（容易製作的份量）
椰棗　1/2 杯
松子　1/2 杯
生杏仁　1/4 杯
麻子仁　1/4 杯

作　法

①先把生杏仁搗碎成粗顆粒。
②再把所有材料放進食物調理機，開始攪碎，直到堅果類和椰棗全都變成細小顆粒為止。
③從食物調理機當中取出，再揉成容易入口的大小。大功告成。
※ 可依照個人喜好灑上肉桂粉、可可粉或是耶子粉。
※ 由於這道料理可以長期保存，所以請放進密封容器並置於冰箱保存。

哺乳期必須節制糖類和奶油的攝取。請享受天然的甜味吧！

食譜＆經驗分享：古木真由美
HP：http://morninghope.co.jp/
個人簡介：是傳達食物之美與樂趣的 Cosmobiotique * 的主持者。主張透過食物可取得身心的平衡，並提倡活化細胞、提高免疫能力的飲食方式。目前是利馬烹飪學校教師課程的學生。

＊註：一種料理方式。

媽咪的胎內環境
對寶寶的影響

近年來，新生兒的體重有逐年下降的趨勢。西元1975年的均出生體重為3．20公斤，到了西元2005年則為3．05公斤，整整下降了150公克。在《醫院生產讓孩子變得奇怪》（洋泉社，奧村紀一著）一書當中，作者認為目前我們面臨的並非「少子化」而是「小」子化的問題，而日本人變得鮮少吃魚可能就是導致嬰兒體重下降的原因。

至於懷孕期間，魚貝類的攝取與胎兒的體重變化之間的關係，根據丹麥的研究顯示，攝取較多魚類的孕婦所產下的新生兒，平均體重會多出約200公克。這和先前敘述的體重減少數字相當接近。這也同時顯示了大量攝取魚貝類所含的必須脂肪酸會使體重增加。

其實就算新生兒體重較輕，多數時候也不會造成什麼問題。但是整體來看，相較於體重，腦部發育出現問題的案例逐漸增加才是真正值得擔心的地方。最近有越來越多的人覺得孩子的狀況變得很奇怪，可能就是因為孕婦不再吃魚所造成的後果（順帶一提，日本政府基於魚群的汞汙染日趨嚴重等原因，正全力呼籲民眾不要攝取過多的大型魚類）。

諸如此類，彰顯媽媽的飲食以及胎內環境之重要性的研究在全世界各地都有在進行中。

除此之外，有人認為生活習慣病（過去稱為成人病）其實和胎兒時期的營養狀況息息相關。根據「成人病胎兒發病假說」，胎兒時期若是持續維持在低營養狀態，可能會造成代謝症候群發病。另外關於壓力對懷孕所造成的影響，也有人提出「DOHaD（Development Origins of Health and Disease）」學說，徹底研究母親的壓力與胎兒的神經．運動發育之間的關係，以及母親的壓力是透過何種機制傳達給胎兒的。

再者，即使父母遺傳給胎兒的基因沒有任何問題，但是一旦胎兒曝露在胎內的內分泌擾亂物質（環境荷爾蒙）以及壓力之下時，有人質疑，難道不會有些變化是在細胞分裂之後繼續維持下去嗎？

我身為一個婦產科醫師，每天都會接觸到許多媽媽和寶寶。有許多事情雖然未經科學驗證，但是我卻實實在在地感受得到。例如還在肚子裡的寶寶其實已經會思考各種事物；還有他們其實是自己選擇父母之後才誕生等等。而且寶寶們也會仔細感受媽媽吃下的食物，一天天地逐漸成長。

懷孕初期

- 1—4 個月
- 0—15 週

1～2個月

第0～7週

媽咪的身體與心理

經由生理期的延遲來留意是否懷孕

用驗孕劑檢查出現陽性反應時，最好盡快前往婦產科接受檢查，確定是否真的懷孕。若有抽菸喝酒的習慣，也請立刻停止。有些人對於食物的喜好會出現變化，也有一些人開始出現想吐、食慾不振等害喜症狀。有時也會因為體溫升高而感到疲倦，或是整天想睡覺。這些症狀都是寶寶為了避免流產，希望媽咪能安靜調養所發出的訊號。通常會需要一段時間才能真正進入安定期。

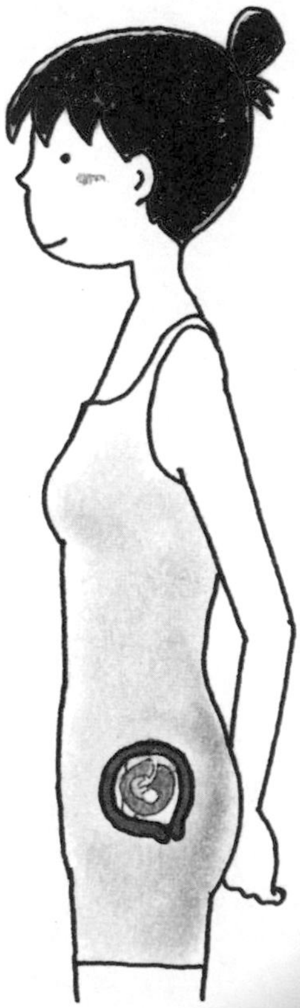

肚子裡的寶寶

形成大腦與心臟等主要器官

寶寶的性別在受精的瞬間便已決定。受精之後，受精卵會花上6天左右的時間抵達子宮著床。這時懷孕才算真正完成。大概在第六週，寶寶的身體和頭會逐漸區隔開來；大腦、神經以及內臟器官也會開始成長，心臟則會開始跳動；鼻子、耳朵，還有嘴巴的形狀也會逐漸成形。

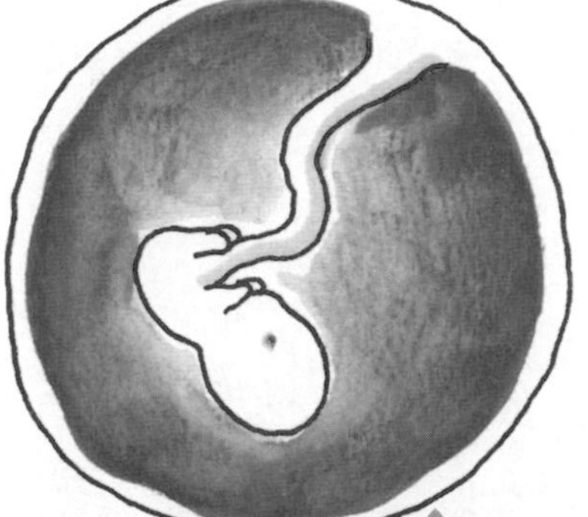

身高約1～12mm

體重約1～4g

閉上眼睛，感受寶寶的存在

一想到寶寶就在自己的肚子裡，就有一股相當不可思議的感覺對吧！這時一定有人會覺得滿心幸福，也有人會因為懷孕是意料之外的事而感到疑惑。然而在這世界上，打從一開始就事事順利畢竟是比較少的，而且寶寶也不是非得靠媽咪自己一個人扶養長大。

寶寶現在正以驚人的速度反覆進行細胞分裂，日漸成長茁壯。當媽咪失去信心時，就請相信寶寶的生命力吧。等到生產結束後，回顧寶寶在肚子裡的這段時間，簡直可說是轉眼即逝。因為這個機會是如此難得，所以請媽咪試著享受這段時光吧！

建立親蜜連結

懷孕1～2個月 0～7週

打算懷孕時

從基礎體溫的變化來掌握生理週期

當打算懷孕時，首先要了解生理期的原理。掌握自己的生理週期，就是做好懷孕準備的第一步。

女性的身體，在兩種荷爾蒙相互產生作用之下，會不斷反覆每月一次的生理期以及排卵週期。

這個週期直接影響到女性的體溫，因此當確定基礎體溫之後，就可以知道自己的體溫能夠以排卵日做為分水嶺，分成低溫期與高溫期。

排卵日前後的5～7天之間正是可能懷孕的時候。若在那段期間進行性行為並且成功受精，就可以順利懷孕。

當荷爾蒙的分泌出現問題時，可能導致無法依照基礎體溫的變化節奏，將週期明確地一分為二。因此始終無法受孕等妊娠問題，有時也能從基礎體溫當中一窺端倪。

生理期的原理

生理期開始時，體溫是在溫度較低的低溫期。首先，位在卵巢內的卵子會開始發育。這時卵子會分泌一種叫做女性荷爾蒙（雌激素）的荷爾蒙，並做好排卵的準備。子宮內膜則會為了讓受精卵容易著床而逐漸增厚。

從卵子開始發育經過2週之後，體溫會下降0・3～0・5℃左右。隨後卵子就會突破卵巢壁，開始排卵。

排卵之後，殘留在卵巢內的細胞會呈現所謂黃體狀態並開始分泌黃體激素（孕酮），體溫就會一口氣上升0・5～1℃而進入高溫期。此時，子宮內膜會變得更厚，同時開始分泌黏液，以便受精卵更容易著床。至此，受精的準備工作便告完成。

若排出的卵子沒有受精，黃體就會逐漸萎縮，荷爾蒙的分泌量也會減少。

排卵後兩週左右，黃體狀態會消失，黃體激素也會停止分泌。無須使用的子宮內膜便開始剝落，下一次的生理週期再度開始，體溫也會再次進入低溫期。

下一次排卵所需的卵子，其實早在三個月之前就已經準備完成。所以想要孩子的女性，請從這個時期就開始多加注意吧！

基礎體溫與生理週期

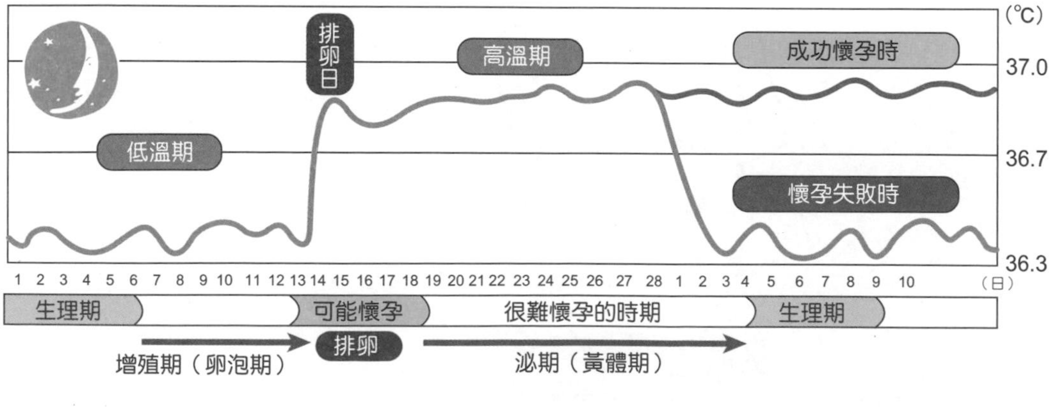

基礎體溫的測量方法

基礎體溫原則上必須在每天早上剛睡醒時立刻測量。請直接在被窩中測量。由於體溫的變化僅在0．3～0．5之間，一般的體溫計是無法測量的，所以請使用能夠精準測量的女性體溫計。

為了測知正確的體溫，就必須測量舌下溫度。因為舌頭的各個部位溫度不一，請把體溫計抵在舌下最深處的位置。

測量出來的基礎體溫，請依照每一個生理週期紀錄並繪製成圖表，如此便能一目了然。生理期、生理痛、出血等情形也請紀錄在日期的下方。

懷孕的原理

讓我們把話題拉回到卵子排卵的時候吧！

排出的卵子應該會先進入輸卵管再往子宮附近移動，但是它會在輸卵管的入口附近稍作停留，等待精子的到來。

藉著性行為射出的精子會自行通過陰道、子宮，抵達輸卵管。在射出的1億～5億個精子當中，真正能夠抵達輸卵管的不過只有10～100個左右。這些精子是在殘酷的生存競爭當中勝出的優勝者。

當精子在輸卵管遇上卵子之後，便一齊朝著卵子集中，準備突破卵子外膜。唯有第一個衝進卵子的精子才能與卵子結合，完成受精。受精一旦完成，卵子外膜就會變硬，其他精子就再也無法進入。

受精後的7～10個小時內，位在卵子核當中的女性DNA會與位在精子核當中的男性DNA會進行融合，形成受精卵。

受精卵會不斷地細胞分裂成2個、4個、8個、16個等持續成長，並在3～5天之後從輸卵管移動到子宮內部。

子宮已經將柔軟的內膜增厚，等待受精卵的到來。一旦受精卵受到子宮內膜的包覆之後，便會在子宮組織上紮根。這個過程稱為「著床」，懷孕就此確定成功。從受精到著床約需要一個星期的時間。

成功懷孕之後黃體並不會萎縮，而是持續分泌荷爾蒙，所以高溫期也會隨之持續下去。

受精的時機決定懷孕與否

卵子的壽命為12～24小時（能夠受精的時間僅有2小時），而精子的壽命則有2～3天。也就是說為了完成受精……

- 精子必須在排卵之前就在輸卵管附近等待
- 在排出的卵子壽命結束之前，精子必須成功進入

卵子和精子的結合必須要有這兩個時機配合。有些人即使做出基礎體溫表，也還是難以判斷自己的排卵日。如果一直無法順利懷孕，就請和婦產科醫師討論看看吧！

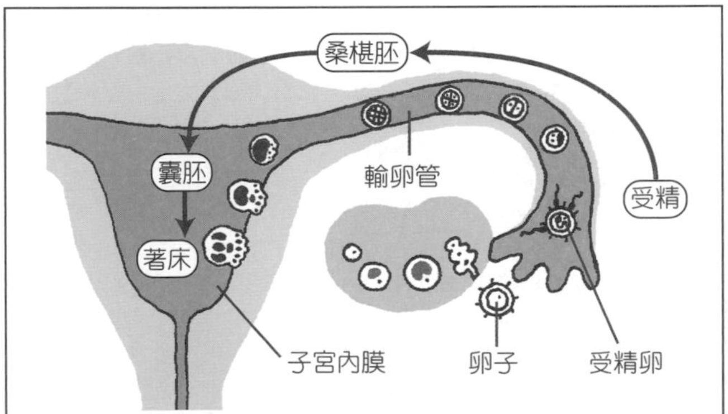

懷孕 1～2個月 0～7週

懷孕的徵兆

發現生理期延遲時

一旦懷孕，荷爾蒙的分泌也會有所不同，因此身體會出現各式各樣的變化。而其中最明顯的變化就是生理期的停止。以往一直規律出現的生理期若是突然延遲了10天～2週，就要確認一下自己是否懷孕。不過也有可能是因為壓力和環境變化造成排卵延後，進而影響生理期的到來。

此外，即使真的懷孕，在受精卵著床時偶爾還是會伴隨著少量出血。這種出血通常會比平常的生理期還要更少量、更快結束。對之後的懷孕也不會產生影響。

持續紀錄基礎體溫的人，如果發現排卵日之後的高溫期一直持續下去，就必須設想到自己應該是懷孕了。因為懷孕時開始活躍的黃體激素會抑制女性荷爾蒙而大量分泌，因而會造成體溫的變高。

首先用驗孕用品檢查

「難道是懷孕了？」當妳這麼懷疑的時候，不妨購買市面上的驗孕用品來進行簡單的確認。請把驗孕用品測得的結果當成一種參考即可。因為子宮外孕和葡萄胎等異常懷孕一樣也會出現陽性反應。

最近由於測量的準確度上升，能夠在相當早期的階段準確確認是否懷孕，但是在過早的階段仍然可能得不到明確的結果。建議在生理期預定開始日的一週之後使用驗孕用品。若是得不到明顯的檢查結果，就等上幾天再檢查一次吧！

各種懷孕徵兆

生理期停止

為了生下寶寶，媽咪的身體每個月反覆不停做好準備。如今這個身體總算開始朝著生產前進了。

基礎體溫始終維持在高溫期

掌控懷孕的黃體激素開始旺盛地分泌。高溫期大致會持續兩個星期左右。

從夢境、預感或前一個孩子的話中，有時也能因而得知肚子裡已經有了寶寶。

到醫院檢查

當驗孕用品出現陽性反應時，請盡快到婦產科接受檢查。醫院能夠檢查出懷孕是否在正常進行。有些人會覺得緊張，很不想走進婦產科，不過這就和去外科或內科沒什麼不一樣。請不要太擔心，輕鬆前往就好。

懷孕初期很容易發生流產或是子宮外孕等問題。為了防患於未然，還是盡早前往醫院檢查比較好。另外，由於最近採行預約制的婦產科逐漸增加，所以請務必事先確認門診的看診時間和休診日。

有時會發生在懷孕早期即測出陽性結果，但是前往醫院照超音波卻拍不到寶寶身影的情況。這個時候，媽咪可能要等待一段時間，直到確認寶寶的存在為止。

另外，就算驗孕用品測出了陰性反應，可是若之後生理期依舊沒有開始時，也請務必要接受醫師的診察。

驗孕用品

驗孕用品能讓人輕鬆地在自家檢查自己是否懷孕。使用方法也很簡單，只要在尖端沾上尿液即可確認結果。使用前請仔細參閱說明書，確認檢查結果是如何顯示。

一旦懷孕，將來會成為胎盤的絨毛組織會在尿液當中大量分泌一種叫做「hGC（人類絨毛膜性腺激素）」的荷爾蒙。而所謂驗孕用品，就是藉著檢查該荷爾蒙的量以確定是否懷孕。

此外，若是為了治療不孕症而接受施打hGC時，就算沒有懷孕也有可能呈現陽性反應。

乳房的變化

乳房開始脹痛，同時乳頭也變得非常敏感。也有些人的乳頭會變黑，乳暈變大。

開始害喜

害喜的症狀開始出現，覺得噁心想吐，對食物的愛好也產生變化等等。不過也有人幾乎沒有害喜的症狀。

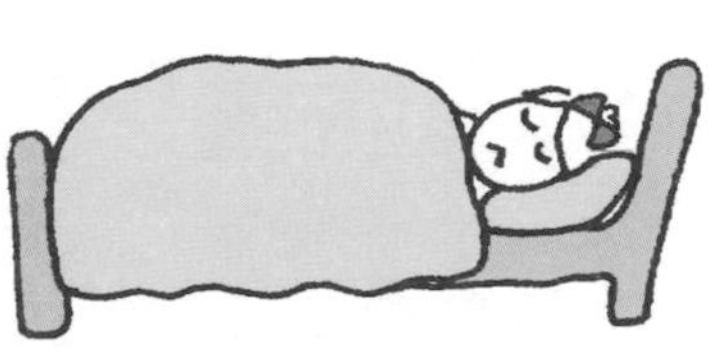

焦躁不安・渾身無力

由於內分泌平衡發生變化，一點小事就會讓人焦躁不安。同時身體會感到乏力，容易疲倦，變得一直想睡覺。

頻尿・便秘

由於膀胱受到子宮壓迫，因此變得頻尿。此外荷爾蒙的變化讓腸子的蠕動轉慢，所以容易引起便秘。

選擇婦產科醫院的方法

選擇從懷孕到生產都能一手包辦的婦產科醫院

婦產科醫院是照顧女性從懷孕到生產，以至於產後的各個階段，無論對於媽媽還是寶寶來說，都是非常重要的地方。而媽咪們當然也希望選擇一個值得託付的地方來確認自己是否懷孕。

雖然名稱一律叫做婦產科，不過每一家醫院的規模、費用，還有生產方式等皆不相同，各有優劣。因此強烈建議媽咪們，最好在懷孕前先找到適合自己的醫院。因為隨著地區不同，仍有可能發生臨時預約不到床位的狀況。平時若有固定前往的醫院，選擇該處亦可。

但是，也有可能在親自走一趟之後才發現醫院內部的氣氛不符合自己的要求。這時候請千萬不要不好意思，鼓起勇氣選擇另一家醫院吧！

還有一點，有些醫院可能不願接受血壓過高或是過度肥胖等高風險族群的孕婦，所以事前請務必仔細確認。

依據醫院的規模大小會有哪些差別？

大學附設醫院・綜合醫院

除了婦產科之外還包括許多不同門診的大型醫院。設備完善而且醫療人員眾多，若孕婦患有任何疾病，或是對懷孕期間以及產後寶寶的健康狀態有任何不安的地方，都能放心交給他們。

但是大型醫院的缺點在於，依照星期日數的不同，負責的醫師也會輪替，同時定期產檢的候診時間相當久。

婦產科專門醫院

住院設備在二十張病床以上，專營婦產科的醫院。其中大多數都有附設小兒科，因此在生產之後仍可繼續前往。

優點在於院內多為婦產科的專業醫療人員，與綜合醫院相比，溝通顯得更加簡單方便。此外有些醫院甚至同時採用各種不同的生產方式可供選擇。

缺點和綜合醫院一樣，候診時間相當長。

個人的婦產科診所

住院設備在十九張病床以下的婦產科診所。其優點是從懷孕期間的定期產檢以至於生產之後，幾乎都由同一位醫師負責。整體環境來說，孕婦可自由諮詢懷孕期間的大小問題，亦有診所開設飲食指導或是媽媽教室等課程。

然而一旦在懷孕期間發生該診所無法處理的問題，仍然需要轉院到綜合醫院。

助產院

若希望採用居家式的自然生產，最好的選擇當然就是助產院。身為生產專家的助產士，不論是在懷孕期間、生產途中、或是生產過後都會鉅細靡遺地細心配合。

但是，由於助產士無法進行任何醫療行為，因此這種方式必須在懷孕中的媽咪和寶寶都沒有任何問題的前提之下才能採用。一旦出現突發狀況，還是需要轉院到合作醫院。

選擇生產的方法（參照P16）

自然分娩

等待陣痛自然出現，並依照自然流程生產。除非出現異常狀況，否則不會採取任何醫療處置。在日本，這個方法可說是從古至今最普遍的生產方式。

自然分娩法當中，包括了將呼吸方法納入生產過程的「拉梅茲呼吸法」，以及進行冥想訓練的「舒服樂生產法」等。不同醫院的生產方式以及生產相關的各種處理措施都有所不同。若已經決定了生產方法，事前請一定要仔細確認。

選擇婦產科的其他重點檢視表

- □直到預產期當月為止都能固定前往的診所
- □定期產檢、分娩、住院的費用大約是多少？
- □附近媽咪們的評價
- □該環境是否能讓媽媽們輕鬆的諮詢懷孕中的問題
- □有無媽咪班或是父母指導班
- □關於爹地的協助方面作何想法
- □事先詢問若是預定回娘家生產是否可行
- □若有指定的分娩法，如自由體位分娩或是座位分娩，務必事先確認
- □確認有關緊急狀況之對應法
- □確認住院時是住在單人房或是多人房
- □產後，母子是否同室？
- □母乳和牛奶何者優先？是否有母乳哺育指導？
- □產後是否仍可接受有關嬰兒哺育方面的問題諮詢

計畫分娩

在預產期中，故意引發陣痛進而分娩。在觀察媽咪和寶寶的狀況之後，即使原本預定採用自然分娩，亦有可能臨時改為這個方法。

因為在分娩前要先把年紀較大的孩子託給保姆，或是工作時間無法配合調整等，經常是促使父母選擇計畫分娩的原因。

這個生產方法僅在於一開始計畫性地引發陣痛，之後的生產方法仍然是依各家醫院而有所不同。

無痛分娩

這個方法主要是借助麻醉的力量，緩和生產過程中出現的痛楚與煎熬。對於身體有病痛而不想承受過度負擔、或是對疼痛有極大恐懼的人而言，可說是相當有幫助的生產法。

無痛分娩需要專業設備，因此能夠施行這個方法的醫院較為有限。

家人參與生產法

爹地或是家人一起參與生產過程，共同分享喜悅的生產方法。最近採取家人參與生產法的醫院逐漸增加，但是關於參與方法的內容則是五花八門。決定生產之前，最好事先向醫院確認。

懷孕 1~2個月 0~7週

初診的流程

在醫院第一次接受的診察

發現自己懷孕後，最好能盡快前往婦產科接受診察。隨著懷孕判定一起進行的第一次檢查，稱為初診，其後則包含定期產檢和生產。

如果有在紀錄基礎體溫的人，要記得把基礎體溫表一起帶過去。

另外，為了方便進行內診，建議媽咪們穿上前開式的裙子或套裝。

那麼，初診到底會進行哪些檢查呢？讓我們來看看大致上的流程吧！

初診的內容

① 掛號

告訴對方自己要接受懷孕檢查。醫院方面會給妳一張問診單，請正確寫上自己的連絡地址、過往病史等必填事項。由於偶爾也會碰上醫院病人眾多的情況，所以可於事前利用電話預約。

② 尿液檢查

醫院會給妳一個尿液檢查用的紙杯。這個檢查和驗孕工具是屬於同樣原理的懷孕檢查。

③ 測量體重、身高、血壓

為了確認將來的身體狀況，這些檢查非常重要。

④ 問診

根據尿液檢查的結果，醫師會開始詢問一些關於懷孕、生產方面的問題。例如可能會問到生理期間、最終生理日、現在的症狀、過去有無懷孕・生產・流產的經驗、至今是否得過任何重大疾病或是慢性病、抽菸、喝酒等問題。

⑤ 內診

這個檢查需要脫去衣物躺上內診台，並由醫師運用手指或是器具等插入陰道檢查。醫師透過檢查陰道或分泌物狀態以及子宮的硬度，來確認是否為正常懷孕、有無流產的危險、子宮和卵巢有無異常等狀況。

⑥ 超音波檢查

又稱為回音檢查。這項檢查中，醫師會將一棒狀器具伸進陰道，檢查子宮內部的情形。這時可以確認是否發生子宮外孕，同時可以觀察身為寶寶原型的胎芽以及心跳的有無。

⑦ 血液檢查

確定懷孕後，有時需要抽血進行血液檢查。根據婦產科醫師的做法不同，也有可能不是在初診，而是在下一次的產檢進行抽血。這項檢查可確認自己的血型，並確認HIV、梅毒、德國麻疹、肝炎抗體的有無等。對之後的懷孕期來說是非常必要的檢查。

懷孕 1~2個月 0~7週

定期產前檢查的內容

定期檢查媽咪和寶寶的狀態

從初診確認自己已經懷孕到臨盆前的期間中，定期接受的檢查就稱為定期產前檢查。透過產前檢查可以確認孕婦和胎兒的健康狀態。此外還能留意到流產或是早產的徵兆，另外還可以早期發現有關懷孕、生產的各種問題。這是非常重要的檢查，請媽咪們絕對不要忽略。

懷孕期間若抱有任何不安或疑問，都可以在定期產前檢查時詢問醫師和醫護人員。

產前檢查在懷孕第11週之前是每2週進行1次。隨後進入安定期到第23週為止是每4週進行1次；第24週到第35週則是每2週一次。而第36週之後則是每週進行1次。

會進行哪些檢查呢？

測量體重

懷孕初期有時會因為害喜而食慾不振，造成體重減輕。至於中期到後期這段期間則是容易發胖。然而不管體重是減輕還是增加，短期內體重的大幅增減就是表示媽咪的身體出現了問題。

測量血壓

調查是否因懷孕而造成妊娠高血壓症候群。

尿液檢查

檢查尿液中的蛋白質和糖分的量。若長期呈現異常狀態，媽咪就必須接受更為精密的檢查。

測量腹圍和子宮底長

腹圍是指繞行肚子一圈的長度；子宮底長則是指恥骨到子宮最上端的長度。這兩項都是用來檢查寶寶的大小以及羊水量是否正常。

水腫檢查

用手指戳壓小腿或腳掌，檢查是否出現水腫。

超音波檢查

懷孕初期，這項檢查是由陰道插入器具；等到懷孕3個月之後，則是改成將超音波探針置於肚皮上，調查子宮內部的情形。透過這項檢查可以確認胎兒的發育狀態以及胎盤位置等。

內診

不同的婦產科會有不同的做法，有些醫師會利用手指或器具伸入陰道內部進行診察。

血液檢查

進行血液檢查的目的是為了查出各種不利懷孕的疾病。例如HCV（C型肝炎）檢查、HIV檢查、弓漿蟲檢查、ATL檢查、子宮癌檢查等。

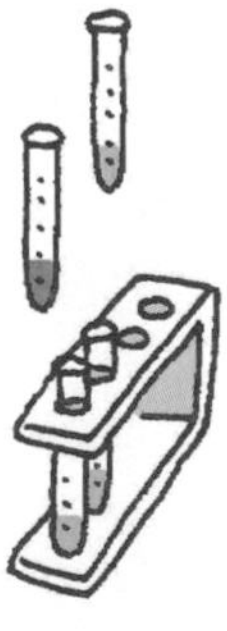

懷孕
1～2個月
0～7週

懷孕週與預產期

為了確認每週每月的變化

懷孕後，身體上會出現許多變化。這些變化會隨著日子一天天增加，無時無刻都在發生。絕大多數的媽咪，都會在某個時期出現某種常見症狀，或是出現某種容易產生的問題。

其實媽咪可以藉由懷孕日期的計算，大致掌握自己腹中的狀態和寶寶的發育狀況。

懷孕到生產這段期間，週數和月數的計算方法都和一般的方法不同。若能在懷孕一開始就掌握這種計算方法，就可以事先針對懷孕期間的身體變化，以及可能發生的問題做好心理準備，應對也會因此變得簡單許多。

用特別的方法計算懷孕週、懷孕月

以前的人認為懷孕到生產需要「十月十日」。但是實際上若以一個月28天來計算，懷孕期間應該是10個月，也就是280天。

這時，懷孕的首日是設定在最後一次生理期開始的那一天。而當月即為懷孕第一個月，之後便以四週為一月來計算懷孕的月數。等到10個月後的第280天即為預產期。

至此想必已經有人發現到，最後一次生理期開始的那一天其實是在受精，甚至是在排卵之前。也就是說，受精卵著床後正式開始懷孕的時間，其實已經是懷孕5～6週的時候了。明明應該是在懷孕早期就發現自己懷孕，但是實際上卻已經邁入懷孕第二個月，就是用這種算法算出來的。

預定生產日的計算方法

將懷孕第280天設為生產預定日，其實是在詳細統計

預定生產日的計算方法

① 最後一次生理期開始的月分－３＝生產預定月
（不夠減的月分則是加上９）

② 日期＋7＝生產預定日

例1

最後一次生理期開始於7月19日

7月	19日
-3	+7
預定生產日為4月	26日

例2

最後一次生理期開始於2月8日

2月	8日
+9	+7
預定生產日為11月	15日

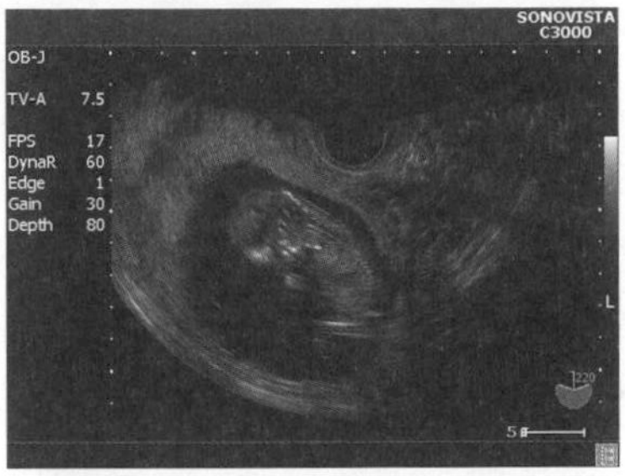

之下計算出來的結果。懷孕月數的算法，僅適用於生理週期規律固定在28天的女性。生理不順的人時常會出現懷孕週數計算有誤差的狀況。

然而超過90％以上的寶寶都是在生產預定日的前後五個星期當中出生，因此不妨把這個日期當作最基本的參考數值即可。

現在最為普遍使用的正確預定生產日計算法，是依照超音波檢查的結果來進行換算。由於懷孕8～11週的寶寶並沒有太大的個體差異，因此選在這個時期進行超音波檢查，測量胎兒從頭頂到臀部的長度，就可以正確地算出懷孕週數以及預定生產日。

藉由超音波檢查所得知的預定生產日會寫在超音波照片上。若能把照片帶回家，就只需要留意在照片上的這個日期就好了。當然，這個生產預定日同樣只能作為參考而已。

事先知道適合生產的時期

透過定期產前檢查得知懷孕週數之後，不妨把往後的所有預定計劃都寫在月曆上吧！適合生產的時期是在懷孕37週0日到41週6日之間，這段期間的生產稱為正期產。

未滿22週的生產，稱為流產；而在22週到36週之間產下的寶寶則稱為早產。相反的，一旦過了第42週，胎盤的功能就會下降，寶寶將會面臨危險的狀況。這個時候的生產稱為過期產，此時，婦產科醫師和助產士會馬上採行相關對策。

懷孕週數的計算是以最後一次生理期開始的日子定為「懷孕0週0日」，而計算方式全部都是以「滿」來計算，所以「懷孕0週6日」的隔天，就會變成「1週0日」。此外「懷孕0週～1週」相當於排卵之前的未懷孕時期。

	月數	週數		
初期	1個月	0週	◀ 每個週數的懷孕情況	流產
		1週		
		2週	◀ 平均排卵日 在這個階段有可能受精成功	
		3週		
	2個月	4週		
		5週	可在初診確認正常懷孕	
		6週		
		7週		
	3個月	8週	此後一直到懷孕第23週為止，必須每4週接受1次定期產前檢查	
		9週		
		10週		
		11週		
	4個月	12週		
		13週		
		14週		
		15週		
中期	5個月	16週		
		17週		
		18週		
		19週		
	6個月	20週		
		21週		
		22週		早產
		23週		
	7個月	24週	懷孕24～35週之間，定期產前檢查變為每2週1次。	
		25週		
		26週		
		27週		
後期	8個月	28週		
		29週		
		30週		
		31週		
	9個月	32週		
		33週		
		34週		
		35週		
	10個月	36週	從懷孕第36週之間，定期產前檢查變為每週1次。	
		37週		正期產
		38週		
		39週		
	11個月	40週	◀ 生產預定日	
		41週		
		42週		過期產
		43週		

懷孕 1~2個月 0~7週

媽媽與寶寶健康手冊

只要去各衛生局就能拿到

確認懷孕之後，最好盡快向醫院或各衛生局索取媽媽手冊。希望每位媽咪最慢能在懷孕12週之前拿到這本手冊。

基本上，手冊的內容在全國各地都是相同的，所以就算搬了家，在搬家後的縣市所取得的手冊也是可以使用的。

若是無法親自前去領取，例如害喜過於嚴重的時候，亦可委託代理人代為領取。

生產過後的重要手冊——寶寶健康手冊

寶寶健康手冊正如其名，是為了管理寶寶健康專用的手冊，是行政院衛生署國民健康局在2005年所編印的。當小寶寶出生後準備離開醫院或診所時，醫院就會給媽媽一本寶寶專屬的兒童健康手冊。這本手冊中有著出生狀況記錄表、嬰兒大便顏色識別卡、生長曲線圖、兒童健康檢查記錄、家長記錄事項及健康檢查記錄、預防接種時程及紀錄表、衛教指導等重要內容，所有過程都要加以記錄。

這本手冊不僅是寶寶的紀錄，同時其中內容也能為爸爸媽媽們的疑惑提供解答。

得到媽媽手冊時可享受的服務

懷孕時，除了可以拿到媽媽手冊外，還能拿到一些關於申請懷孕、生產方面行政服務的文件說明。

雖然其中也有一些文件並不急著用到，但最好還是仔細保管到生產結束為止較好。

◆ 免費十次的定期產前檢查

全民健康保險提供十次的免費產前檢查及一次的超音波檢查，所以媽媽們可以持「媽媽手冊」前往醫院做定期的產前檢查。

◆ 媽媽日常生活的介紹

介紹準媽媽們在日常生活中需要注意的事項、適合進行的運動、及飲食習慣等。

◆ 如何準備迎接新生命

教導新手爸媽在迎接新生命前可做好哪些準備，還有寶寶誕生後又需注意哪些事項。

◆ 各項資源

包括有各縣市衛生局的聯絡方式，以及與孕婦、新生兒相關的機構、社會服務聯絡方式等。另附有新生兒可能會需要做到的特殊健康檢查。

懷孕 1~2個月 0~7週

全職媽媽的必要手續

取得職場同事的充分了解

近年來有不少媽咪希望在懷孕期間或是生產過後能夠繼續從事自己的工作。她們都希望能夠取得公司的諒解，愉快地度過懷孕生活以及產假生活。

一旦確認懷孕，最好能在第一時間向自己的上司報告。因為事先讓對方知道自己在產前・產後希望休息多少天之類的懷孕・生產計畫是非常重要的。

隨著職場的不同，有些上班族的媽咪會很難獲得必要的支持。不過現在有法律明文保障全職媽媽的工作權益。

尤其是在懷孕初期，可能會出現害喜症狀，流產的機率也較高，大家都會希望這段期間自己不要太勞累。盡快取得職場同事的理解，當身體不舒服的時候請鄭重以對。

縮短通勤・勤務的時間

若醫師提出這類要求時，媽咪其實可以向公司申請縮短勤務時間。此外，若是覺得擠在上班尖峰時期的通勤負擔過大，或許也可避開上班尖峰時間通勤。

減輕勤務內容

孕婦可以要求避免從事可能危及胎兒的業務，例如搬重物。也可以申請懷孕期間不再從事加班或非勤務勞動，另外還可以申請調離目前職務。

產檢假

取得前往醫院產檢時所需要的時間。

產前產後的休假

產前假是8天，產後假是6週。在此容許範圍之內，媽咪可以依照自己的需求決定假期的長短。

育兒假

在孩子年滿三歲之前，雙親當中的一人可以按照自己需要的期間向公司申請留職停薪，但時間最長不得超過2年。

母親健康管理注意事項連絡卡

擁有工作的媽媽從醫師那兒收到的注意事項，將其具體內容告知職場的文件。

像是變更工作時間、減輕工作量等，碰到這些難以啟齒要求的事情時，就可與醫師商量，活用此卡。

懷孕初期

3 個月

第 8 ～ 11 週

媽咪的身體與心理

出現害喜症狀時，可以「只吃自己想吃的東西」

這個時候的子宮大概是拳頭可以握住的大小，而且也是容易流產的時期，所以一定要注意出血和腹部腫脹疼痛的症狀。由於這時的情緒會變得相當不安穩，容易煩躁，請小心不要為此帶給身體太大的負擔。

記得要領取媽媽手冊喔！另外也別忘了向公司報告自己懷孕的消息。

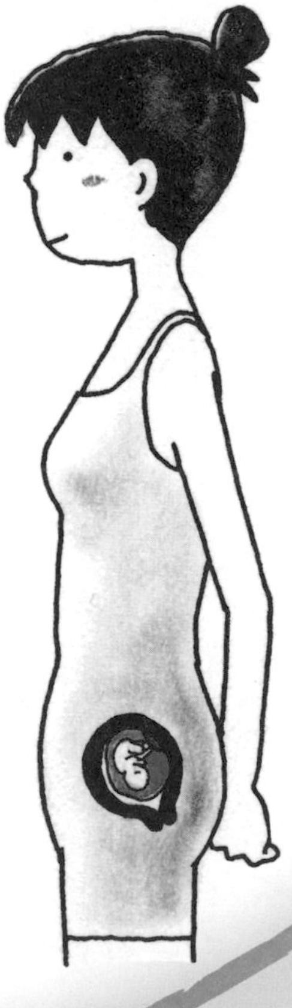

肚子裡的寶寶

可以聽見寶寶心臟的鼓動聲

寶寶的手腳發展成形，變成近似人類的三頭身體型。這個時候的手指跟腳趾已經清晰可辨；鼻子、嘴唇和眼皮也發育完成。血液開始循環，同時也開始出現規律有力的心跳。

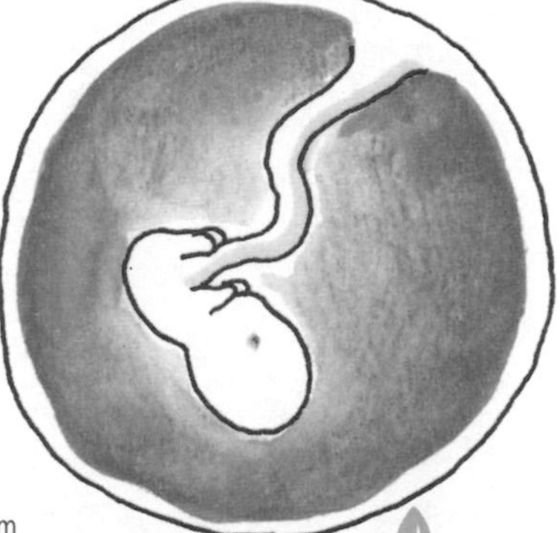

身高約47mm

體重約30g

幫肚子裡的寶寶取名字吧！

肚子裡面的寶寶的所有器官幾乎都已經長成了，體型也變得比較接近人形。雖然還要一陣子才能看到寶寶的長相，但是姑且先為他取個暱稱如何？雖然「寶寶」這個名字也可以，但還是取一個充滿親愛之情的名字再和他說話吧！即使是突然靈光一閃的名字也無所謂。請和爸爸一起討論看看。找到機會就和寶寶說話吧！「小〇，今天的天氣很暖和很舒服呢」「小〇，爸爸跟媽媽都很期待和你見面的那一天喔」等，寶寶是可以聽到外面的說話聲的。

建立親蜜連結

懷孕3個月 8～11週

害喜

確認懷孕之日就是害喜開始之時

懷孕第2～3個月，正是害喜症狀最嚴重的時候。而這個時候剛好和確認懷孕的時期重疊，因此也有人是注意到害喜症狀才發現自己懷孕的。

出現害喜症狀的時期因人而異，症狀出現得早的人在懷孕5～6週就會開始。而絕大多數的人都是在7～9週時出現，12～16週時症狀就會消失。

不過症狀消失的時期同樣會因人而異，有些人會一直持續害喜直到生產前。相反的，也有些人是一直到生產前都沒有出現任何害喜症狀。

害喜症狀種類繁多

害喜的症狀和嚴重程度依個人情況而有所不同。主要症狀有嘔吐感和胃部不適，還有出現至今不曾有過的食物喜好，對特定的氣味變得敏感等。

大致上可分為剛起床時還有空腹時會出現嘔吐感的「嘔吐型害喜」，還有不往嘴裡塞些東西就渾身不對勁的「嘴饞型害喜」。

實際上的確有人因為一天當中吐了太多次而導致臥病在床。另外也有出現因為症狀過於嚴重，連情緒都嚴重受到影響的案例。

害喜的原因

那麼，到底為什麼會出現害喜症狀呢？事實上，目前還沒有人知道害喜出現的真正原因。

有一種說法認為，一旦懷孕，胎盤就會分泌一種叫做「hCG（人類絨毛膜性腺激素）」的荷爾蒙，這種荷爾蒙會造成身體機能出現混亂，因而引起嘔吐等不舒服的症狀。此外也有其他說法認為這是出自於身體對寶寶產生的過敏反應。

在懷孕初期，光看外表其實和懷孕之前一無二致，而且週遭的人可能也不知道自己已經懷孕。所以這個時期的害喜症狀，對媽咪來說其實是個非常艱苦的體驗。

懷孕之後，媽咪的身體就會出現劇烈的變化。而這些變化是因為身體必須在懷孕到生產這段期間，為寶寶創造出一個更好的環境才產生的。對媽媽來說辛苦非常的害喜，其實正是寶寶成長的最佳證明。不妨把它想成是孕育寶寶必經的重要過程吧！

克服害喜

當害喜症狀讓人難受時，應對的基本原則就是不要勉強自己。飲食方面，只要在自己想吃喜歡的東西時再吃即可。

克服害喜的方法

為了讓自己在想吃東西時就能吃到少量東西，請隨身攜帶幾個小飯糰在身上，或是在枕頭旁邊放上幾塊餅乾。這個方法特別適合空腹時會感到痛苦難耐的人。

有很多人會變得比較喜歡吃酸的東西。可以積極攝取一些醋醃料理，或者是把檸檬汁淋在日常料理上，說不定都能讓妳吃的開心。

太過緊身的服裝反而會讓自己感到不舒服，還是選擇寬鬆的衣服吧！

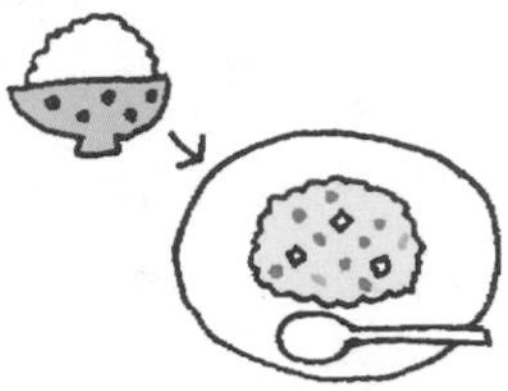

要是白飯讓妳覺得難以下嚥，試著做成炒飯，說不定就會變得比較容易入口。加入一些芥末和胡椒等辛香料亦可促進食慾。

可能會突然覺得汽水和冰棒這類酸酸甜甜、冰冰涼涼的食物非常好吃。但是吃太多容易造成體溫下降，所以還是要有所節制才行。

全身無力、心情低落時，最好是出門開心地購物，或是打個電話跟朋友聊天，來轉換自己的心情。

懷孕後容易出現便秘，而一旦便秘，害喜也會變得更加嚴重，所以請多吃蘋果或奇異果等富含植物纖維的水果。

就算什麼都不想吃，也不能忘記要補充水分

若症狀嚴重時就不要勉強自己，躺下休息吧！

有些人會擔心「因為害喜而吃不下東西，肚子裡的寶寶會受到影響」。不過這個時期，媽咪身體當中儲備的營養足以應付寶寶的需求，並不會影響寶寶的成長。所以媽咪們只要專心克服害喜症狀就好。

若是出現下列症狀請火速就醫

有些人的害喜症狀會嚴重到不得不到醫院接受治療。下列這些症狀，稱為「妊娠劇吐」。若是置之不理，不論對媽媽還是寶寶來說都非常危險，所以一定要迅速就醫。

- 1天嘔吐數十次。
- 體重減輕4～5公斤之多。
- 不光是食物，連水分都無法接受。
- 尿量急遽減少。
- 頭暈目眩，難以度日。

懷孕3個月 8～11週

懷孕初期需要注意的事項

發現自己懷孕後，媽咪的身心都會開始準備迎接寶寶的到來。對寶寶來說，現在正是形成身體的重要時期，所以媽媽要盡可能地避免從事任何會帶給寶寶不良影響的事物。

另一方面，這段時期也是媽咪容易流產的時候。若在激烈運動，或是跌倒，或是撞到東西之後出現腹痛或流血就必須特別留意。周圍的人有可能會一時忘記妳已經懷孕，不過不論如何都不要太勉強自己。

並不是所有的行動都會對媽咪和寶寶造成影響，與其增加擔心的事，還不如全心體會懷上寶寶的喜悅之情。而寶寶最大的心願應該也是看到媽咪能夠幸福。

盡量避免從事的事

X光攝影

懷孕期間拍攝過多的X光片容易造成胎兒出現異常。若因事態緊急不得不拍時，請一定要告知醫師自己有孕在身。不過，如果在發現懷孕之前拍過1～2張的X光片，是不會對胎兒造成影響的。

藥物

部分藥物，例如頭痛藥和感冒藥等，含有對胎兒有害的成分。懷孕4～15週左右是寶寶的形成期，所以這段期間一定要注意用藥。若在發現懷孕之前服用過市面販賣的成藥，對寶寶的影響其實不大。只不過在懷孕期間應依照醫院的指示，僅服用必要的藥物即可。

激烈運動・跌倒

懷孕初期，尚未進入安定期之前，從事劇烈運動或是不小心跌倒，都有可能會造成流產。當自己的肚子脹痛或是開始出血，就必須馬上到醫院去。如果沒有任何問題則不必擔心。此外，高跟鞋會造成血液循環不良而且容易跌倒，所以要盡量避免穿著。

性行為

懷孕期間雖然可以從事性行為，但若是發現腹部腫脹或是開始出血時，請立刻停止。到第16週之前，請盡量避免激烈的性行為。有些媽咪在懷孕後會變得討厭性交，但是和爸爸一起確認彼此的愛情也是非常重要的，所以兩人最好能時常溝通交談。

燙髮・染髮

燙髮液和染髮劑當中含有對寶寶有害的成分。雖然對媽咪來說，容易整理的髮型才是最好的，但還是盡量減少燙染比較安全。

電磁波

即便未經證實，但是仍然有人認為電腦和微波爐所發出的電磁波會對寶寶造成不良影響。如果擔心這一點，不妨穿上能夠阻絕電磁波的圍裙吧！

建議戒菸

不論是對媽媽還是寶寶來說，香菸都不是什麼好東西。

香菸裡所含的尼古丁會引起血管收縮，導致血液循環惡化，血液裡的含氧量也會減少。結果就是造成血液通過胎盤運送給寶寶的氧氣和營養都不充足。

這種狀況一旦長期持續下去，不但會阻礙寶寶的發育（新生兒體重過輕），還會增加流產、早產的危險性。甚至可能引起「唇裂」「顎裂」等畸形、先天性心臟異常，以至於對寶寶出生後的成長與智能發展產生影響。

懷孕正是戒菸的好時機！為了寶寶的健康，原則上香菸是非戒不可。就算媽咪在發現懷孕之前有菸癮，只要能夠乾脆戒掉就不會有任何問題。

儘管媽咪戒了菸，但是只要爹地或是公司同事仍在抽菸，他們製造出來的二手菸還是會影響到媽咪和寶寶。所以請盡量爭取週遭人士的理解吧！尤其是爹地若能一起戒菸，那就太好了。

建議戒酒

由於酒精分子非常細小，所以能夠穿過胎盤流進寶寶的血液當中。

如果只喝少量的酒還不成問題，要是每天都喝許多酒，寶寶就有可能得到「胎兒酒精症候群」。結果將會造成腹中寶寶發育遲緩，出生後也可能出現學習障礙、發育不全等問題。

因此，懷孕之後最好馬上戒酒。然而有些媽咪會在懷孕之後突然想喝從來沒喝過的酒。如果只是偶爾喝一點還不成問題，要是養成習慣開始增加飲用量時就要多加注意。

此外，咖啡和紅茶當中的咖啡因也會引起血液濃度增大等問題。1天1～2杯的量還無須擔心，但是最好不要喝到晚上睡不著的程度。

當妳想要抽菸的時候

- 可以開始刷牙

- 試著喝水或是嚼食口香糖

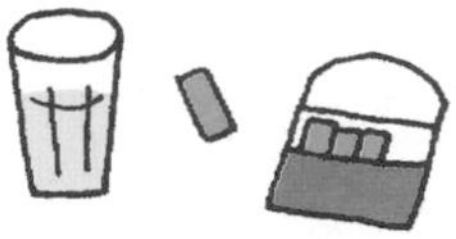

- 可以沐浴

- 可以看看超音波照片，想想寶寶的未來

- 可以外出，轉換自己的心情

- 可以點起香氛精油，讓空氣煥然一新

懷孕3個月 8～11週

懷孕初期的各種不安

懷孕初期會發生的身體變化

懷孕之後，媽咪體內的內分泌平衡會出現巨大轉變，快速地朝著適合寶寶成長的環境調整前進，因此身體各個部位都會出現不舒服的症狀。然而其中有些症狀會一直持續到生產結束，因此媽咪一定要學到專屬自己的應對法。

分泌物增加

由於內分泌平衡的變化，導致分泌物增加。請換穿透氣性良好的內褲，並增加洗澡的次數。

便秘

由於腸子的蠕動速度變慢，所以懷孕後比較容易出現便秘。這時候請盡量不要依賴藥物，僅可能地增加植物纖維的攝取量。如果狀況真的很嚴重，請到醫院尋求協助。

頻尿

由於子宮變大後壓迫到膀胱，因此變得頻尿。就多跑幾次廁所吧！

腰痛・腳踝疲痛

因為子宮變大而引發的問題。一旦覺得難受時請不要勉強自己，坐下來休息吧！

焦慮不安

受到內分泌失調的影響，懷孕初期的媽咪總會感到焦慮不安。不妨試著外出購物或散步來轉換心情。

嗜睡・疲倦

有許多媽咪表示，自己不管做什麼都想睡，全身無力不想走動。這種狀況是由於預防流產的黃體激素正在大量分泌所致。這個時候不必勉強自己，請躺下休息吧！

如果已經有了孩子

有時孩子會在媽咪注意到自己懷孕之前就先知道媽咪的肚子裡面有小寶寶了。然而就算沒有說出口，有些孩子還是會突然變得愛撒嬌，或是開始在意起媽咪的肚子。

知道自己懷孕後，媽咪最好盡快把事情告訴現在的孩子。因為有些孩子會覺得媽媽好像被寶寶搶走般。如果能讓孩子儘早開始期待寶寶的誕生，並和媽咪一起對寶寶說話，那就太好了。

若妳還在為現在的孩子哺育母乳

哺育母乳時，媽咪的體內會分泌一種叫做催產素的荷爾蒙，有人認為這種荷爾蒙會造成流產或早產。但是在懷孕初期和中期，胎盤分泌的黃體激素量還相當少，因此即使催產素分泌，能與之反應的受體依然尚未形成，所以不可能會引起流產或早產。

事實上，當媽咪把乳房湊近哇哇大哭的孩子時，孩子反而會因為催產素的作用冷靜下來。因此在懷孕期間也不需要停止哺育母乳。但是，若因為哺育母乳引起腹部開始強烈腫脹，那麼還是停止餵奶會比較好。

懷孕3個月 8～11週

媽咪若是患有重大疾病

懷孕前即患有重大疾病的媽咪

有些媽咪在懷孕前就患有重大疾病，其中某些疾病可能會增加懷孕・生產的風險。因此在考慮懷孕前，最好告知主治醫師自己想要懷孕的意願。

只要主治醫師表示懷孕・生產一切OK，那麼就沒有問題。要是懷了孕，則必須告知主治醫師和婦產科醫師，轉而採取不影響寶寶的治療方法。只要遵照醫師的指示去做，就不會有事。

● 腎臟病

由於懷孕會造成血液循環量增加，帶給腎臟的負擔也會加重。因此醫師不會允許重度腎臟病的女性懷孕。

只要醫師說OK，那麼懷孕就不成問題。這時必須遵照醫師所說的營養管理等指示。須注意仍有流產、早產、嬰兒發育不全等風險。

● 甲狀腺疾病

甲狀腺荷爾蒙若是分泌不穩定，流產、早產的發生率也會提高，甚至造成肚子裡的寶寶發育不全。如果能用藥物完全控制住，懷孕・生產都不成問題。

● 遺傳性過敏

雖然不一定絕對屬於遺傳性疾病，但有說法認為，假如爹地或媽咪其中一個患有遺傳性過敏，那麼誕生的寶寶也比較容易得到同樣的疾病。

這種疾病其實對懷孕並沒有影響，但還是建議媽咪盡量不要挑食，經常打掃以去除室內的灰塵，並遵照醫師的指示進行治療。

● 心臟病

懷孕後，心臟的負擔也會加重。只要主治醫師做出就算懷孕也不會有事的判斷，那麼就請遵照醫師的指示去做。

由於剖腹生產的方式反而對心臟不好，所以基本上都是陰道分娩。而為了縮短分娩時間，有時必須並行吸引・鉗子分娩。

● 糖尿病

重度的糖尿病患者，容易產下體重過重或體重不足的嬰兒，同時也有流產・早產的風險。

最重要的是遵照醫師的指示進行食物療法，施打胰島素，藉此控制血糖。

有些人會因為懷孕而得到糖尿病，但是大多數都會在生產過後痊癒，因此不必太擔心。

● 氣喘

氣喘一旦發作，血液就不會流到肚子裡的寶寶身上。醫院的治療用藥基本上對寶寶來說都是安全的，千萬不要自行停藥。

懷孕 3 個月 8～11 週

異常懷孕

子宮外孕

受精卵若是在子宮以外的部位，例如輸卵管、卵巢、腹腔等部位著床，就稱為子宮外孕。

由於驗孕用品不會出現陽性結果，所以有些時候是依靠超音波檢查才發現問題。

若是一直沒有發現，放任懷孕過程繼續進行，受精卵著床的位置就會破裂，造成大量出血。這時母子都會面臨危險。

當生理期無故停止，或是在生理期之外持續出血，或是腹部持續疼痛時，都有可能是子宮外孕的徵兆，必須盡快到婦產科醫院就診。

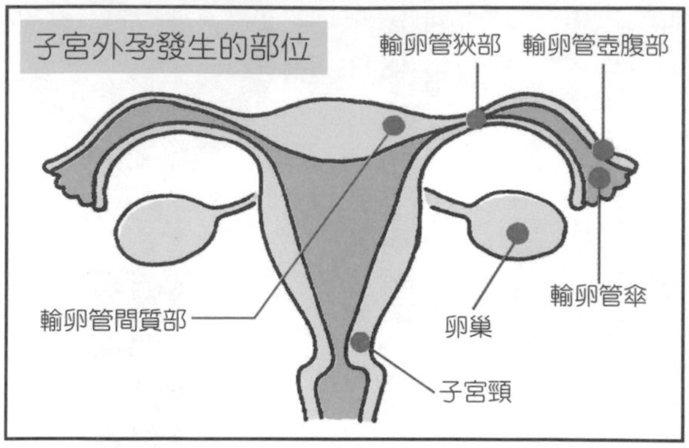

確定是子宮外孕後

若是在破裂發生之前就確認為子宮外孕，有時可利用腹腔鏡手術切除著床的部位。

著床部位破裂引起大量出血時，狀況危急攸關生死，因此必須進行緊急開腹手術。

雖然發生子宮外孕時無法繼續懷孕過程，但是若能及早對應，仍然有機會再次懷孕。

葡萄胎

葡萄胎指的是原本應該形成胎盤的絨毛組織異常增殖的狀況。子宮內會塞滿如同葡萄果粒一樣的絨毛，胎兒則會被這些絨毛吸收，至此，懷孕不可能繼續下去，最後將導致流產。

葡萄胎可在懷孕初期的超音波檢查當中檢查出來。此外還有害喜嚴重、分泌物呈現茶色並混有出血、腹部異常脹大等自覺症狀。

確定是葡萄胎之後

必須刮宮數次，將所有的絨毛組織徹底刮除。如果有絨毛殘留，偶而會轉變成惡性腫瘤，因此必須小心謹慎。

手術後1～2年內仍須定期檢查，持續追蹤病況。等到醫師鬆口同意之後，仍有可能進行下一次懷孕。

葡萄胎的形成

可能的原因有二。一是卵子在受精過後，細胞核失去活力甚至消失，導致只有精子的細胞核在卵子的細胞質當中分裂；二是一個卵子同時有兩個精子受精。

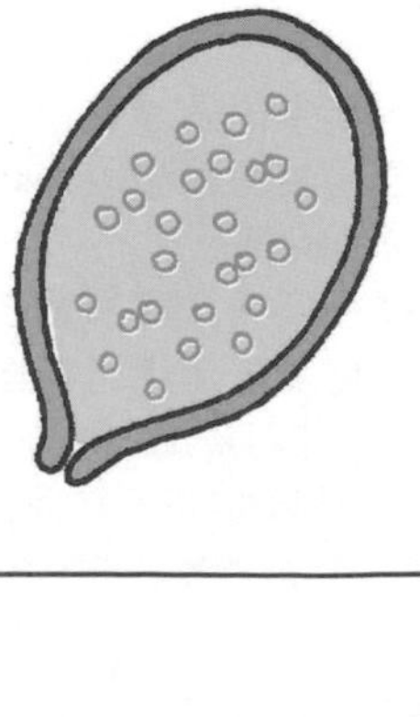

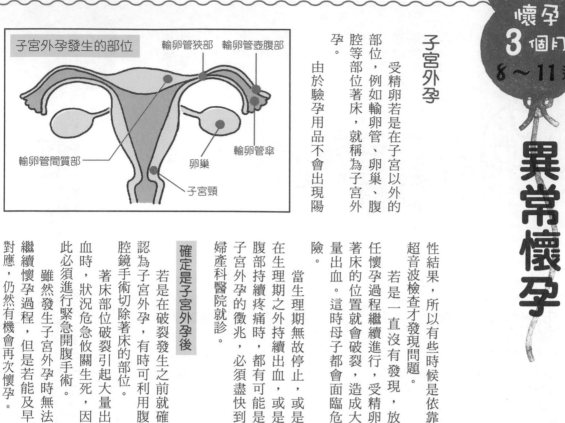

懷孕 3個月 8～11週

流產・先兆性流產

不要認為流產都是媽媽的錯

懷孕滿21週之前，胎兒死亡排出母體之外，便稱為流產。

懷孕時會發生流產的機率約有15％。在懷孕滿12週之前發生的流產，多數都是因為寶寶本身的染色體異常，因為寶寶沒有辦法長大，所以就會流產。至於母體方面的原因，則是由於感染症或是葡萄胎導致無法繼續懷孕而發生流產。這些症狀在12週過後會比較有可能發生。

連續流產2次相當常見，但是連續流產3次以上就必須檢查是否有特殊原因。例如檢察媽咪是否患有子宮畸形或感染症，或者是確認爹地媽咪的染色體是否異常。

流產之後，一般都會將子宮內部的殘留物徹底刮除，不過要是出血量不多，也有可能任其自然痊癒。這些都必須視當時的情況而定。

流產的種類

完全流產

胎兒和胎盤完全從子宮內部剝離並排出體外。

不完全流產

胎兒或胎盤的一部分還殘留在子宮內部。會持續腹痛與出血。

過期流產

子宮口封閉，沒有出血也沒有腹痛，但是胎兒已經死亡。這可透過超音波檢查來判斷。

進行流產

胎兒或胎盤從子宮內部剝離。伴隨著腹痛與出血，無法繼續懷孕過程。

先兆性流產

出現腹痛和出血，彷彿快要流產似的就稱為先兆性流產。最終不一定真的會流產，只要進行適當的處置，仍有可能繼續懷孕。這個時候，絕大多數的寶寶其實都還相當健康，所以不會有問題。

只要還能聽到嬰兒的心跳聲就能防止流產，所以請務必盡快前往醫院接受診察。診察之後則必須保持安靜少動。

為了預防流產

- 盡可能地避免手持重物或劇烈運動

- 不要讓身體過冷

- 出現腹痛和出血的症狀時必須盡快就醫

4個月

第 12 ～ 15 週

媽咪的身體與心理

害喜症狀消失，食欲開始恢復，不過要小心不要吃太多

子宮現在成長成新生兒的頭部一般大小。基礎體溫下降，身體狀況恢復到以往。由於子宮從骨盆上升到腹部，因此頻尿和便秘的狀況也會改善。胎盤形成完畢。

盡可能地過著規律的正常生活，同時也要注意營養均衡的飲食生活。最好不要吃加工食品或是添加物過多的食品。此外，由於肚子和乳房開始變大，所以現在可以開始進行預防皮膚乾燥或是防止妊娠紋的保養工作了。

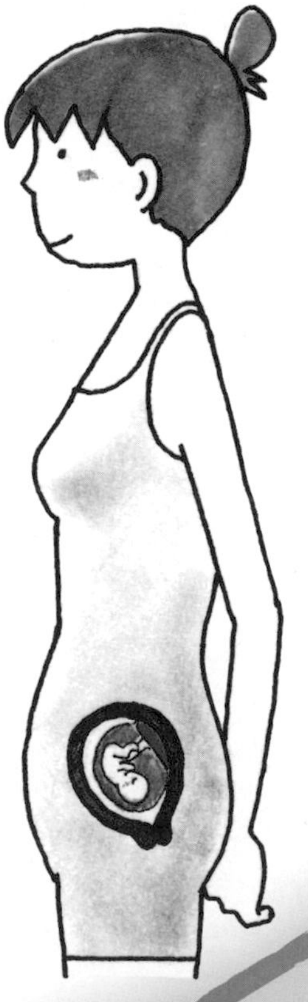

肚子裡的寶寶

寶寶變得越來越有人類的外型，可以確認心臟跳動的聲音

內臟的形態幾乎發展完成，功能也進一步發展。大腦的原型就是在這個時候完成的。皮膚開始增加厚度以保護內臟，另外手腳也可以自由擺動，胎毛也長了出來。

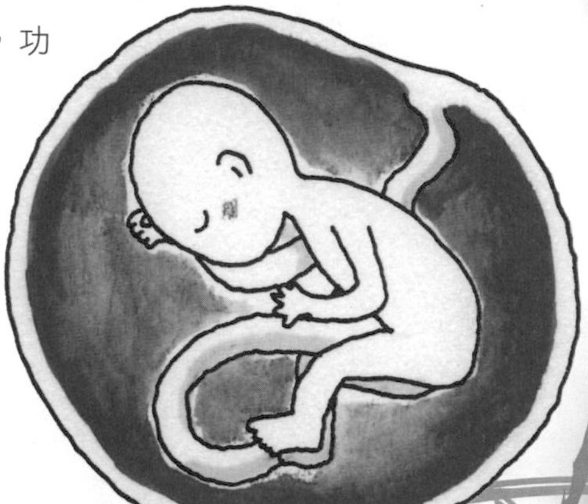

身高約16cm
體重約100g

養成和寶寶說話的習慣

「早安」「肚子餓了呢」「真好吃」「好累啊」「晚安」等等，就算是無關痛癢的話也好，請每天和肚子裡的寶寶說話。假裝他是已經出生的寶寶，假裝他已經聽得懂話了（其實也有人認為寶寶這個時候真的已經理解許多事物了）。就算陣痛的時候也要對寶寶說「雖然很痛，但是媽咪會加油的，所以小〇也要加油喔！」這樣兩人就能一起加油。難道妳不覺得這樣做之後，寶寶一生下來就能馬上和他一起開始親密的生活嗎？

建立親蜜連結

開始控制體重

要注意不再害喜之後的過度飲食

這個時候，大多數人的害喜症狀都會消失，因而可以像平常一樣地吃飯。但是絕對不能因為害喜的反作用力而暴飲暴食。

以前的人認為「孕婦必須要連同寶寶的份一起吃下去」，這個觀念其實大錯特錯。現在的寶寶大概只有50g左右，並不需要多少營養。

現在若是過胖，懷孕中後期出現妊娠毒血症或妊娠糖尿病的可能性也較高。另外，過胖會導致產道堆積脂肪，容易出現難產。

即使到了臨盆當月，寶寶、胎盤和羊水加起來也不過7公斤左右。所以懷孕造成的體重增加大致控制在10公斤即可。懷孕前較為豐滿的人就控制在稍輕的5～7公斤，而較為纖細的人就把目標訂在10～12公斤吧。

進入懷孕後期之後，體重會較容易增加，但是減肥卻非常困難。所以最好是從懷孕初期就認真進行體重控制。

控制體重的訣竅

規律的飲食習慣

比起一次吃很多不如少量多餐，效果更卓越。

細嚼慢嚥

吃太快、太多會導致體重增加。

不要攝取過多鹽分和糖分

太鹹的食物容易造成水腫和高血壓，而過量的糖分會造成體重增加，所以都應該要節制。

減少分量，增加種類

懷孕期間需要維他命、礦物質等各式各樣的營養素。與其增加分量不如增加菜餚的種類。

在調理法上下功夫

增加蒸和網烤料理的種類，下點功夫去除多餘油脂。

增加低卡路里的食材

不要攝取多餘的油脂。選擇根莖類、菇類等低卡路里的食材。

首先調整營養均衡

懷孕期間有幾種營養成分希望媽媽們能攝取得較為多些，但是基本上還是要保持營養的均衡。

首先是飯、麵包、麵類等主食，加上蛋白質豐富的魚和肉，並巧妙地搭配各種富含維他命、礦物質的蔬菜、豆類、菇類、海藻類所做成的配菜。

由於維他命和礦物質不管怎麼吃都仍是不足，所以請盡量把它們加進菜單裡吧！而低卡路里又富含礦物質的貝類、菇類、海藻類，則是懷孕期間最佳的食材。

鈣質

據說日本人攝取的鈣質比他國人所攝取的量要少。但鈣質卻是寶寶的骨頭和牙齒形成時不可或缺的營養成分。因此請媽咪們在懷孕期間尤其需要選用富含鈣質的食材。

若是搭配維生素D和蛋白質一同食用，將可增加鈣質的吸收率。所以請盡量搭配富含維生素D的烏鰡和肝臟，以及肉、魚卵、大豆等蛋白質豐富的食材。

富含鈣質的食品

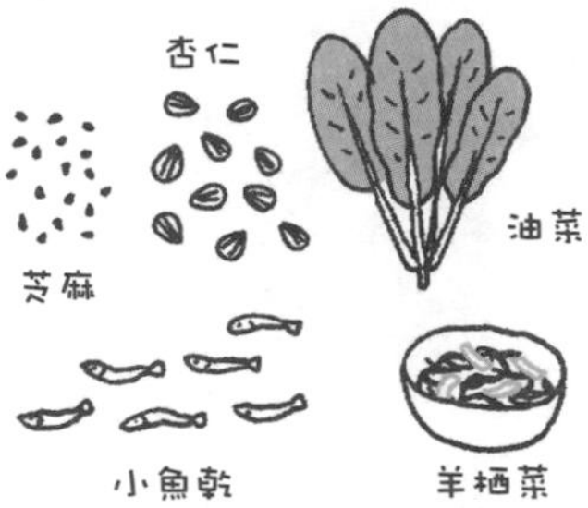

鐵質・植物纖維

懷孕期間容易出現貧血和便祕等症狀。若想預防貧血，就請選擇富含鐵質的食材；若想預防便祕，就請多吃植物纖維豐富的食材吧！

懷孕期間不可缺少的葉酸

維他命B群的其中一種。由於在波菜中含量最多，因此取名為葉酸。在日常生活中，葉酸是一種非常重要的營養素，在懷孕期間，它的重要性更是遠遠超出其它營養。

葉酸有預防貧血和動脈硬化的效果，此外還能促進DNA代謝，具有幫助寶寶正常發育的功用。

懷孕初期，寶寶的身體正在形成時，若是葉酸不足，出現神經障礙、畸形兒的風險將會大幅提高。

富含葉酸的食品

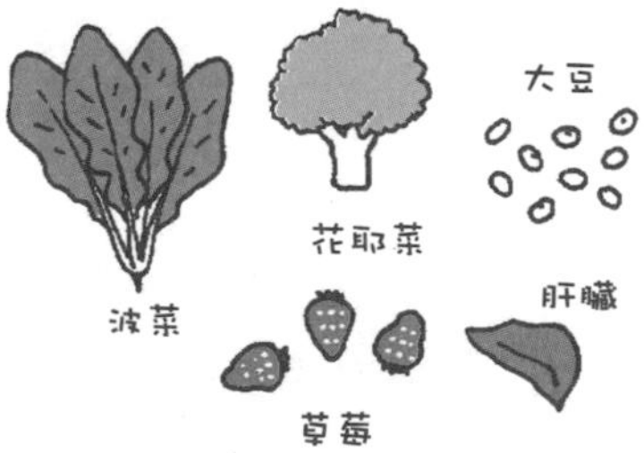

必須小心的食品

食品添加物

食品添加物包括防腐劑、色素、人工調味料等。考慮到寶寶的健康，最好能免則免，也請盡量避免袋裝食品和沖泡食品。

含汞量較多的魚類

金目鯛、鮪魚、旗魚等魚類，內含較多對寶寶有害的汞。雖然這些魚類的確富含許多必要營養，但是懷孕期間還是以一週食用1～2次為限較好。

保健食品

有時懷孕期間所需要的營養素，沒辦法光靠食物來攝取。根據不足的程度，利用保健食品來補充營養其實不失為一個好主意。不過有些保健食品當中含有過多的維生素A，容易對寶寶產生不良影響，請多加留意。

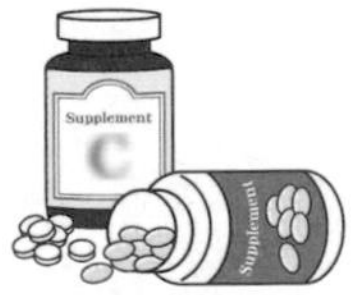

懷孕 4個月 12～15週

子宮收縮・疼痛

子宮收縮的各種自覺症狀

子宮收縮是懷孕特有的症狀之一。在劇烈運動過後腹部會變硬，這個狀況稱為「收縮」。

這個症狀是因為子宮的肌肉因緊張過度導致開始收縮。子宮收縮所伴隨產生的自覺症狀會因人而異。有些人會覺得肚子變得非常硬，有些人則是覺得肚子有東西頂著，還有些人會覺得腹部悶痛等，症狀不盡相同。

甚至有些第一次懷孕的新手媽咪，直到在定期產檢聽到醫師告知之前，都不曾發現子宮收縮的症狀。

自然發生的子宮收縮和令人擔心的子宮收縮

在懷孕初期，子宮因為急速變大，所以子宮肌肉會開始延展，支撐子宮的部分也會被拉緊，這時就產生了子宮收縮。

這種子宮收縮屬於自然發生，絕大多數時候都不會引起什麼問題。只要躺下安靜休息一陣子，症狀就會自然消失。

但是懷孕初期的子宮收縮，也有可能是流產或是先兆性流產的徵兆。

如果安靜休息一陣子之後仍然不見好轉，或是每隔一段時間就會週期性地出現子宮收縮，這時就應該小心注意。如果伴隨著懷孕以來不曾有過的腹痛和出血，可能意味著狀況非常危險。

若是出現上述情形的子宮收縮時，請盡快前往醫院就診。先用超音波檢查確定寶寶的心跳聲之後，再接受適當的治療。

子宮收縮時

累了就不要勉強，躺下休息

若是因為從事家事或工作的疲勞引起子宮收縮，那麼就不要再勉強自己，立刻躺下休息吧！

若在外出時發生子宮收縮

若在散步或購物途中感受到子宮收縮，請立刻找一個可以坐下的地方休息片刻。

若在進行性行為時發生子宮收縮

有時子宮的肌肉會因為性交的刺激開始收縮。這時應該把情況告訴爹地，停下來觀察一下狀況。

腹痛的時候

如果是不曾出現過的疼痛或是像生理痛一般的疼痛時，請到醫院就診。

伴隨著出血的時候

必須考慮發生了流產或是先兆性流產的可能性，這時請盡快趕到醫院看診。

懷孕 4個月 12～15週

懷孕期間的性行為

懷孕期間進行性行為時需要注意的事

懷孕期間一樣可以進行性行為。但是不能像以前一樣隨意，必須要有所考量。

懷孕初期是很容易發生流產和先兆性流產的時期。有時乳房接收的刺激會引起子宮收縮，性器官附近的黏膜組織也可能因為一點小刺激而受損。

雖然不需要因此變得過度神經質，但是當媽咪出現子宮收縮、疼痛、出血等症狀時，最好還是避免進行性行為並觀察一陣子，等到身體狀況穩定下來之後就可以安心了。

另外，性行為可能導致細菌入侵子宮引起感染症，因此進行時最好戴上保險套。

謹記清潔、輕柔的性行為原則，試著一起建構只有在懷孕期間才有的夫婦關係吧！

不太想從事性行為的時候……

有些媽咪在懷孕之後會變得不太想從事性行為，這是因為心境已經開始從女性轉變成為母親的緣故。

也有一些爹地會因為太過顧慮肚子裡的寶寶，而對性行為有些避而遠之。

這時最重要的就是爹地和媽咪的心意是否確實相通。因為有些人的確會因為求歡被拒而產生隔閡。

懷著互相體諒對方的同理心好好交談，增進彼此的感情吧！

懷孕期間的體位

正常位
懷孕後期，媽咪的肚子會變得很大，必須小心不要把體重施加在媽咪身上。

後側位
雙方同時側躺。由於媽咪的肚子不會受到壓迫，因此到懷孕後期也能安心採用這個體位。

女性在上
這個體位易於媽咪掌控節奏，相對來講比較安全。要小心不要插得過度深入。

坐位
兩人互相面對面，易於媽咪掌控節奏。而且插入也能控制在較淺的位置。

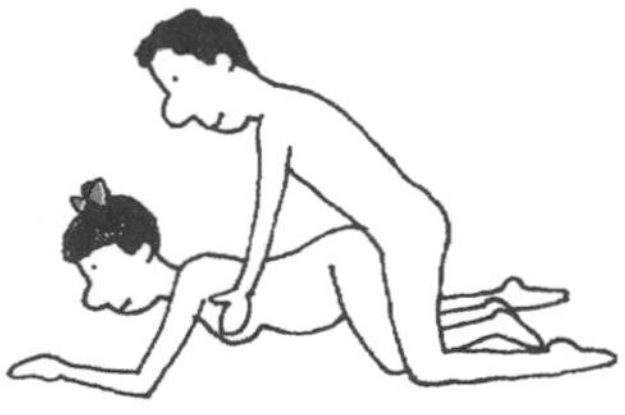

背後位
這個體位雖然不會壓迫到媽咪的肚子，但是插入程度比較深，在懷孕初期和晚期必須小心避免。

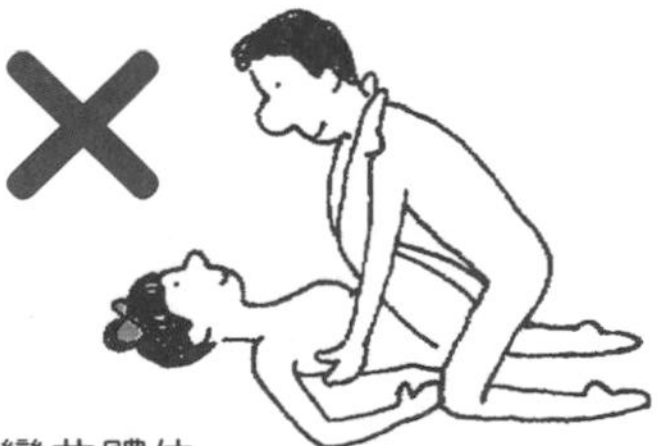

彎曲體位
這個體位會壓迫到媽咪的肚子，同時插入也過深。建議懷孕期間不要採用這個姿勢。

懷孕4個月 12～15週

感染症

危害寶寶的感染症

在我們的周遭環境中，存在著大量肉眼看不見的細菌和病毒。

人類具有免疫系統，能夠防止細菌或病毒入侵體內大肆破壞。但是，若因為某些不知名的原因造成免疫系統轉弱，就有可能出現發燒或起疹子等異常症狀。

由於細菌或病毒入侵人體而出現異常的症狀就稱為感染症。我們身邊最常見的感染症就是感冒和流行性感冒。

肚子裡面的寶寶，免疫系統尚未發育完全。因此，一旦媽咪染上感染症，寶寶就會經由媽咪而有受到感染危險。

傳染給寶寶的途徑可分為懷孕期間透過胎盤感染，還有生產時在產道發生感染兩大類。

盡早處理媽咪的感染症

為了預防寶寶發生感染，必須檢查媽咪是否染上感染症。

懷孕初期的定期產檢會進行血液檢查，確認媽咪是否染上令人擔心的感染症。此外，之後若是出現疑似感染症症狀，仍然需要視情況接受檢查。

經過檢查發現媽咪確實染上某種感染症，就可以預防傳染給寶寶。最重要的是遵照婦產科醫師的指示，及早應對。

德國麻疹

透過胎盤傳染給胎兒的傳染症當中，危險性最高的就是德國麻疹。

媽咪若在懷孕滿20週之前染上德國麻疹，寶寶很有可能在出生時就患有先天性疾病。

雖然德國麻疹是小孩子很容易得到的病，但是如果媽咪還沒有得過德國麻疹，體內沒有抗體，一樣容易感染。

可能的話，最好是在懷孕之前接受德國麻疹檢查。不過幾乎全部的醫院都是在懷孕初期的產檢時檢查。如果德國麻疹檢查結果為陰性，為了下一次的懷孕著想，最好在這一次生產結束之後接種德國麻疹疫苗。

除了德國麻疹之外，水痘、傳染性紅斑、麻疹等都是容易經由胎盤傳染的疾病，不過只要接受適當治療，就不會有什麼大礙。

逐漸增加的性病

主要經由性行為傳染的感染症，稱為性病。細菌和病毒會存在於性器官附近的黏膜、精液、陰道分泌物中。

當媽咪染上性病時，容易引起流產或早產，或是在嬰兒通過產道時一併傳染給寶寶。

若能盡早發現，就能趕在生產之前加以治療。但是有些

由寵物傳播的傳染症

過去的人認為狗或貓糞當中含有的「弓形蟲」感染症，影響範圍可能擴及寶寶。

不過現在已經確定弓形蟲感染症幾乎沒有任何影響。只要注意將排泄物處理乾淨，避免用嘴巴餵食寵物等，在衛生方面多下點功夫，就不會發生問題。

性病幾乎沒有任何自覺症狀。因此近年來時常看到沒發現自己感染就直接懷孕的案例。

分泌物的顏色和氣味有異，或是外陰部感到些微疼痛或搔癢等，只要感受到任何一點異常狀況就要接受檢查。

連同爹地一起接受治療

性病通常是以夫妻同時感染為多。就算媽咪接受治療，若再次從事性行為，就一定又會再次感染。

因此，爹地也一定要一起接受性病的治療。直到兩人都痊癒為止，請一定要服從醫師的指示。

此外，為了預防在懷孕期間感染，和爹地進行性行為時一定要提醒他使用保險套。

性病

念珠菌陰道炎

不只性行為，而是當免疫機能衰弱時就會非常容易罹患的一種病。其特徵為外陰部會出現強烈搔癢感，並出現鬆軟乳酪狀的分泌物。一旦經由產道感染，嬰兒的口中可能會出現潰爛的狀況。

披衣菌感染

由於女性發病時幾乎沒有任何自覺症狀，因此很多人都是在初期產檢的時候才首次得知。這個感染症容易引發早產、流產，一旦經由產道感染，嬰兒可能會罹患結膜炎或肺炎。

尖圭濕疣

女性是在外陰部和陰道，男性則是在陰莖上長出小疣。一旦經由產道感染，寶寶的喉嚨可能也會長出同樣的小疣。

滴蟲感染

偏黃色的的泡狀分泌物，以及特有的惡臭為其特徵。屬於比較不需擔心產道感染的感染症，但是仍然可能造成流產或早產。

性器官泡疹

外陰部長出水泡，熱辣辣地疼痛。一旦經由產道感染，寶寶就會染上新生兒泡疹，可能造成死亡。視情況需要，可能會改用剖腹生產。

梅毒

根據感染的時期不同，可能不會出現任何症狀，所以必須透過血液檢查來確認。若是傳染給寶寶，將容易造成流產或早產。

懷孕4個月 12～15週

高齡生產

意指35歲以上初次生產的人

所謂高齡生產是指35歲以上初次生產的人。正確來說應該是指35歲以上初次生產的孕婦，所以應稱為「高齡初產婦」。

過去，治療對象是30歲以上的孕婦。不過由於近年來的醫療發達，從1992年起將年齡提升到35歲。

至於為何要做出這種定義，是因為第一次生產的年齡越大，懷孕和生產的風險就會越高。

高齡生產可能出現的風險

說到35歲，是工作的黃金時期，體力會比20幾歲時稍差，同時也是生活習慣病開始出現的年紀。和懷孕相關的疾病，則是容易發生妊娠糖尿病、妊娠毒血症等。

至於生產，由於產道已經開始轉硬，所以可能需要更多時間進行生產。

此外，年滿30歲之後會有許多人罹患子宮肌瘤和子宮內膜異位症，而這些疾病都可能造成不孕，或是提高流產和早產的風險。

根據統計結果，年齡越高，上述懷孕與生產的風險確實越大。然而這只是機率稍微提高而已，並不是高齡生產就一定會出現這些問題。

唯有高齡生產才有的優點

圍繞在懷孕・生產方面的問題，比起年齡，其實絕大多數都是個人體質問題。即使可能面臨高齡生產的風險，只要能盡早對應，多數時候還是可以平安生產。

如果我們不要光看風險，改為關注優點，也有人認為能夠在社會和精神方面更加沉著冷靜地生產的高齡生產，才是真正理想的狀態。

留意風險，進行安全的懷孕和生產吧！與其多擔無謂的心，不如好好思考應該如何小心行事並避開風險。

唐氏症

唐氏症被視為是高齡生產時會引起的高風險疾病之一。由於染色體異常，寶寶一出生就有某些先天性的障礙，會出現在臉上的特徵有雙眼間隔較寬、眼角上挑、厚唇、耳垂變形等。同時還有內臟方面的障礙，以及運動、智能的發育障礙等。

在20幾歲左右的孕婦當中，每一千人會有一人產下唐氏症寶寶。雖然年紀越大，出現機率也會稍微提高，但實際上不管是什麼年紀的媽咪，都一樣有可能會發生。

懷孕
4個月
12～15週

出生前的診斷

檢查染色體是否異常

懷孕初期的產檢中，有一項檢查是確認染色體是否異常。這項檢查叫做出生前診斷。

透過這項檢查，可以查出超音波無法得知的唐氏症和畸形的有無。只不過目前染色體和遺傳基因尚有許多無法解讀的部分，所以檢查的結果不是非常完整。

由於出生前診斷有引起流產的風險，所以必須自費負擔，而且也只限於設備完整的醫院才能進行。

因此，在適當的時期醫師會進行這項檢查的說明，而要不要接受檢查則由媽咪決定。

各種出生前診斷

羊膜穿刺（懷孕15～18週）

用針從媽咪的肚子裡抽出羊水，檢查混在羊水當中的寶寶的細胞。這個方法可用來檢查染色體異常和寶寶的性別。

絨毛檢察（懷孕9～11週）

透過超音波畫面，將器具從陰道伸入至子宮，擷取一部分絨毛進行調查。雖然可以查出染色體是否異常，但是容易造成流產，近年來已經不再施行這項檢查。

母體血清檢察（懷孕15～17週）

抽取媽咪的血液，檢查染色體異常和神經管異常的機率。這項檢查只能知道機率，結果不見得完全正確。

和爹地好好討論是否接受檢查

出生前的診斷是為了盡早確認寶寶是否出現異常，而不是為了決定之後是否繼續懷孕。

相信誰都會想知道自己寶寶的健康狀況。但是，若是透過出生前診斷發現寶寶患有唐氏症的可能性時，應該怎麼辦才好呢？

唐氏症毫無疑問地是一種先天性障礙，但是對生產過程其實並不會有影響，而且也有許多感情豐富、個性活潑的唐氏症孩子。

也就是說，不管出生前診斷的結果如何，一定要全盤接受。在進行檢查之前，請務必將這一點銘記在心。

接受出生前診斷的人，似乎大部分都是對於高齡生產抱持著不安，或是現在的孩子患有重度障礙等，懷著各種隱情的人。等到醫師進行說明之後，再和爹地好好討論吧！

懷孕・生產的經濟概念

請計畫性地準備所有必要花費

懷孕・生產並不是疾病，雖然部分開銷健保有給付，但也有必須自費負擔的。

每個月1～2次的產檢費用、生產以及生產前後所必須的住院費，孕婦用品、嬰兒用品……花費不斷累積。

但是並不是完全只有花費。生產後也有可能從政府那裡獲得生育輔助津貼，規定及輔助金額依各縣市規定不同。

能完成的手續就盡快完成。懷孕・生產所需的費用最

生產所需費用

生產費用會因醫院不同而有所不同。此外，住院時住在單人房或是多人房，價格上也有相當大的差異。

平均大概在1200～3000元不等。不過隨著地區不同，或是就診的醫院提供特別的生產指導、無痛分娩等服務，也可能會多出個2～3倍左右。

另外，剖腹生產不適用於健保，需自費，且住院期間會拉長，費用也會不斷累計。

定期產前檢查費用

產前檢查是根據懷孕時期分為2週1次或4週1次。若領有媽媽健康手冊，就可憑手冊獲得10次的免費產檢。一般產檢因有健保給付，所以平均費用都在一百多元左右（只需支付掛號費即可）。

但，若是接受其他檢查，如抽血驗唐氏症等，就必須自費。

彌月禮・回娘家生產、坐月子的費用

當寶寶滿月時，根據習俗，會分送親朋好友蛋糕、油飯、紅蛋、雞腿等。一般來說，雖然也會收到親友的回禮，但這仍是一筆生產過後的額外開銷，所以請一定要事先準備。

此外，若計畫回娘家生產、坐月子的人也不要忘記爹地和媽咪的交通費開銷。

購買孕婦用品・嬰兒用品的費用

孕婦衣物和媽咪住院時必要的內衣褲，以及嬰兒床和嬰兒衣物等也都是需要準備的用品。

特別是嬰兒用品，非常容易東買一點西買一點而買得太多。不妨多多利用出租衣物或是使用別人給的衣物，省下不必要的浪費。

好能越早進行計畫性的準備・運用越好。

仔細確認可以拿到的生產、育兒輔助津貼！

懷孕・生產可以拿到育兒輔助津貼。但是輔助的金額與資格各縣式的規定都各有不同。

低收入戶的生育補助

低收入戶的補助對象為：1.家庭總收入分配全家人口平均每人每月低於最低生活費（96年即9,509元）。2.全家人口之現金（含存款本金、利息）、有價證券及投資合計金額每人每年未超過55,000元。3.全家人口之土地公告現值及房屋評定標準價格合計金額未超過260萬元。若符合此項規定即可獲20400元之生育補助，申請時應檢附低收入戶健保卡影本、全戶戶籍謄本、出生證明等，暨申請者逕向戶籍所在地鄉鎮市公所社政課或民政課申請。

住院開刀的醫療補助

生產時健保是有醫療補助的，對此的規定是：分娩後產婦的住院補助是自然產以住二等病房、3天為限；剖腹產（必要性開刀）以住二等病房、7日為限。

勞保生育給付

勞保生育給付的資格是投保滿280天的分娩者均可申請。（另有早產規定）。金額則為：分娩當月算起，往前推6個月之平均月投保薪資（一次給與生育給付30天）。媽媽們可親自到勞保局辦理或者下載申請書（http://www.bli.gov.tw/sub.asp?a=0006317）填妥後郵寄辦理。至於需要的文件則有：生育給付申請書暨給付收據；以及嬰兒出生證明書正本或載有生母及嬰兒姓名、出生年月日等專欄記事之戶籍謄本正本。勞保生育給付需自分娩的當日起2年內提出申請，逾期則不予給付。

凡是有工作的媽媽們會因為公司屬性而有勞保、農保、軍保、公務人員保險等之不同保險，但不論何種保險，凡是有投保的媽媽們都能夠享有生育給付喔！

生育津貼

為了刺激國人生產意願，提高生育率，內政部請各縣市政府辦理婦女生育津貼及制定相關鼓勵生育的措施，但因為是由地方政府自治，費用包含在地方經費，所以各縣市所發放的津貼就要依各縣市政府的財政收支來決定。媽媽們可依自己的戶籍登記所在來上各地方政府網站查詢發放的資格與金額，而這項津貼的發放則是由各地戶政事務所直接以現金的方式來給付。

勞保育兒津貼

為了要育兒而無法工作的爸爸媽媽們，可以向勞保局申請長達六個月的育兒津貼。

請領要件是，只要媽咪們的就業保險年資合計滿1年以上，子女滿3歲前，就可以辦理育嬰留職停薪。

給付的標準則是以媽咪們育嬰留職停薪的當月起前6個月平均月投保薪資的60%計算，在媽咪們育嬰留職停薪的期間，按月發給津貼，每一子女合計最長會發給6個月。其他申請的詳細要件，媽咪們可上勞保局的網站查詢。

要留意的是，這項津貼的請求權，從可以請領之日算起，若是2年間不請領將無法再請領。

懷孕 4個月 12～15週

懷孕初期的孕婦生活

正是因為在懷孕期，所以才更要做的事

懷孕初期，心情會變得很不穩定，再加上害喜，讓人更加鬱悶。第一次當媽媽的人可能還無法切身體會，但是妳肚中的小生命的的確確在日漸成長中。

這個時期有很多事不能做，但還是希望妳能找到一個可以在懷孕期間享受的樂趣，度過充實的孕婦生活。

栽種植物

想不想同時體會寶寶成長和植物成長的樂趣呢？在寶寶出生後也可以試著栽種大型的樹木喔。

孕婦日記

可以開始試著把懷孕期間想到的事、或是身體的變化全部寫進日記裡。或許可以藉此發現懷孕中的問題。等到孩子長大後，還可以告訴他當他還在肚子裡時，媽咪的心裡在想些什麼。

看電影・看書

不妨盡情觀賞一直想看的電影和想看的書吧！另外也可以閱讀關於生產和寶寶的影片以及書籍，讓腦海中的畫面更加鮮明。

學習新事物

可以開始學習一些才藝，例如料理或是裁縫。建議參加一些製作嬰兒用品的編織或手工藝品課程，在孩子誕生之後這項才藝就可以派上用場。

香草或芳香療法

找找看有沒有什麼方法，可以讓媽咪和寶寶都能很放鬆？可以試著飲用香草茶，或是使用香草入浴劑泡個優閒的澡。具有舒壓效果的芳香療法應該也不錯。

和其他前輩媽咪聯絡

聯絡其他擁有生產經驗的朋友應該也是不錯的主意。或許可以知道不少過來人才懂的煩惱或是建議。

繼續工作的媽咪

必須向公司明確地報告自己會繼續工作到懷孕幾個月；生產之後打算請多久的育兒假。而工作方面若是有後續作業，也需要一併考慮在內。

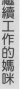

懷孕 4個月 12～15週

孕婦專用內衣

當妳開始覺得現在穿的內衣褲有點緊時

懷孕進入第4個月，肚子會開始逐漸變大。如果稍微做點修改，懷孕前的衣物應該還可以穿上一陣子。但若是內衣褲，就差不多要更換成孕婦專用的內衣褲了。

孕婦專用內衣可在百貨公司的孕婦專櫃、生產・育兒專門店、網路購物等地方買到，這些地方同時也有在賣將來一定會用到的嬰兒用品，所以不妨開開心心地享受購物樂趣吧！

選擇內衣褲的要點

能夠配合體型變化的

寬鬆的，不要緊包住身體的

懷孕中絕對不可受寒。
選擇可以保暖的

身體會變得容易出汗，
皮膚也會變得比較敏感。
因此和皮膚接觸的部分
要選用天然柔軟的素材

胸罩

懷孕期間胸圍會變大。胸罩的選購以不會妨礙乳腺發展為基本條件。可分為產前專用，以及產後亦可使用的可哺乳型胸罩。

內褲

為了不讓腹部受涼，建議購買可以蓋到肚臍以上的內褲。

托腹帶

同時具有保暖和支撐腹部功能的托腹帶。選擇上以穿脫方便，並能應付日漸增大的肚子的種類較佳。

內衣

為了不讓身體著涼，必須依照季節準備不同的內衣，例如襯衣或是內搭。如果有一件能夠配合產檢和哺乳的前開式內衣會更好。

寶寶是負責傳送「來自神的訊息」的人？

誕生在這個世界上的孩子們，其實都像郵差一樣，是為了把「來自神的訊息」送到我們手上而來的。我作為婦產科醫師多年，雖然也參與過多次的流產手術，但其中並不完全都是些悲傷的事。在我眼中，這些被流掉的寶寶（甚至包括強制流產的寶寶）彷彿都是帶著無限的喜悅，踏上了另一段旅程。明明不為這個世界所接受，為什麼還開心得起來呢？對此，我覺得非常不可思議。

當一個新生命寄宿到媽媽的肚子裡時，其實有難以計數的「來自神的訊息」被託付給寶寶。其中，就算只有一封也好，也希望能夠將之轉交出去。在這之中，寶寶最想轉交信件的對象似乎是媽媽，但這件事卻不見得一定辦得到。寶寶想要轉達訊息的對象，除了媽媽和爸爸以外，還有兄弟、祖父母、父母的朋友、在醫院碰到的醫師或助產士等等，每一個人至少都有一封信要轉交。

可是，有許多寶寶連一封信也交不出去。「來自神的訊息」也就是寶寶所持的訊息，若是沒有任何人接收，他們似乎會感到非常悲傷。這個時候，直到成功送出一封訊息為止（不確定是同一位媽媽還是另一位媽媽），寶寶會持續不斷地努力挑戰。

然而，當我們開始認為流產也是普通的生產，開始認為「寶寶已經完成他的任務回到天上去」的時候，即使流產，我們也會覺得自己看見了寶寶臉上的笑容和光芒。

那似乎是因為我們收下了「來自神的訊息」，所以讓寶寶感到安心不已。於是，媽媽就能回送給流掉的寶寶一個禮物：「下次可以不必再選讓你流掉的媽媽了。為了完成以後的任務，你要加油喔」。也因為這樣，這些寶寶就算碰上流產也能夠喜悅以對。

「來自神的訊息」裡到底寫些什麼呢？

據說大部分的內容都是「相信我吧」「媽咪，再有自信一點」「兩人（夫妻）要恩愛一輩子喔」「請多看照我的哥哥（姊姊）一點」等等。我曾經從某一個寶寶身上，接到了「要對下一個出生的寶寶好一點喔」的訊息。感覺上就像是在對身為婦產科醫師的我說「加油」。

每一個寶寶在誕生的時候，應該都帶有這些訊息吧？這只是我個人如此認為，至於確實與否，就要請大家和自己的寶寶確認了。

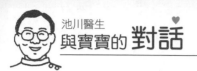

懷孕中期

- 5—7 個月
- 16—27 週

懷孕中期

5個月

第16～19週

媽咪的身體與心理

胎盤發育完成，進入安定期。準媽咪的身心都能穩定下來

這時候的子宮大小相當於一個成年人的頭。乳房逐漸變大，乳頭也開始分泌出一些水狀的分泌物。體重開始顯著地增加，肚子也明顯變大。

這時也開始可以感受到胎動。請把初次感受到胎動的日子記錄下來並告訴醫師。同時做好均衡飲食和適量運動，小心控制體重。

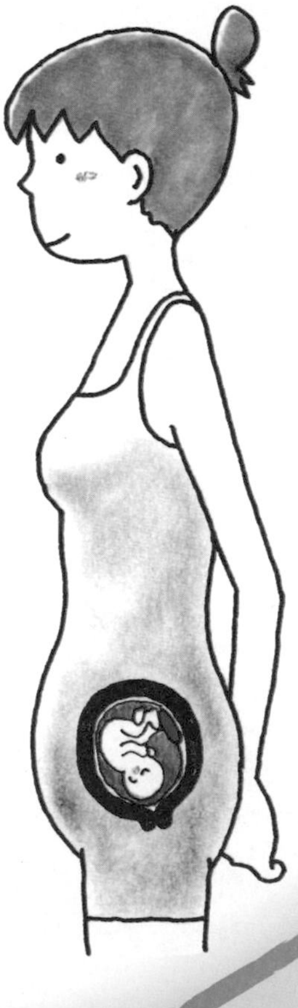

肚子裡的寶寶

寶寶吸收了營養後迅速長大，變得好動起來

寶寶開始長出頭髮，手和腳也開始長出指甲。神經和肌肉的發育更趨完備，開始積極活動起來。耳朵、鼻子和嘴巴的形狀都發育完成。皮下脂肪也開始累積，膚色開始轉紅。此外，寶寶的全身也都開始長出胎毛。

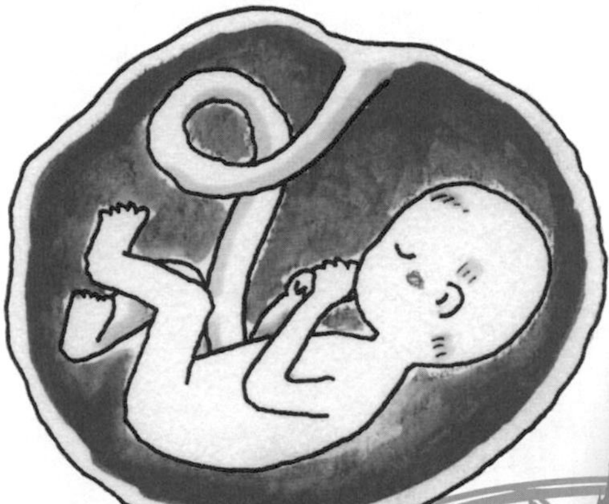

身高約25cm
體重約280g

來玩踢腿遊戲吧！

配合著寶寶踢肚皮的動作，媽咪也拍打肚皮做出回應，這就是媽咪和寶寶溝通的方法之一。（參考P104）。透過這個遊戲，媽咪可以實際感受到寶寶其實已經擁有了許多能力，同時也具備了完整的人格。踢腿遊戲的成果因人而異，有些寶寶就是沒什麼反應，這時請一定要有耐心地持之以恆。然而有些寶寶則是只要媽咪一玩踢腿遊戲，就一定會做出回應。

建立親蜜連結

懷孕5個月 16～19週

胎動

胎動大約開始於懷孕的第5個月

懷孕進入第5個月後，媽咪開始可以感受到肚子裡面的寶寶正在動作。

其實大概在3個月左右，肚子裡的寶寶就已經會動了。只是當時的動作還很小，大部分的媽咪都感覺不到，只有少數人可以感受到如同蝴蝶振翅般的細微胎動。

第一次感受到胎動的時期也因人而異。有些媽咪一直到了5個月也仍然什麼都感受不到。不過，只要超音波檢查時確定寶寶有順利成長便無須擔心。請千萬不要著急，靜靜地留意自己的肚子吧！

新手媽咪特別難以掌握到胎動

第一次當媽咪的人，似乎特別難以掌握到胎動。她們對於第一次感受到胎動的印象是「肚子好像在咕嚕作響」「感覺小腸好像在蠕動」等，各有不同。

諸如此類，初次感受到胎動時，我們稱之為「胎動初感」。由於這是在懷孕過程中非常重要的關鍵點，請把日期註記在孕婦日記等記錄當中，留待下次產檢時告訴醫師。

這個時期的胎動，其實還是相當小的動作。所以當媽咪忙於工作，或是心浮氣燥時，通常很難注意到它。有空時不妨試著心平氣和地坐下或躺下，將注意力集中在寶寶身上看看。

胎動劇烈時、胎動微弱時

當肚子裡的寶寶越長越大，胎動的感覺也會跟著越來越強。有時胎動會相當劇烈，這表示肚子裡的寶寶活動得很厲害。然而請記住一件事，那就是胎動的強弱和早產等問題並沒有直接關聯。

寶寶頻繁地活動並不是問題，有問題的是一整天都感受不到胎動。這種時候最好要迅速就醫檢查。

不過，懷孕9個月後，胎動的次數會越來越少。這是因為寶寶逐漸成長，子宮內的空間減少了。逼近生產時，寶寶的頭會落入骨盆中，動作的次數會變得更少。所以在這段時期，就算胎動減少也無須擔心。

懷孕
5個月
16～19週

寶寶的狀態

寶寶的動作變得具有週期性

這時候的寶寶，運動能力日漸發達，於是變得非常好動。因為寶寶也逐漸長大了，所以通常在懷孕的5個月左右就能明顯感受到胎動。

隨著懷孕時間的增加，寶寶會長得更大，也會變得更加活潑好動，甚至可以在3D的超音波影像當中看到寶寶搖頭晃腦地看著四周，或是吸吮自己的手指。

可以明確地感受到胎動後，媽咪便可以準確區分寶寶活動及不活動的時候。那是因為寶寶也在反覆進行著活動與休息。

等到懷孕第28週左右，胎動會開始出現一定的規律。若是測量這個時期的寶寶的心跳，就可以知道寶寶活動與休息之間的間隔，大概是20～40分鐘。

寶寶的各種動作

透過胎動，可以知道寶寶的心情是開心還是生氣（例如夫妻吵架時）。

踢腿

伸展手腳的動作。這是媽咪最容易感受到的胎動。

類呼吸運動

實際上寶寶並沒有真正在呼吸，只不過他們還是會鼓起自己的胸口和肚子，像是在呼吸般。

翻轉

在羊水中轉動，改變面朝的方向或是旋轉整個身體。

打呵欠、吸手指

透過超音波影像，可以發現寶寶會打呵欠或是吸吮手指。

打嗝

寶寶打嗝時也會不小心錯認成胎動。這個時候的寶寶並沒有出現任何類似痙攣等症狀，請不必擔心。

懷孕 5個月 16～19週

胎教

「胎教」可加深自己與寶寶之間的親蜜關係

懷孕第5個月時，寶寶的視覺和聽覺都已逐漸發達。到6個月時聽覺便發育完成，可以聽到媽咪的聲音與心跳。

由於這時候也已經可以藉著胎動明確感受到寶寶的存在，所以差不多是考慮實行胎教的好時機。

有種說法認為「讓寶寶聽莫札特的音樂有助於胎教」。這個說法並沒有錯，只是胎教其實並不光是如此而已。

胎教最重要的是加深媽咪和寶寶之間的親蜜關係，同時讓媽咪和寶寶都能感到幸福。

事實上，胎教可以在確認懷孕之後馬上開始。撫摸肚皮，感受寶寶的存在，也可以算是一種胎教。因為在懷孕第10週時，寶寶的皮膚就能發揮作用，可將聲音理解成一種震動。

媽咪的心情會傳達給寶寶

寶寶對於媽咪的壓力相當敏感。因為媽咪的感情會直接傳達給肚子裡的寶寶。

當媽咪覺得興奮、或是煩躁時，肚子裡的寶寶有時也會因此心跳加速。這是因為輸送到寶寶體內的血液中含有傳達感情的荷爾蒙存在。

此外，也有人認為當媽咪感到悲傷時，和寶寶相連的胎盤血管會因此收縮，造成無法將氧氣和營養輸送給寶寶的情況。

所以為了寶寶著想，請盡可能地避免和爸爸吵架，以減少情緒不穩所帶來的壓力。

安排時間，讓媽咪和寶寶一同享受平靜的時光

媽媽能用平靜的心情生活就是最好的胎教。為了讓心情保持愉快，聽音樂放鬆是非常有效的方法。此外，看自己喜歡的電影和書本也不失為一個好方法。

此時播放的音樂，不一定非得拘泥於古典樂。只要能讓媽咪開心，不管是流行音樂或是爵士樂都無妨。

依然為了工作而忙碌的媽咪，可以安排一段讓自己調整心情的時間。建議在泡澡或是下午茶時間好好想著肚子裡的寶寶，度過一段恬靜的時光。

懷孕
5個月
16～19週

媽咪的身體變化

肚子的大小

伴隨著胎動的出現，懷孕5個月時，媽咪的肚子會開始明顯隆起。子宮的大小約莫相當於一個成年人的頭。這時，定期產檢將會增加測量子宮底長和腹圍的項目，以確定子宮的大小。

但是，每位媽咪的腹部大小，從外表看起來都不一樣。有些媽咪在懷孕初期，肚子就明顯地變大；也有些媽咪直到分娩前，依然看不太出來有懷孕的樣子。

一般說來，骨架較大且骨盆較寬的女性，腹部的變化比較不明顯。而瘦小的女性則可以明顯看出凸出的腹部。

另外有一種說法認為，懷第2、3胎的時候，肚子看起來會比懷第1胎時大。

不論是哪一種狀況，都不必太在意肚子的大小。只要產檢時確定母子均安，就無須過度擔心。

乳房的變化

懷孕第5個月時，媽咪的乳房開始明顯變大。這是因為乳房為了哺乳而開始做準備的關係。

同時，乳暈的顏色也會轉深，有些人的乳頭還會分泌出一些水狀的分泌物。

此外，也有些人的外陰部或腋下會開始變得黯沉。

不管是哪一種變化，都是因為懷孕、生產所必須的荷爾蒙平衡出現變化所致。這些變化會因人而異，所以不需要為了自己和其他媽咪的狀況不同而緊張。

建議可以在這段時期之前，就先準備好孕婦專用的內衣褲。

若是肚子的大小變化劇烈時

當肚子突然變大或是變小時，有可能是發生了什麼問題，最好盡速就醫。

肚子突然變大的原因，可能是寶寶的消化系統出現異常，造成羊水急速增加；至於突然變小的原因，可能是胎盤的機能衰退，造成羊水減少。

懷孕
5個月
16～19週

建議進行的孕婦體操

孕婦體操的各種效果

懷孕5個月，差不多就是進入安定期的時候。此時流產的可能性降低，同時體重也開始明顯增加。

這個時期正是開始孕婦體操的最佳時期。而且為了預防體重過重，也有必要進行運動。

此外，未來分娩時需要相當的體力，若能從這個時候就開始持續適當的運動，將更能有效保持自己的體力。

舉凡肩膀僵硬、腰痛、還有水腫等在懷孕過程中常見的不適，亦有可能透過這些適當的運動得以減輕症狀。

另外，媽咪在前往孕婦運動教室時，可以結交同為媽咪的朋友，藉此減輕懷孕時的壓力。

然而要注意的是，為了往後的懷孕生活以及分娩時著想，我們會建議媽咪進行孕婦體操。但是真的要開始運動之前，最好還是跟產檢的醫師討論一下比較好。

運動時若出現了任何異常狀況，例如腹部緊繃或是出血，就必須要立刻停止運動，前往醫院檢查。如果媽咪能夠心平氣和地運動而且沒有出現任何症狀，那麼就一直持續運動到生產前也不會有問題。

孕婦步行運動

若是不打算去運動教室，那麼最輕鬆簡單就能開始的運動就是孕婦步行。

這說穿了其實只是普通的散步，但是只要姿勢正確，仍然可以做為一種運動，而其中的秘訣就是走得比平常更快一

孕婦步行的注意要點

- 運動開始前和結束後都不要忘記做好伸展運動。

- 選擇適合走路的鞋子。
- 行走時必須抬頭挺胸，收起下巴。
- 手肘彎成直角，大幅度地前後擺動。

- 行走時由腳跟先著地，盡可能地跨得越大步越好。
- 保持一定的行走速度，一旦累了就馬上休息。

- 不要忘記補充水分，隨身攜帶擦汗用的毛巾。

- 以每天30分鐘、行走8000步為目標。

些。

開始運動時，請先以較短程的步行距離開始。等到習慣之後，再慢慢地拉長距離。步行是少數能夠持續到生產之前的孕婦運動之一。

散步時可以一邊聽自己喜歡的音樂，或是順便購物和帶狗散步。另外，和朋友一起步行運動也是個不錯的選擇。

孕婦游泳運動

有人說最適合孕婦的運動就是孕婦游泳。

即使肚子已經隆起，但是在水中並不會對腰部和膝蓋帶來負擔，輕輕鬆鬆就能動作，而且沒有跌倒或是受傷的危險。

再者，媽咪還能藉此學會能夠增進血液循環，且有助於分娩的憋氣呼吸法。

開始游泳的時期最好是在懷孕第16週以後。建議和主治醫師討論之後，再行選擇專門為孕婦開設的游泳班。

孕婦瑜珈

為了消除懷孕期間的種種問題，有種專為孕婦設計的瑜珈，能將媽咪的身體調理成較能順利生產的狀態。（詳細內容請參照P236）

在自家進行時，請千萬不要勉強自己，一旦感受到疲勞或不適，就請務必立刻中止。

孕婦有氧體操

這是專門為了孕婦設計的有氧體操，有專門的教練會負責指導。

這項運動的運動量相對較大，但是痛快地流出一身汗，將能促使身心煥然一新。

若是身體感到不適，要盡快讓教練知道。

可一邊做家事一邊進行的運動

有些運動可以一邊做家事一邊輕鬆進行。

重點在於調整好自己的呼吸，全神貫注在自己的動作上。一邊意識到自己正在使用哪部分的肌肉一邊用力，也能成為一種很棒的運動。

當身體狀況允許時，請盡量試著放鬆心情做做看。

可一邊做家事一邊進行的運動

● 洗東西或是整理的時候

抬頭挺胸，以自然的姿勢站立，再緩緩地將腳跟踮起再放下。

● 擦地板的時候

坐在地上，屈起一隻腳並將另一隻腳伸直。以屈腿同側的手擦地板，過一會兒後再交換另一隻腳彎曲。

● 使用吸塵器時

將雙手緊夾身體兩側，好好地拿著吸塵器。雙腳前後略為張開，在不移動雙腳以及重心的狀況下，前後推動吸塵器。這個動作的重點就是必須把吸塵器拉到腰部之後。

進入安定期後可以做的事

懷孕期間的旅行

懷孕期間仍然可以出門旅行。離開家門，享受不同的景色與氣氛，應可達到消除壓力，以及改善心情的功效。

寶寶誕生後，出門的可能性就越來越低。如果這是第一胎，那麼很有可能就是最後一次和爸爸單獨出門旅行。那麼這些旅行，將有可能成為懷孕期間的美好回憶呢！

若要出門旅行，最理想的時期就是懷孕第16～27週這段安定期。其他例如身體狀況不夠穩定的懷孕初期，以及容易發生早產的第30週前後，還有接近生產的第35週以後，都不太適合出門，所以要盡量避免。

在安定期中亦可搭乘飛機。在登機時請先告訴空服員自己懷孕一事。

懷孕期間的交通工具

在懷孕期間若要出門購物或從事休閒活動時，應該選用何種交通工具較為理想呢？

自行開車

懷孕期間仍然可以開車。但是由於媽咪容易疲倦想睡，所以最好在有充分體力時再開車。

出遠門時，最好能密集地安排休息時間，想睡的時候就應該要避免開車。

此外，由於長時間開車必須一直維持同樣的姿勢，血液循環會變差，因而可能引發一些相關問題。所以可以趁休息時間舒展筋骨，或是稍微活動一下身體。

懷孕期間旅行時的注意事項

選在懷孕第 5 ～ 7 個月的安定期時
不要安排過度密集的行程
和醫師討論，確認身體狀況是否容許
隨身攜帶健保卡以及媽媽手冊
在發生問題前，先在附近的醫院檢查確認

摩托車

由於騎摩托車有摔倒的危險，甚至可能造成重大事故，所以是在懷孕期間特別需要避免使用的交通工具。因此在生產結束前，請不要騎摩托車。

腳踏車

腳踏車雖然也有摔倒的危險，不過還是比摩托車安全一點。如果只是到附近買東西，騎腳踏車也無妨。

但是，等到懷孕後期、肚子變得越來越重時，有時會難以控制身體平衡。所以在懷孕8個月後，也應該要避免騎腳踏車。

懷孕期間的休閒活動

進入安定期後，媽咪就可以和朋友一起享受休閒活動。這些活動說不定能成為一段自己和寶寶共處的美好回憶。

遊樂園

容易帶給搭乘者身體負擔的遊樂設施，例如雲霄飛車等，都會有告示註明懷孕的人要避免乘坐。其他不會造成身體負擔的遊樂設施就沒問題。此外，若是媽咪因為人群擁擠而感到不舒服時，就請暫時休息一下。

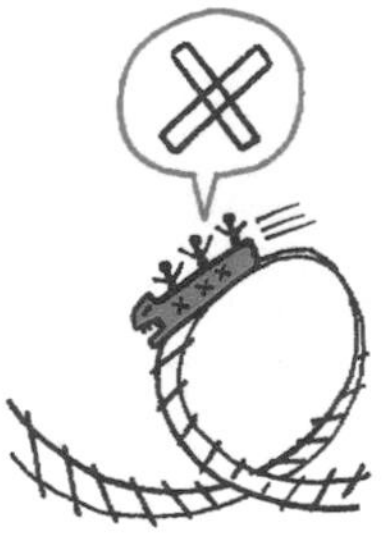

溫泉

在安定期期間，媽咪也可以泡泡溫泉放鬆一下。但是，有些溫泉的水質可能不適合孕婦，若有警告標語，請媽咪們務必遵從。

另外，泡溫泉的時間不宜過長。同時，溫泉池畔容易滑倒，必須小心腳步，避免摔傷。

動物園・水族館

這些地方多半需要長時間站立，請一定要多多休息。為了不要帶給身體多餘的負擔，隨身物品請盡量輕便。動物園區大部分都是在戶外，所以也要小心紫外線，因為懷孕期間黑色素容易沉澱，而形成黑斑和雀斑。

購物

逛街購物是一種消除壓力的好方法，但須注意要經常停下休息，並且不要勉強自己。若是購買的東西重量較重，便請同行者幫忙拿，或是委託店家代為寄送。此外，在懷孕期間也可以採用無須出門的網路購物。

在戊日進行的安產祈願

由於狗給人的印象是多產且生產順利的，所以日本人有一個習俗，就是在懷孕第5個月的戊日，在肚子上纏著棉麻製的白布以祈求生產順利。

戊日是每十二天就會出現一次的日子，。這一天，日本的媽咪們會到神社祈求安產。日本的水天宮、中山寺、帶解寺、還有宇美八幡宮等，都是以祈求安產聞名的神社。

至於在台灣的習俗，則多是向註生娘娘、觀音菩薩、臨水夫人祈求能順產。

懷孕中期

6 個月

第 20 ~ 23 週

媽咪的身體與心理

肚子變得更大，週遭的人都可以看出來妳已經懷孕

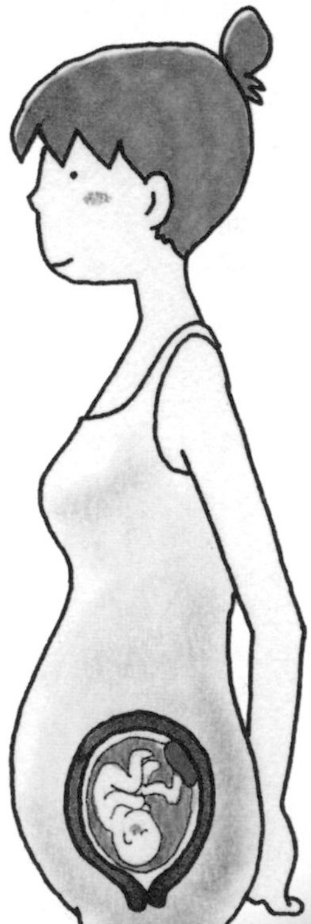

這時候也差不多該是開始保養乳房的時候了（參照P106）。此時，媽咪的乳房會變大，有時還會流出稀薄的乳汁，因此也差不多可以改用孕婦專用胸罩。至於搬家或是旅行等行動在這個時期都要暫時停止。另外此時不妨也積極地去參加媽媽教室或是雙親教室吧！

由於子宮變大了，媽咪的身體會變得習慣性地向後微傾，因而造成腰痛或是背痛。腳上的負擔也相當大，偶爾會造成抽筋，還容易出現腳部水腫、靜脈瘤、以及便祕等不適。此外，若是一個不注意，體重也會直線飆升。

肚子裡的寶寶

五官逐漸變得明顯，能夠區分性別

羊水量增加，寶寶變得更加活潑好動。開始會喝下羊水，或是尿尿。這個時候，腦細胞已經全數形成，開始長出眉毛和睫毛，眼睛也可以睜開了。此外聽覺也更進一步發展，開始可以聽見外面的各種聲音。

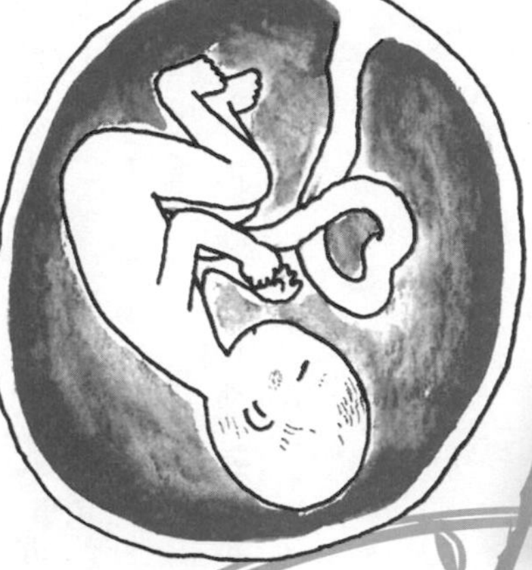

身高約30cm

體重約700g

建立親蜜連結

和寶寶一起享受音樂

一般認為，寶寶在懷孕第20週開始透過耳朵聽聲音；第30週開始會對音樂做出反應。曾經有個實驗，是在子宮內部置入一個小型麥克風收聽聲音。因此我們得知，寶寶是在混雜著媽咪的心跳聲和腸胃蠕動聲的環境當中，聽著外面世界的說話聲和音樂的。當媽咪在聽自己喜歡的音樂時，不只是媽咪能夠放鬆身心，寶寶也可能喜歡同樣的音樂而和媽咪一塊享受。不妨試著撥放各種音樂，感覺一下寶寶的反應如何吧！

妊娠紋與肌膚保養

肚子一旦變大就會出現的妊娠紋

懷孕邁入第6個月後，肚子會漸漸變得越來越大，妊娠紋就是從這個時期開始出現的。

所謂妊娠紋，是在肚子急遽變大時，皮膚隨之快速延展拉伸，皮下組織追不上變化速度而斷裂所引發的一種皮膚症狀。

起初會出現類似抓傷紅腫般的粗紅條紋，偶爾伴隨著搔癢。妊娠紋一旦出現就一輩子都不會消失。不過在生產完後，會隨著時間的過去而慢慢轉變成偏白色的細紋，最後幾乎看不見它的存在。

妊娠紋的出現部位，絕大多數都是在腹部周圍。但是也有人出現在臀部、乳房周圍、大腿、腋下等位置。由於妊娠紋一開始最容易出現在腹部下方，也有人因此而沒注意到它。

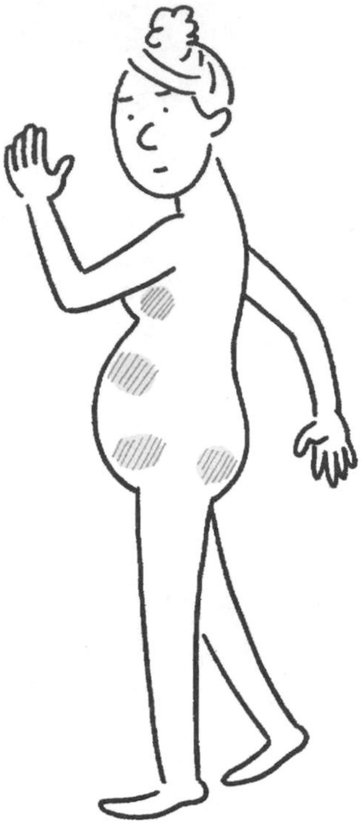

容易出現妊娠紋的部位

容易出現妊娠紋的人和不容易出現妊娠紋的人

並不是所有的媽咪都會出現妊娠紋。根據調查，約有70％的孕婦會出現這種症狀。那麼會出現和不會出現的人之間到底有何差異？

有一個說法認為，原因就在膚質的差異。不會出現的人，可能她的膚質原本就不太容易出現妊娠紋，或是她從不怠慢於保養肌膚。

一般認為妊娠紋比較容易出現在肥胖的人身上。有個說法如此解釋：若皮下脂肪較厚，皮下組織的彈性相對會較差，因此比一般人容易出現妊娠紋。另外還有身材嬌小且小腹突出的人、懷雙胞胎的媽媽、懷了第二胎或第三胎的媽媽，這些媽媽們都比較容易出現妊娠紋。

容易出現妊娠紋的人

預防妊娠紋的注意事項

仔細調查剩餘30％不會出現妊娠紋的人之後，可以得知預防妊娠紋出現的方法。在某種程度上，妊娠紋其實是可以預防的。

有些媽咪因為直到預產期

妊娠紋的預防方法

● 體重管理

避免體重急速增加，確實做好體重管理。

● 保濕與按摩

皮膚乾燥與妊娠紋的形成有直接關係。用乳霜保濕的同時請順便按摩。

● 適度的運動

為了避免變成容易囤積脂肪的體質，走路等適度運動是每日不可或缺的。

● 使用孕婦托腹帶以及產後束腹帶

藉由適度地支撐腹部，可預防腹部皮膚過度延展而形成妊娠紋。

當月都沒有出現妊娠紋而一時大意，但最後卻還是讓它冒了出來。最容易浮現妊娠紋的時期是懷孕6個月到生產前，所以這段期間千萬別忘了做預防妊娠紋的保養！

配合肌膚狀態選擇低刺激性的產品

懷孕時，體內的荷爾蒙平衡會大幅改變。因此，有許多媽咪的肌膚狀態會變得和以往不同。

另有許多孕婦表示，過去的皮膚較為乾燥或是較易出油，而現在都有明顯改善。

生產過後，大部分人的皮膚都會回復原本的狀態。但是配合懷孕期間的膚質來持續進行洗臉、保濕等肌膚保養仍是一件重要的事。

在懷孕期間，皮膚會變得非常敏感，所以請避免使用刺激性強的保養產品，要盡可能選用刺激性較低的產品。

曝露在紫外線下容易引起黑斑或雀斑

懷孕期間因受到荷爾蒙的影響，所以非常容易出現黑斑與雀斑。黑斑、雀斑是由於黑色素沉澱而形成的。黑色素具有保護皮膚的功效，但是在懷孕期間，隨著黃體素的分泌量增加，黑色素的形成也較平時為多。

其實乳暈的顏色轉深，也是由於黑色素增加所致。一般說來，體內生成較多的黑色素，其作用是為了保護媽咪和寶寶敏感的皮膚。

為了避免因黑色素增加所形成的黑斑、雀斑，首先要做的就是預防紫外線。因為紫外線會促進黑色素的形成。

此外，有些人會變得對陽光過敏，光是曬到太陽就會起疹子。

外出時，請盡量戴上帽子、穿上長袖，並使用具有防曬效果的化妝品。不過要注意的是，內含紫外線吸收劑的抗紫外線產品，刺激性通常較高，請盡量避免使用。

最後，維他命C以及蛋白質有助於預防黑斑、雀斑的形成，所以請多多攝取。

肌膚保養的要點

① 配合皮膚的狀態選擇護膚產品。

② 充分注重洗臉及保濕。

③ 盡量使用低刺激性的護膚產品。

④ 若是肌膚感到異常時，必須暫停使用化妝品。

⑤ 外出時須做好防曬準備。

頭髮的整理方法

盡可能避免燙髮和染髮

懷孕期間，肌膚會變得比較敏感，所以長久以來一直使用的化妝品可能會不再適合自己的膚質。至於刺激性較強的燙髮・染髮則令人更為擔心。

尤其是在害喜期間，燙髮劑或染髮劑的味道甚至可能會使症狀加劇。

儘管有很多媽咪希望在懷孕期間也能好好打扮自己，但是盡量避免這些刺激性的物品才是最保險的。

如果非要燙染，請善用染髮劑。若要染髮時，建議使用刺激較低的方法，例如護髮染髮霜，或是染髮噴霧等。

修剪成生產過後也能輕鬆整理的髮型

接近預產期，以及生產完畢之後，媽咪都不會有時間上美容院。所以不妨趁自己還能自由活動的懷孕中期，先把頭髮修剪成能夠輕鬆整理的髮型。

若是頭髮太長，等到肚子隆起之後就會很難洗頭。反之，若是太短，等到哺乳期時，頭髮的長度會變得不長不短的，髮尾可能會碰到寶寶的臉。因此，修剪成能夠集中綁在後腦杓的長度應該是最為理想的。

懷孕之後，有些媽咪的皮脂分泌旺盛，頭皮會變得黏黏的，因此請務必要經常洗頭。此外，考慮到頭皮的狀況，最好能改用刺激性較低的洗髮精。

生產之後容易掉髮？

很多媽咪都有產後掉髮的困擾。洗頭時，發現自己的掉髮量多到前所未有的地步，因而產生不安，類似的情況時有所聞。

其實這是因為生產時，體內的荷爾蒙平衡出現極大變化而引發的症狀。頭髮本來應該會不停反覆著成長期和休止期，但是受到懷孕期間的黃體激素影響，延長了成長期，因此懷孕後期的掉髮量會相當地少。

等到生產過後，體內荷爾蒙平衡恢復成懷孕之前的狀況，所有的頭髮就會進入休止期。此時壽命已盡的頭髮便會一口氣全部脫落，因此一時之間，掉髮量就會大量增加。

但，這只是因為遲早有一天要脫落的頭髮，全數集中在同一時期掉落而已，所以不需要太過擔心。產後半年左右，落髮情況就會自動改善。

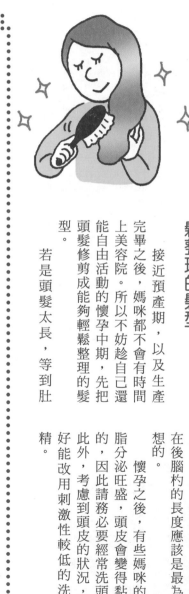

懷孕
6個月
20～23週

牙齒保健

治療牙齒須在安定期內進行

由於懷孕期間荷爾蒙平衡的變化，唾液的分泌量減少，口中變得容易充血。因此有許多孕婦出現蛀牙、牙周病、以及牙齦炎等牙齒症狀。

此外還有些人是因為害喜期間不仔細刷牙而出現了牙齒的疾病。若是刷牙會讓害喜惡化，至少要以清水漱口。總而言之，在懷孕初期就要開始注意牙齒的保健。

等到寶寶誕生後，看牙醫將不再是一件輕鬆的事了。因此，如果有發生蛀牙或牙周病的可能性，最好能在安定期內進行治療。

正因為在懷孕期間，所以才要重視牙齒的保健

然而，進行拔牙等牙齒治療時，有時會需要拍攝X光片、局部麻醉、還有服用止痛藥或抗生素等藥物。

一般說法認為，在治療牙齒的時候所進行的X光片拍攝以及局部麻醉，對寶寶幾乎沒有任何影響。

不過最好還是在告訴牙科醫師自己已經懷孕之後，再決定治療方法。如果沒有立刻治療的必要，那麼延到生產過後再行治療可能會比較好。

要預防蛀牙和牙周病，最重要的關鍵就是要每天仔細地刷牙。

懷孕時會掉牙是真的嗎？

過去有過一種傳言認為，媽咪每生下一個孩子就會掉一顆牙，因為寶寶會把媽咪體內的鈣質全部都吸收掉的關係。這種說法根本是錯誤的。

懷孕期間的鈣質不足並不是造成蛀牙的直接原因。雖然在懷孕時的確比較容易患上蛀牙和牙周病，但是只要小心做好牙齒保健，大多都能成功預防。

牙齒保健的重點

- 使用刷頭較小的牙刷
- 牙刷的刷毛最好能夠碰到牙齒和牙齦的交界處
- 不要太用力，輕輕地刷
- 最後使用齒縫刷、牙線徹底清潔

6
個月

懷孕中期的不舒服

心悸・呼吸困難

由於逐漸變大的子宮壓迫到心臟，再加上血液循環量的增加使心臟的負荷加大，有時會引起心悸・呼吸困難等症狀。

這種症狀特別容易在上樓梯或是快步行走時出現。一旦感到自己開始心悸或呼吸困難，請立刻停下腳步，緩緩地做幾個深呼吸。

**容易出現
妊娠糖尿病的人**

- 高齡產婦
- 過度肥胖的人
- 有家族糖尿病病史的人
- 曾經生過巨嬰症寶寶的人

即使已經進入安定期，媽咪還是要避免過度活動，密集地休息比較好。

頭痛・肩膀僵硬

懷孕期間會不斷出現頭痛症狀。

初期的頭痛症狀，起因為確定懷孕時所帶來的緊張以及害喜。中期到後期之後則是來自於對生產所抱持的不安與壓力。

由於媽咪們必須盡量避免服用止痛藥，所以頭痛時，最好能夠躺下休息，或是接受紓解緊張感的按摩。頭痛症狀嚴重時，應該先和婦產科醫師討論過後，再服用醫師的處方藥。

肩膀僵硬是由於媽咪的乳房變大之後，身體姿勢的變化帶給肩膀過多的負擔而引起的。

只要稍微按摩一下肩膀，讓血液循環順暢，自然能夠紓緩肩膀僵硬的情況。而肩膀僵硬改善之後，頭痛的情況也會改善許多。

靜脈瘤

子宮變大，會壓迫到大腿根部的靜脈，造成血管出現小小的隆起。這團隆起就是靜脈瘤。

靜脈瘤通常出現在長時間站立的孕婦身上。因此媽咪的工作若是需要長時間站立，最好能經常休息，並穿上彈性褲襪等護理用品，這樣應該就能有效預防。

妊娠糖尿病

由於荷爾蒙的平衡出現變化，讓原本沒有糖尿病的人因懷孕而出現高血糖的病徵，這就是所謂的妊娠糖尿病。

妊娠糖尿病容易導致早產、羊水過多、妊娠毒血症、或是引起巨嬰症，造成難產等風險。

治療方法是以控制飲食為主。請媽咪們依照醫師的指示，按部就班地進行。

和普通糖尿病的不同點在於，絕大多數的妊娠糖尿病都會在生產過後自行痊癒。

懷孕6個月 20～23週

便祕

懷孕期間容易發生便祕的原因

懷孕之後，有些不曾便祕的人會開始為便祕所苦。而原本就有便祕傾向的人則是變得更加嚴重。

主要原因之一，就是懷孕期間分泌量大增的黃體激素會造成腸道作用降低。到了懷孕中期，黃體激素的分泌量減少，有些媽咪的便祕症狀就能因此獲得改善。

此外，運動量不足或是子宮壓迫腸道，造成腸道蠕動變慢也是其中一個原因。而這個原因會引起懷孕中期到後期的便祕。

消除便祕的秘訣

- 多攝取根莖類、海藻類、香菇類等食物纖維。
- 安排走路運動或是做家事時多盡點力，注意維持適當的運動。
- 充分補充水分。
- 即使出門在外，也不要強忍便意。
- 養成在固定時間如廁的習慣。
- 免治馬桶能有效預防痔瘡，可善加利用。
- 腳小指的指甲根部外側有個叫做「至陰穴」的穴道，建議可以多多按壓。

有時會併發痔瘡

一旦便祕症狀持續，便容易引起子宮收縮，心情也隨之變差。此外，還有一些人會因為便祕而出現痔瘡。

由於便祕造成糞便過於乾硬，有時會造成肛門裂；或是由於過度用力造成肛門四周瘀血，嚴重時會形成外痔。

加上下半身的血液循環原本就因為子宮變大而變差，更容易引發瘀血。一旦形成痔瘡，通常很難在懷孕期間根治。

避免以服藥來消除便祕

當便祕症狀嚴重時，媽咪難免會想服用便祕藥物來迅速治療，不過請暫且稍等一會兒。因為在市面上販賣治療的便祕藥物中，有些含有誘發流產或早產的成分在內。

所以，還是先從飲食控制和運動療法開始做起吧！

懷孕 6個月 20～23週

貧血

懷孕期間容易發生貧血

由於懷孕期間必須將血液充分地運送至寶寶體內，所以媽咪的血液循環量會變大。但是這個狀況僅是增加了血液量，紅血球的量並沒有隨之增加。

簡單來說，就是血液濃度變得比平常更稀薄，因此容易造成貧血。

沒有懷孕的女性，一天必須攝取6・5毫克以上的鐵質。懷孕之後，則必須攝取約1・5倍的鐵質。

可是，僅透過飲食來攝取足量鐵質，是相當困難的。而且鐵質還有一個特徵就是難以被人體吸收。

因此，懷孕期間容易缺乏鐵質，得到缺鐵性貧血的可能性也大幅增加。

貧血甚至可能造成生產不順

懷孕期間的貧血，只要症狀還不到缺乏血色、臉色發青的程度就還不需要擔心。基本上，只要媽咪的日常生活不受影響，對寶寶也幾乎不會有任何影響。

但是，如果媽咪是在嚴重貧血的狀態下分娩，就很容易會引發大出血；產後也容易發生血液難以凝固的狀況。因此在分娩前，最好能接受醫師的指導，盡量減輕貧血症狀。

貧血可以透過定期產檢的血液檢查得知。若是檢查結果出現血紅素過低、紅血球偏小、或是紅血球當中的血紅素不足時，就會被診斷為貧血。此外血液檢查還可以測量體內運輸鐵質和鐵的物質。

貧血症狀輕微時，可透過飲食來補給鐵質。但是症狀嚴重時，則必須服用鐵劑。

鐵劑對胎兒不會有影響，在懷孕期間也可以安心服用。請依照醫師指示正確服用，務必在生產之前減輕症狀。

可減輕貧血症狀的飲食

● 攝取富含鐵質的食物。

● 攝取蛋白質和維生素C來消除貧血

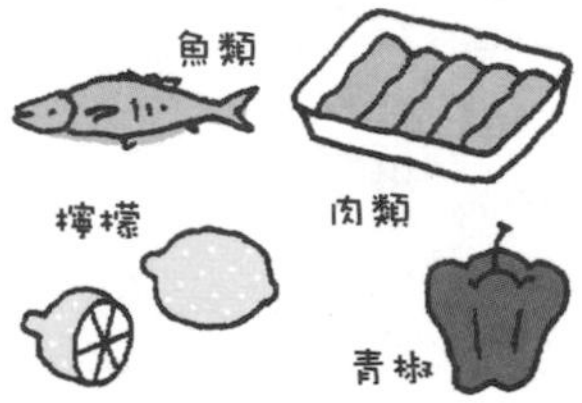

● 葉酸不足也有可能引起貧血

懷孕6個月 20～23週

出血

懷孕初期容易發生的出血症狀

懷孕期間經常會發生出血症狀。懷孕初期常見的出血原因有：受精卵著床時的出血；在胎盤安定之前，包圍子宮的絨毛膜外側出現凝血塊；以及絨毛膜下的出血性血腫等。

此外，還有子宮頸息肉和子宮頸糜爛等原因。有時性行為以及內診的接觸也會導致陰道出血。

雖然懷孕初期經常可見出血症狀，但是絕大多數都無須擔心。唯獨大量出血或是伴隨著疼痛的出血，可能是流產的徵兆，此時請一定要迅速就醫。

出現在懷孕中後期的危險信號

出現在懷孕中期到後期的出血，有可能是早產、前置胎盤、胎盤早期剝離等症狀所引起的。

不管那一種原因，都會讓母子陷入極度危險的情況。因此一旦發生下列的任何一種症狀，都是緊急狀態，必須立刻送醫。

其他還有痔瘡、或是性行為及內診接觸所導致的出血，這些都沒有太大的問題。

因為出血而前往婦產科醫院檢查時，請盡量詳細地描述所有具體症狀。例如何時開始出血、出血的顏色及出血量、是否還有其他症狀等，必須鎮定地清楚告知醫師。顏色與出血量，可用平常的生理期出血來比喻，例如「類似第○天的顏色」，這樣比較容易理解。

早產（迫切早產）

（參照P118）

在懷孕22～36週之間生產，或是有生產的徵兆（迫切早產）。會伴隨著定期的劇烈腹痛，以及腹部腫脹，還有出血等症狀。如果不幸破水，就必須安靜靜養，但是大部分都是直接進入分娩準備程序。

前置胎盤・胎盤低置

（參照P131）

由於胎盤的位置不在正確的位置上，隨著子宮逐漸成長便胎盤受到拉扯而出血。

這種出血的特徵就是突如其來而且毫無疼痛感。然而這個症狀與之後的懷孕過程、生產息息相關，因此一定要與主治醫師仔細討論才行。

胎盤早期剝離

胎盤原本在正確的位置，但是在生產前卻突然剝離。通常會引發強烈的腹痛和子宮收縮。出血量則是隨著剝離的程度不一。主要特徵在於肚子會變得像木板一樣堅硬。

此時母子都處於非常危險的狀態，請務必迅速就醫。

懷孕6個月 20～23週

與寶寶的交流

最常聽到的就是最愛的媽咪的聲音

如果在胎內安置一個小型麥克風，我們就可以聽到媽咪的心跳聲和腸胃蠕動聲、周圍的聲音、以及附近的人說話的聲音。

這個時候的寶寶，聽覺機能相當發達，已經可以從耳朵聽見聲音。所以麥克風能夠接收到的這些聲響，而肚子裡的寶寶其實也聽得見。

其中，媽咪的聲音是寶寶最容易聽見的頻率。而且還有許多孩子們擁有「在肚子裡常常聽見媽咪的說話聲」的胎內記憶。

有助於養育寶寶

對寶寶說話或是講故事，是媽咪和寶寶間重要的交流。這麼做不只能讓媽咪的心情愉快，同時肚子裡的寶寶也會因為媽咪對自己說話而感到高興。

將媽咪愉快的心情告訴寶寶

從「早安」開始，將日常生活的點點滴滴告訴寶寶

可以進行這些交流

媽咪可以唸自己喜歡的繪本給寶寶聽

和寶寶一起開心地唱歌，或是演奏樂器。

當然，寶寶也聽得到爸爸的聲音。爸爸若是能和媽咪一起對寶寶說話，寶寶應該也可以實際感受到爸爸的存在。

若能經常和寶寶說話或是利用講故事來進行親子交流，等寶寶誕生後，媽咪就能更快掌握住寶寶的心情。對於之後的教養來說會有很大的幫助，所以請務必和爸爸一起嘗試看看吧！

踢腿遊戲

利用寶寶伸展手腳所感受到的胎動，媽咪得以和寶寶進行交流的一種方法。

1. 當寶寶踢肚皮時，媽咪就說「踢」並用手拍一下肚子作為回應。等到習慣之後，媽咪只要一拍肚子，寶寶就會踢一下當作回應。
2. 媽咪一邊說「二」一邊拍肚子兩下。反覆進行後，寶寶就會踢兩下當作回應。
3. 試著詢問寶寶問題吧！例如先對他說，如果答案是肯定的就「踢」一下。接著再問他「喜歡這個音樂嗎？」寶寶說不定真的會踢一下做出回應。

懷孕 6個月 20～23週

與爸爸的交流

寶寶最喜歡和媽媽感情深厚的爸爸

在懷孕・生產・育兒的過程中，身為另一半的爸爸，當然不可以缺席。理解並支持媽媽在懷孕過程中的身體變化以及不安的心情，是爸爸的重要職責。

媽媽的肚子裡一旦有了寶寶，身心都會立刻成為一位母親。但是初為人父的爸爸，卻很難產生身為父親的自覺。

因此，這樣的爸爸最好能積極地參與雙親教室或是爸爸班。有許多爸爸都是藉由參加這些課程，才第一次領悟到自己即將為人父。

不過最重要的事情還是媽媽和爸爸之間的交流。媽媽也需要努力將自己心中的不安，還有希望對方能為自己做些什麼，好好地轉達給爸爸知道。

除此之外也可以討論寶寶出生後，希望過著什麼樣的生活。有些爸爸會勤快地幫忙帶孩子和作家事，有些則是對此感到壓力沉重。試著讓對方知道，其實只要一句感謝的話就能讓人感到開心。此外，和爸爸一起和肚子裡的寶寶說話，也是非常重要的交流之一。

即使是單親媽媽，只要能放鬆心情與寶寶對話就不會有問題。寶寶一定會為妳加油的。

不想從事性行為時，請務必婉轉地拒絕，不要傷害到爸爸。

不要忘記親吻爸爸。肌膚相親也是很重要的。

和爸爸一起檢查肚子的大小。

互相談話交流的時間必須比以往更多。

請爸爸幫忙按摩媽媽容易痠痛的肩膀和腰吧。

和爸爸一起練習順產體操和呼吸法。

6 個月

乳房保養

讓產後哺乳順利進行的乳房保養

寶寶一生下來馬上就會想要喝奶，但是媽媽的乳房卻不是一生下孩子就能馬上分泌乳汁的。

因此，在懷孕期間就應該開始為乳房按摩、保養。這樣能讓產後的哺乳順利進行，而且也能預防哺乳障礙的發生。進行胸部按摩的最好時機是從感受到胎動的懷孕第20週開始。

乳房保養能夠建立起媽咪和寶寶之間的心靈交流，促使自己對寶寶投注更多的愛情。此外，還能順便保養因懷孕而變得敏感的皮膚，並且預防乳房妊娠紋。

而且在生產後，就必須開始進行正式的乳房按摩。否則乳腺和乳管一旦阻塞，不管再怎麼進行乳房保養，母乳都很難流出。有些時候，僅靠媽媽一人可能有些困難，這時可以仰賴醫院醫護人員的指導。另外，媽媽也可以舔舔看自己的母乳。因為有人認為，當母乳變好喝時，就是寶寶即將誕生的時候。

乳頭按摩

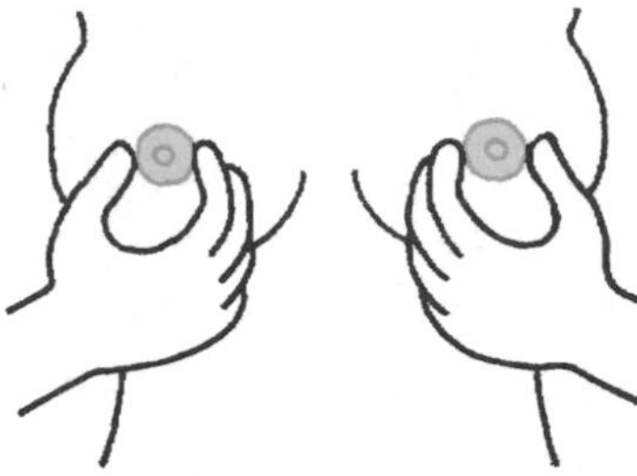

① 用拇指、食指和中指緩緩按捏乳暈與皮膚的交界處。

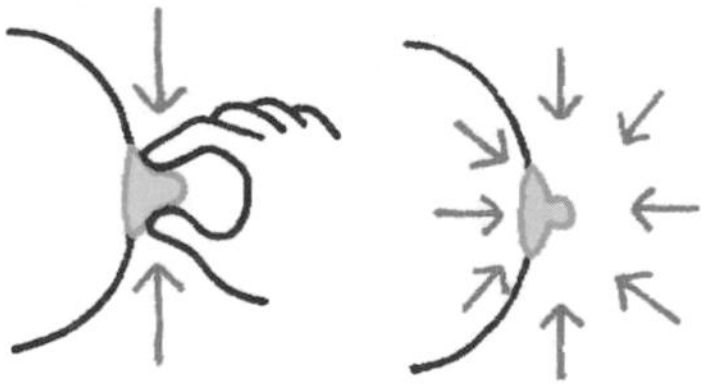

② 用兩指指腹輕輕夾住乳頭，從上下、左右以及各種斜角，對乳頭進行按壓。

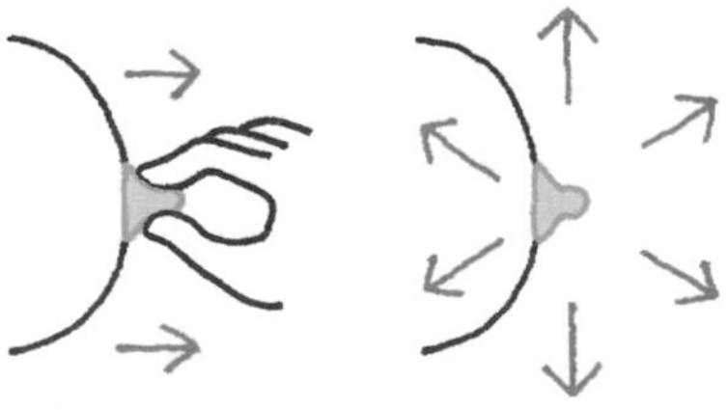

③ 用指腹將乳頭輕輕捏起拉長，接著再輕輕轉動手指按壓。左右兩邊的乳頭各十次。

乳房按摩的重點

- 入浴時和入浴後的血液循環最佳，這時對乳房進行按摩的效果最好。其他時候，可以用熱毛巾熱敷乳房之後再開始進行。
- 當害喜嚴重，身體狀況不佳時，沒有必要非按摩不可。
- 懷孕期間的按摩以一天1～2次為宜（產後需在哺乳前進行）。
- 使用嬰兒油或乳霜，可以讓按摩進行得更加順暢，同時也可以保護皮膚。
- 若是在按摩途中流出母乳，請務必在按摩結束後擦拭乾淨。
- 乳頭凹陷的人，請在不過度勉強的狀況下，捏出乳頭加以按摩。
- 促進母乳分泌的荷爾蒙會引起子宮收縮。若是在按摩途中感到腹部腫脹或是疼痛，請立即中止。
- 若是有迫切早產・早產的疑慮，醫師要求絕對靜養時，請不要進行乳房按摩。

乳房按摩 1

① 將右手放在要按摩的左邊乳房根部附近。

② 將左手抵在包住乳房的右手手指上。

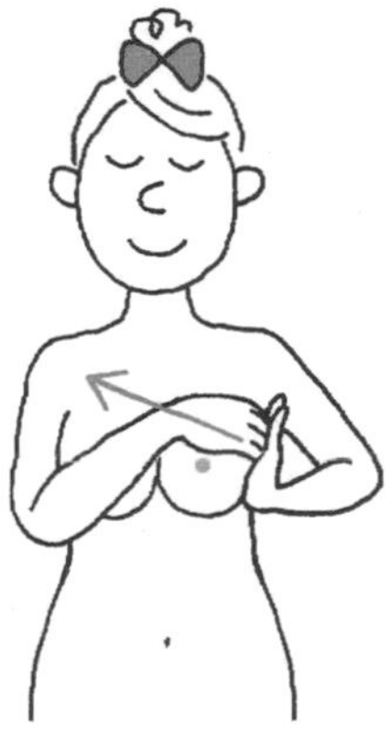

③ 拇指的根部用力，將乳房朝著斜上方推移。右邊的乳房也以同樣的方式進行。這個動作必須左右各做10次。

乳房按摩 2

① 用手掌撐住左右乳房的兩側，手指向上。

② 掌心緩緩施力，將乳房朝中央擠壓。同樣的動作重複3次。

懷孕6個月 20～23週

媽媽教室・雙親教室

媽媽教室可有效消解懷孕・生產的不安

初次懷孕・生產總會讓人感到許多不安及疑惑。媽媽教室・雙親教室就是為了幫助這樣的媽媽和爸爸而設立的，目的主要是在指導爸媽們有關懷孕、生產、以及寶寶誕生之後的相關知識。

這項課程並不是強制參加，但是參加後可以消除不安，還可以趁機結交同為孕婦的新朋友。建議媽咪不妨當作轉換心情，參加看看吧！

媽媽教室的開設，多由各縣市政府、婦產科醫院、育兒用品製造商等單位主辦。由醫院主辦的媽媽教室課程，可能有部分需要繳費，但一般來說都是免費的。

提供懷孕・生產的具體說明及實際技巧

絕大多數的媽媽教室課程，都是針對進入安定期的懷孕中期媽媽所設計的。

課程內容依主辦單位有所不同，但是基本上都是教授生產的流程、孕婦體操和呼吸法的實際技巧、健康管理、營養指導、還有如何照顧寶寶等。

由於課程中會具體針對分娩的每一個步驟以及住院時應該準備什麼東西等未曾經驗過的事物加以說明。因此有許多媽咪表示，因為這門課程才讓她們擁有一些對於生產的基本認知。

此外，有些課程還會利用人偶娃娃，指導應該如何幫寶寶洗澡和哺乳。

每一堂課大概是2～3小

由醫院主辦

由各婦產科醫院主辦。通常會在候診室的公佈欄上張貼課程介紹；醫師或醫護人員在產檢的時候也會建議媽咪參加。醫院方面會對他們特有的生產計畫加以說明，有些醫院還會讓媽咪實際參觀分娩台和住院病房。基本上多是免費的，但是偶爾也會有需要付費的狀況。

由育嬰用品製造商主辦

可以從育嬰相關的雜誌或網路上獲得開班授課的消息。由於可以認識各種不同階層的孕婦，也許可以互相交換情報。此外還能拿到育嬰用品等小禮物。

由各縣市政府主辦

由各縣市政府所主辦的媽媽教室課程資訊可以上各縣市的相關網站查詢，由於這個主辦單位具有地區性，所以說不定能結交到生產之後仍然可以維持交情的朋友。至於參加費用則幾乎是免費。

時左右。

有些課程需要預約，所以請務必事先確認。

爸爸也能參加的雙親教室

有許多媽媽教室也開放爸爸一同前來上課。但是上課時間多半在平日的白天，需要上班的爸爸時常無法參加。可能也有爸爸覺得被一群孕婦包圍相當難為情而不願參加。

然而，有別於媽媽教室的課程內容，最近增加了不少以雙親教室為名義，開設在平日的夜間和週末的特別課程。

此外，在實施家人參與生產法的醫院裡，通常會建議爸爸們參加雙親教室，一起學習有關呼吸法和生產流程等知識。

雙親教室的教學內容包括懷孕・生產的基本知識、抱寶寶和換尿布的方法、還有如何幫寶寶洗澡等。有些地方會準備10公斤左右的重物，讓爸爸體驗一下懷孕的感覺。和媽媽教室比起來，在實際技能上的課程較為充實。

許多爸爸因此自覺到即將為人父

媽媽在自己的身體出現變化時，身心都會開始準備成為一位母親。但是初為人父的爸爸，通常比較難以感受到自己即將成為一位父親。

有許多爸爸是在參加雙親教室之後，才產生了自己身為父親的自覺。

之後，媽媽的肚子會越變越大。對於即將面臨生產的媽媽來說，爸爸的協助是不可或缺的。

雙親教室是爸爸為了媽媽和寶寶而參加的課程。藉由參加課程，可以讓爸爸獲得更多有關懷孕・生產的知識，這將更能協助媽媽，同時讓讓准爸爸們產生成為父親的自覺。

前輩媽咪的經驗談

- 一同參與課程的爸爸參加了孕婦體驗。看到他綁上10公斤的重物之後站不起來的樣子，我忍不住笑了出來。此外聽到他說「孕婦還真是辛苦啊」，讓我覺得非常高興。
- 第一次看到分娩台時，我真的害怕不已。然而生產的時候卻能毫不抵抗地坐上去，一定是因為已經先體驗過一次的關係吧。
- 那時我正好搬新家，為了結交新朋友而參加了媽媽教室。那個時候和新結交的朋友一起出門做產檢、逛公園，一直到現在，我們兩家的感情依然很好。
- 爸爸在看過分娩影片後，似乎對於參與生產感到很害怕，所以最後是由我自己一個人進產房。也許是感到內疚，之後他一直全心全力地照顧我。真不曉得該說是感謝還是難為情……。

懷孕中期到後期的日常生活

做家事時需注意的事

洗東西、洗衣服還有掃地等，大部分的事情都可以照常進行。如果要從高處搬東西下來，或是移動重物時，就請爸爸幫忙吧！

買東西的時候

每天外出購買必要的食材和日用品不會有任何問題。當東西過多，雙手無法負荷時，使用後背包會是個好方法。至於購買嬰兒用品等大型物品時，就請對方宅配到府吧。此外，透過網路購買大型物品也是個不錯的選擇。

上下樓梯

肚子還不是很大的時候，上下樓梯並不需要擔心。但是當呼吸變得急促時，最好能利用手扶梯或電梯。

入浴

泡澡時，最好是緩緩地泡進溫度略低的洗澡水中。在水中添加花草風味的入浴劑，或是滴入一滴芳香精油，就可以收到更好的放鬆效果。

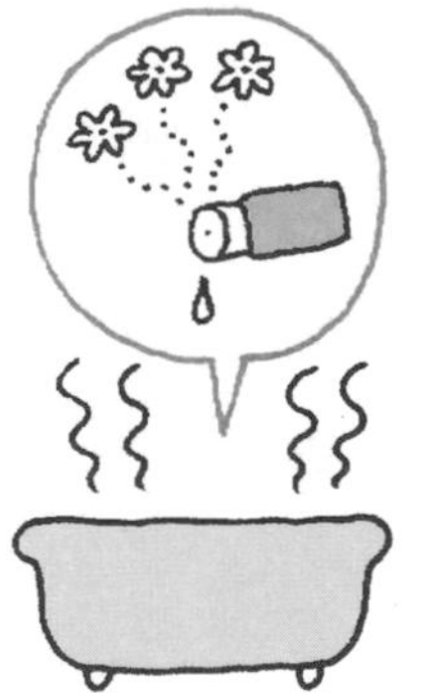

感冒的時候

考慮到這些藥物對寶寶可能造成的影響，請盡量避免服用止痛劑或是抗組織胺藥物。基本上，除了從婦產科醫院拿到的藥之外，最好不要擅自服用其他藥物。

確保安靜的休養以及充分的睡眠，盡可能地等待自然痊癒。但若是咳嗽不止或高燒不退時，請到婦產科醫院就診。

重新選擇生產醫院・回娘家待產的準備

如果不合適，轉院也是一種方法

懷孕生活持續了一陣子後，有些人會對自己一開始選擇的醫院存有疑慮。

也許是因為醫院的醫師和醫護人員和自己合不來；或是超過自己原先的預算；或是不接受家人參與生產等理由，讓自己對現在的醫院懷有不滿。

也有些媽媽在懷孕後，找到了自己想要採行的分娩方式，因此想尋找能夠支援該種分娩法的醫院。

媽咪不一定非得在接受初診的婦產科醫院生產。若覺得不合適時，轉院也是一個解決的辦法。

若是想轉院，最好是選在懷孕中期的安定期進行。除此之外，為了不影響定期產檢，建議事先前往目標醫院進行調查，以便迅速地完成轉院手續。

若是可能，最好能選擇數間候補醫院，並到每一家參觀。還可以順便參考各大醫院是如何應對參觀者。

將每一家婦產科醫院的分娩方法，以及生產・住院所需的費用等全數納入考量之後，再尋找自己理想中的醫院。不過，有些地區的婦產科醫院較少，可供轉院的選擇不多，這時就可以考慮回娘家生產等其他辦法。

雖然有點難以啟齒，但是在決定轉院後，還是要向原先的醫院詳述理由。

回娘家待產時，最好事先決定醫院

如果是預定回娘家待產，就一定要事先找好娘家附近的轉院醫院。

若能向親戚或當地的朋友打聽情報，應該就能順利找到。甚至可以回到自己出生的醫院生產。

最好能盡早告知原本定期接受產檢的醫院，自己將要回娘家待產，還有轉院醫院位在何處等訊息。

實際上，媽咪可以等到懷孕第35週左右再回娘家。但是如果可能，能在預定生產的醫院進行一次產檢是最為理想的。

回娘家待產的優點與缺點

〈優點〉

- 可在娘家悠閒地回復產後疲憊困頓的身體。
- 有和自己最親近的育兒經驗者，也就是母親在身邊讓人感到相當安心。
- 讓父母親感受到成為外祖父母的喜悅，也算是一種孝順行為。

〈缺點〉

- 和娘家附近的婦產科醫院的溝通時間較少。
- 距離過遠時，不但有遠距移動的風險，交通費也比較貴。
- 和爸爸相處的時間減少，難以在短期內建立寶寶和爸爸之間的關係。

7個月

第24～27週

媽咪的身體與心理

由於腹部已經明顯突出，所以必須有意識地挺直背脊

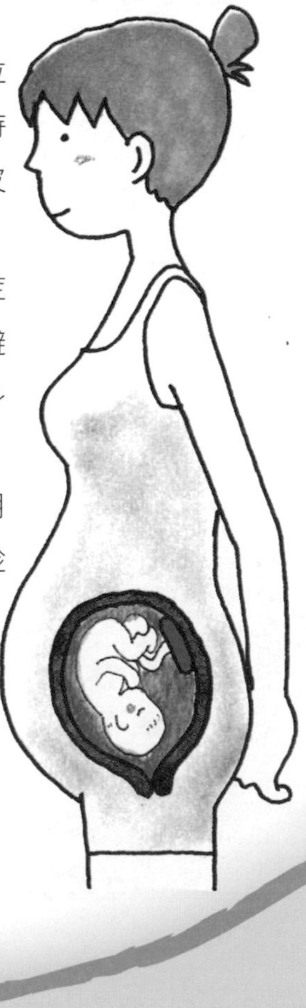

子宮的上緣已經高過肚臍所在的位置。由於現在是容易出現妊娠紋的時候，所以必須塗抹保濕乳霜並按摩皮膚。此外，這個時候會有早產的危險，所以一定要注意出血和下腹部疼痛等症狀。為了降低早產的風險，建議盡量避免過度的運動。但還是要適度地活動身體，藉以保持最佳體力以應付生產。

若是覺得仰躺著睡覺很難受，請採用辛斯氏體位（參照P239）。另外還要趁這個時候趕緊治療蛀牙。

肚子裡的寶寶

寶寶活潑地動作、旋轉，可自由改變身體的方向

眼瞼和鼻孔形成，五官變得更加明顯，手腳也漸漸變長。大腦開始發揮作用，逐漸能以自己的意識活動身體。眼睛的功能已經完備，味覺也開始作用，能夠分辨出甜味或苦味。

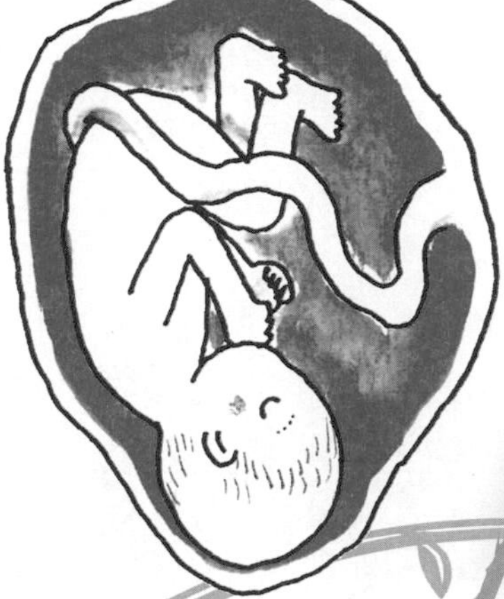

身高約38cm
體重約1200g

也讓爸爸知道吧

媽媽已經和寶寶相處了七個月之久，說不定已經習慣了。但是對爸爸來說，可能還是無法感受到什麼真實感。所以媽咪應該要讓爸爸也能了解寶寶，盡量告訴他寶寶目前的現況。例如「現在好像在睡覺」「剛剛聽到爸爸的聲音，小寶寶動了一下喔」，並且要求爸爸多和寶寶說話。讓他把手放在自己的肚子上，兩人一起和寶寶說話吧！千萬別忘了這是兩個人共同創造的生命。

建立親蜜連結

水腫

水腫容易發生在腳部

在懷孕期間，尤其是在懷孕後期，有很多媽咪會出現水腫。用手指按壓小腿位置，若是凹陷沒有立即恢復，就表示出現水腫。

為什麼會出現水腫呢？那是因為媽咪為了要把營養和氧氣輸送給寶寶，體內的血液量增加的緣故。但增加的幾乎都是水分，而血液中增加的水分容易滲出血管附近的組織之外。於是便造成了水腫。

再加上變大的子宮壓迫到位於骨盆的靜脈血管，因此一般的水腫容易出現在下半身，尤其是集中在腳部。

但是，若遇上體重急速增加的狀況，手或臉也有可能會出現水腫。這時會出現手指腫脹僵硬、手指上的紋路消失、眼皮浮腫等症狀。

如果連手和臉都出現水腫，這種狀況就很令人擔心了。此時請到婦產科接受診斷治療。

水腫和妊娠毒血症並無關係

在過去，水腫和高血壓、蛋白尿等，皆被視為妊娠毒血症（現在稱為妊娠高血壓症候群）的症狀之一。

因為水腫容易出現的時期是在懷孕第28週之後，幾乎和妊娠毒血症發作於同一時期。而且在媽咪體重急速增加時兩者都非常容易發病，所以可以發現不少關聯性。

可是，即使是出現水腫的孕婦，絕大多數依然可以健康地產下寶寶。除此之外，也有許多案例顯示，出現水腫的孕婦所產下的寶寶，體重反而比沒有水腫的孕婦所產下的寶寶重。

從這些案例來看，現今人們已經把水腫和妊娠毒血症視為兩種不同的症狀了。

若是併發妊娠毒血症則需注意

如果只是出現浮腫，而沒有出現妊娠毒血症的症狀，那麼對於往後的懷孕・生產就不會有太大的影響。

但是，根據調查結果顯示，在懷孕第28週後出現浮腫的人當中，約有1／3的人會併發妊娠毒血症。

水腫和妊娠毒血症是定期產檢中固定的檢查項目。若在一個星期之內，體重增加500克以上，就必須多加小心了。

不只是水腫，一旦出現高血壓或蛋白尿等症狀時，就必須及早治療。

不須限制水分的攝取

水腫的原因是因為體內的水分增加過多。所以可能會有些人認為，減少攝取水分對於消除水腫較為有利。

但是現在一般認為，攝取過多水分和發生水腫之間並無關聯性。

容易出現水腫的原因，是由於體重的急速增加，以及持續累積疲勞的關係。一旦限制水分的攝取量，反而會引起脫水症狀，這會帶給媽咪和寶寶不好的結果。

即使出現水腫，也還是要充分補充水分喔！

消除水腫的方法

- 長時間地站立工作，或是持續進行重度勞動累積疲勞時，容易出現水腫。當水腫情況嚴重時，請停止作業好好靜養吧！
- 體重若是急速地增加就容易引起水腫。若是發現自己食慾大好、體重增加時，就必須注意自己的飲食，多吃一些富含鉀且熱量低的食物。
- 為了不讓體重過重，同時也為了能促進血液循環，適當的運動是非常重要的。走路運動和孕婦體操是不可或缺的。
- 若是水分持續不足，媽咪的身體為了維持寶寶的水分，反而會出現水腫。請攝取充分的麥茶或是礦泉水等。但1天以2公升為宜。
- 會帶給腳過多負擔的鞋子，例如高跟鞋，必須盡量避免。需要長時間行走或是站立時，也必須要有充分的休息。
- 睡覺時，在腳下放置一個枕頭，或是稍微墊高床鋪的腳部位置，可以改善淋巴系統的循環。
- 出現水腫時，按摩腳部可以收到良好的效果。朝著心臟的方向按摩，可將累積的水分推開。不過要是患有靜脈瘤，則請多加留意。
- 美容業的足部按摩還有腳底按摩，也可有效消除水腫，不妨嘗試看看，順便轉換心情。

消除水腫的伸展運動

足部水腫

請懷著「這個動作能改善聚集在腳上的血流循環」的想法進行。

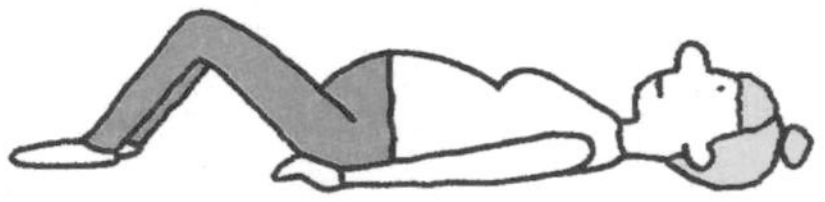

1 仰躺在地，膝蓋微彎，做一個深呼吸。

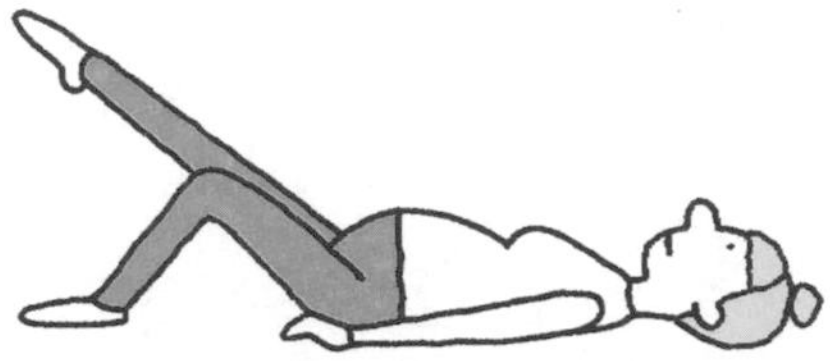

2 一邊吐氣，一邊緩緩舉起右腳，這時右腳必須徹底打直。（右手撐在大腿後側會比較輕鬆）

3 腳尖前後擺動數次。換左腳做同樣的動作。左右反覆做10次。

手部浮腫

開始前先輕輕地甩動雙手，效果會更好。

1 用左手輪流握住右手的拇指、食指和中指。

2 接著換右手同樣輪流握住左手的手指。

7個月

腰痛

孕婦普遍都有腰痛的煩惱

肚子慢慢變大後，身體的重心會向前傾，於是媽咪總是不由自主地將上身向後仰，並用這種姿勢站立與行走，因而帶給背後和腰部過大的負擔，以致引起腰痛。

此外，為了能順利產下寶寶，胎盤分泌的荷爾蒙會讓骨盆的關節和韌帶鬆弛，支撐肚子的力量也隨之轉弱，加重了腰部的負擔。

由於媽咪並不只是支撐自己的身體而已，還必須支撐寶寶、以及寶寶周圍的胎盤和羊水的重量。所以，有將近8成的孕婦都有腰痛的毛病。

好好地面對腰痛

腰痛就像是懷孕的附屬品，但是它並不會帶給生產任何不良的影響。生產過後，大部分的腰痛都會不藥而癒。

話雖如此，腰痛仍然是相當痛苦的。在日常生活中，只要能夠隨時保持不會帶給腰部太大負擔的姿勢；或是在肌肉痠痛時立刻停下動作休息，疼痛症狀應該就會減緩。此外，若能從平常就開始鍛練腹肌和背肌，也可以有效預防腰痛。

希望每位媽咪都能巧妙地減緩疼痛，例如腰痛時馬上休息，以平安度過懷孕生活。另外護腰帶也有預防腰痛的效果。但是，如果不管採取什麼對策都不具功效，甚至腰痛到無法走路時，可能就需要接受整形外科的治療。

不管有多痛，都不可以服用止痛藥。當腰部真的痛到無法忍耐時，請務必先找婦產科醫院的主治醫師討論病情。

舒緩腰痛的技巧

注意保持正確的姿勢

進行煮飯、打掃和燙衣服等家事時，若是採取前彎或是坐在地上的姿勢，會對腰部帶來負擔。請調整作業台的高度或是坐在椅子上，盡可能地維持背脊挺直。

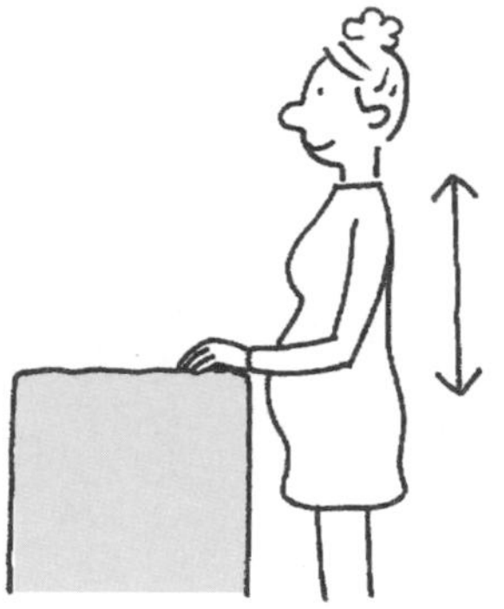

從低處拿東西時記得先蹲下

需要把東西從低處拿起來時，請不要直接站著彎腰拿取。請先蹲下，接著再慢慢地把東西搬起來。

坐椅子的時候請保護腰部

坐在椅子上時，請在腰後和椅背之間放入一個抱枕，讓背脊能夠輕鬆地挺直。

走路時盡量不要向前挺著肚子

外出或是出門散步時，請抬頭挺胸向前直行，盡量不要讓肚子突出。鞋跟過高的鞋子容易讓人失去平衡，建議換穿好走的鞋子。

積極進行孕婦體操

孕婦游泳和孕婦有氧舞蹈通常都是可以消除腰痛的課程。然而若是不想特地參加類似課程，走路運動和腰痛體操同樣也能鍛鍊腹肌與背肌。只要持之以恆，輕微的運動也能達到提升肌力的效果。此外，亦可繼續進行平常的運動。不過為了慎重起見，還是要先和醫師商量一下。

腰痛體操1

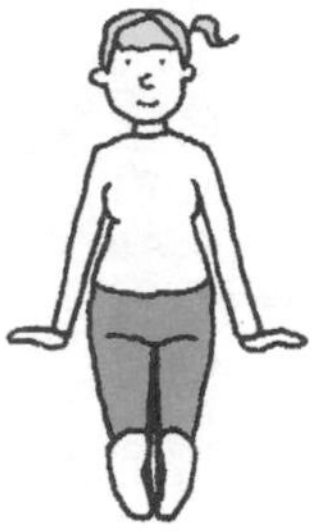

① 坐在地板上，雙腿伸直。接著再把雙腳併攏，兩隻手輕置於身體兩側。

② 吸氣，然後緩緩吐出，同時讓腰部緩緩轉向左側。

③ 右側也採取同樣的動作，一邊吐氣一邊轉動腰部。

腰痛體操 2

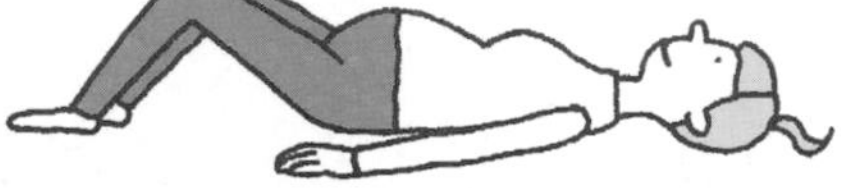

① 彎屈膝蓋，仰躺。

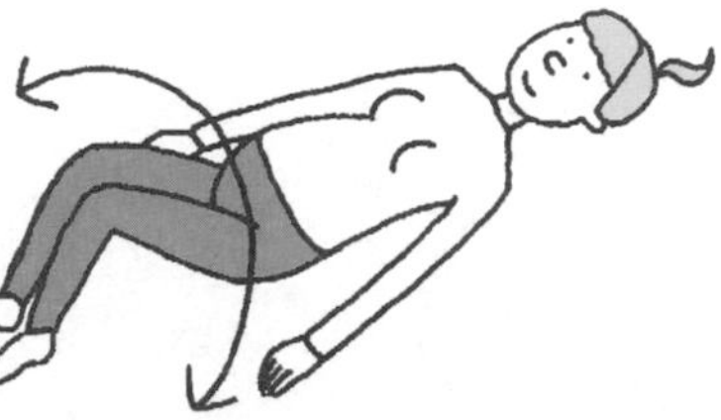

② 一邊緩緩吐氣，一邊扭轉腰部，讓雙膝倒向左右兩邊。

腰痛體操 3

① 將雙手雙腳撐在地上，一邊吐氣一邊將背後彎成拱形。做這個動作時要以能看到自己的肚臍為準。

② 吸氣，再度緩緩吐氣，將頭抬起來，挺胸，再把身體的重心往前移。

7
個月

懷孕7個月 24～27週

早產・迫切早產

若有早產的徵兆請立刻就醫

早產，是指在懷孕第22～36週，也就是在非預產期間生下寶寶的情況。

至於為什麼從懷孕第22週開始計算，是因為就現代的醫療水準來說，被產下的寶寶還能平安長大的界線就是在22週之後。在此之前誕生的寶寶都無法活下去，而形成流產。

流產的機率大概是占整體懷孕婦女的10～15％，而早產的機率則大概是5％左右。

此外，差一點就會變成早產的狀況，稱為迫切早產。只要經過適當的治療，迫切早產就不會發展成早產，懷孕過程也能得以持續下去。通常在懷孕第31～32週時最容易發生因迫切早產而住院。

早產的徵兆有：腹部腫脹、下腹部疼痛、分泌物增加、出血、破水等。一旦出現上述症狀，請立刻就醫。如果只是迫切早產，就還有挽救的餘地。

早產的原因大多是子宮內感染

造成早產的原因多不勝數。讓我們一起看看有哪些常見的狀況吧！

子宮內感染

曾經出現過陰道炎的病毒經由子宮頸感染至胎盤，引起破水，子宮也開始收縮，最後導致早產的案例。造成早產的原因當中最常見的就是子宮內感染。

子宮頸無力症

由於子宮頸括約肌無力，造成在生產開始之前，子宮口就先行張開，導致早產。

若能事先得知，就可以進行子宮頸紮手術，即可防患於未然。

子宮形狀異常

子宮肌瘤、卵巢腫瘤、子宮發育不全、子宮畸形、羊水過多症、前置胎盤、多胞胎、以及胎兒死亡等，當子宮內部出現任何異狀，都有可能引起早產。

妊娠毒血症・妊娠糖尿病

這些併發症會讓母體的狀態惡化，促使寶寶提早誕生。其中妊娠毒血症約有1／3的機率引發早產。

人工早產

基於胎兒已死，或是孕婦的併發症嚴重等理由，醫院方面會以人工方式進行早期分娩處置。

為了避免早產

早產的寶寶，身體的機能大多尚未發育完全，也就是所謂的未熟兒。但是只要經過適當處置，就能和預產期出生的寶寶一樣正常成長，沒有任何後遺症。

但是我們還是要盡量避免早產的發生。盡早發現引發早產的病因並加以治療，正是預防早產最好的方法。所以我們不可以忽視任何一個早產的徵兆。

避免發生早產的重要事項

預防感染症

最常見的早產原因就是子宮內感染。如果媽媽已經染上感染症時，請盡快接受治療直到康復。此外，盡量不要前往人潮眾多的地方，以免染上感冒等病毒。

避免累積疲勞

疲勞的累積會造成身體免疫力降低，染上感染症的機率也隨之增加。有時疲勞還會引起子宮收縮。因此媽媽一旦感到疲勞、或是感到肚子緊繃時，請務必休息靜養。

避免累積壓力

壓力是造成許多身體不適的原因。壓力有時也會造成腹部緊繃。所以請務必適時轉換心情，紓解壓力。

多多注意腹部腫脹感以及分泌物

多數迫切早產的徵兆都是起自腹部腫脹、疼痛、分泌物的增加、以及出血等症狀。不要忽略身體的任何變化，一旦發現有異於平常的狀況，就要立刻就醫。

性行為

懷孕期間請盡量避免過度激烈的性行為。過程中使用保險套即可有效預防感染。當身體狀況不佳或是腹部腫脹時，最好不要進行性行為。

懷孕7個月 24～27週

懷雙胞胎時

懷孕、生產都比一般人辛苦

當我們看到帶著雙胞胎寶寶走在路上的媽媽時，總會忍不住露出微笑。雖然這讓人羨慕，但懷上雙胞胎其實是件有點累人的事。

以醫學術語來說，懷上單一一個寶寶的狀況，稱為單胎妊娠。懷上雙胞胎、甚至三胞胎的狀況則稱為多胎妊娠。

基本上，孕婦的身體構造是專門用於養育一個寶寶的。因此當肚子裡必須容納兩個以上的寶寶時，當然會帶給媽媽巨大的負擔。

至於懷上雙胞胎常見的問題，包括容易出現妊娠毒血症和早產；生產時必須採取剖腹產或是吸引・鉗子分娩；產後容易大量失血，需要輸血等問題。

由於替雙胞胎接生需要相當的醫療技術與設備，因此有些婦產科醫院會拒收多胎妊娠的媽媽。尤其在助產院或是自家生產更是困難重重。

聽到這些話，可能會讓一些媽咪開始擔心起來。不過還是有許多醫院能夠做出最恰當的處置。因此一旦知道自己懷了雙胞胎時，請多多收集各方情報。

針對風險進行懷孕管理

雙胞胎妊娠大致上可以分為兩類。其中一類稱為單絨毛膜雙胞胎，指的是共同胎盤的雙胞胎。這類雙胞胎是由一個受精卵一分為二的同卵雙胞

懷了雙胞胎時？

產假

和單胎妊娠的產假是一樣的。

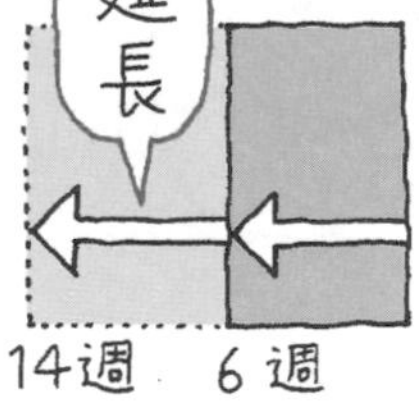

生產與住院費用

費用比單胎生產要貴，但是還不至於到兩倍的程度。只不過，若是因為剖腹產或早產導致住院時間延長，自然就需要花費更高的費用。

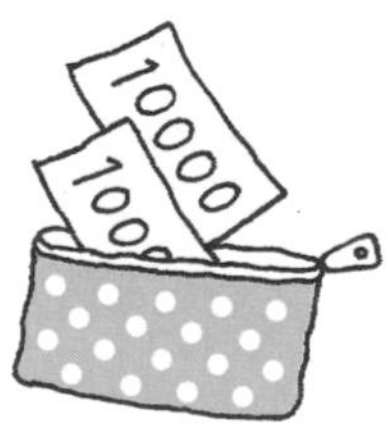

育兒津貼

可獲得勞保支付的育兒津貼或各縣市所發放的生育補助，因為是雙胞胎，所以可以得到兩倍的補助。

胎。

另一種則是雙絨毛膜雙胞胎，指的是各自擁有自己胎盤的異卵雙胞胎。

其中單絨毛膜雙胞胎在懷孕・生產期間的風險較高。因為是由一個胎盤供應兩人分的氧氣和養分，所以兩個孩子的成長狀況會出現差異；或是產下未成熟嬰兒、低體重嬰兒；更甚者可能會有其中一方在誕生後即發現先天性障礙。

現在，為了盡量減少這些可能的風險，一旦確定懷的是雙胞胎，媽咪就必須接受一定的檢查。這個檢查是由超音波來確認胎盤的數量是一個或兩個，這個檢查通常是在懷孕第12週時進行。

有時醫師會建議提早生產

在多胎妊娠的狀況下，婦產科醫師會在充分衡量各種風險之後，進行懷孕管理。如果肚子裡的寶寶是風險較高的單絨毛膜雙胞胎，那麼接受產檢的次數就要增加。除此之外，也有不少人採用提早住院以方便接受懷孕管理這個方法。

不同的醫師會採取不同的生產法。在單胎妊娠的情況下，最理想的生產時期是39～40週左右。然而若是懷了雙胞胎，則是在風險最低的36～37週生產較佳。因此媽咪必須選用計畫生產，而其中大多數都是採用剖腹產，或是配合使用陣痛促進劑的分娩方式。

只要媽媽的身體狀況穩定，基本上可以和其他孕婦一樣按照平常的方式生活。但是禁止從事孕婦體操。

期待產後的喜悅，以避免過度緊張的生活

儘管懷雙胞胎的風險較高，整個懷孕期間都需要小心謹慎，但是生產過後的喜悅一定也是兩倍。為了兩個即將到來的新生命，媽咪最好能從平日開始多加注意，避免過度緊張。

首先一定要按時接受產前檢查。只要發現身體狀況不佳，一定要馬上前往醫院檢查。由於時常會有緊急住院、緊急手術等突發狀況，為了以防萬一，媽咪最好能事先做好隨時都會住院的心理準備。

育兒用品

嬰兒內衣、嬰兒服等必須事先準備好兩套。至於嬰兒床、嬰兒澡盆等則是可以共用。建議向他人租借雙胞胎專用的嬰兒車，或是利用二手物品。網路上有許多生下雙胞胎的媽咪們創立的社團，可以善加利用。

產後育兒

可以預見往後的家事和育兒會是一件苦差事，此時可向家人請求協助。

7
個月

懷孕7個月 24～27週

寶寶的性別

是爸爸的精子染色體決定了性別

寶寶的性別，是在受精的那一瞬間決定的，而左右這件事情的就是爸爸的精子。

超過一億個以上的精子朝著媽咪的卵子互相競爭，但是最後只有一個精子能夠成功和媽咪的卵子結合，完成受精。這時，精子當中的染色體若是Y染色體，就會生下男孩；若是X染色體則是女孩。

即使已經決定性別，在剛懷孕時，寶寶的身體是沒有任何分別的。

起初，所有的寶寶都擁有女性器官，等到懷孕第7週左右，男孩會因為Y染色體的影響形成精囊，之後再透過精囊分泌的男性荷爾蒙產生作用，而女孩則開始形成男性器官，而女孩則是繼續發育原有的女性器官。

區別男女性別的特徵有陰莖、精囊和陰囊；至於女孩的大陰唇、小陰唇等外生殖器也是在這個時期開始發育，等到第32週左右男女性別的特徵發展就告完成。

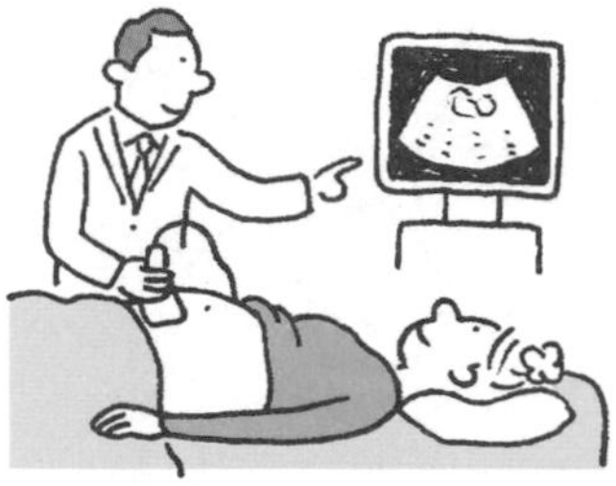

可用超音波來檢察判斷寶寶的性別

寶寶的性別，可藉由超音波檢查所拍攝到的外生殖器形狀來判斷。最快能在懷孕第16週左右分辨出來，但是真正容易辨識的時期是在第26週左右。

然而，由於媽咪的體型、或是寶寶背對著肚皮、或是外生殖器被寶寶的腳擋住等種種原因，都有可能造成無法確認寶寶性別的情況發生。

此外，有時也會誤把女孩捲曲的臍帶看成是男孩的外生殖器，或是每次產檢都無法確認寶寶的外生殖器，這時就很容易會造成誤診。

無論如何，請一定要事先知道藉由超音波檢查做出的判斷不一定是100%正確的。

和醫師討論是否告知寶寶的性別

有些醫院的原則是即使已經知道寶寶的性別，但是並不會告訴媽媽。這是因為寶寶的性別若與父母的期待不符，媽媽心中的失望會對寶寶的成長帶來不良影響。

有些媽媽為了要事先購買嬰兒用品，因此希望可以事先知道性別。另外也有一些媽媽希望能在生產之後才知道這個驚喜，所以會刻意要求醫師不要告知。

性別診斷的結果應以媽媽的心情為第一優先，事先與婦產科醫師討論到底需不需要告知會比較好。

爸爸和媽媽可能都有各自的期望，但是只要看到寶寶，一定會改變想法，認為男孩女孩一樣好。

懷孕7個月 24～27週

孕婦裝

購買孕婦裝的小秘訣

A字形的無袖連身裙穿起來比較輕鬆

無袖連身裙可說是孕婦裝的基本款式，能夠搭配任何服裝。

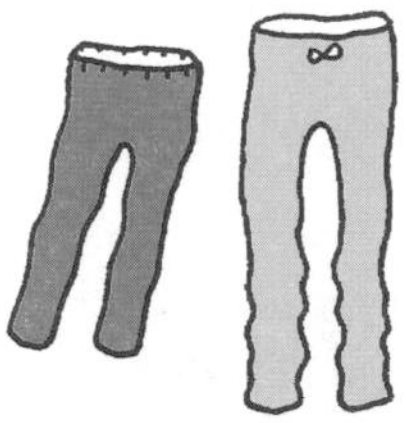

若擁有數件貼身長褲會相當方便

穿在寬鬆的毛衣或是連身裙下，便能有效防止腹部及下半身受寒。還可以試著配合季節改變褲子的長度。

穿著羊毛衫調節溫度

可用於禦寒，或是在夏天的冷氣房裡穿著。由於是前開式的服裝，產前檢查和產後哺乳期都能有效利用。

聰明利用帶有腹部針織帶的長褲

腰部附近帶有針織腹帶的長褲可以一直穿到臨盆當月。這種長褲不僅外型清爽而且活動方便，值得推薦。

活用型錄購物

放在醫院裡的嬰兒用品型錄中的孕婦裝種類其實也相當豐富。若是想要省錢，不妨向前輩媽咪便宜買進孕婦裝，或是在二手市場上尋找。

選擇不會緊緊包住身體的寬鬆服裝吧

等到肚子大到再也穿不進以前的衣服之後，就是孕婦裝正式登場的時候。

最近各種時髦的物品逐漸增加，媽咪可以依照自己喜歡的風格打扮自己。例如只有孕婦才能嘗試的，強調肚子大小的服裝，也可以靈活選用適合自己的褲裝。

選擇孕婦裝最重要的就是不要緊緊包住身體、可輕鬆穿脫、方便清洗的衣服。

由於穿著的時期相當有限，因此不需要準備太多件。其實手邊的衣物也可以多加利用，只要腰部是鬆緊帶設計，或是寬鬆的連身洋裝就可以。借穿爸爸的衣服也不失為一個好方法。

另外，考慮到生產的時期，最好選擇能穿兩季的衣物。

還在媽媽肚子裡的時候

有些孩子記得自己還在媽媽肚子裡時所發生的事情。在10幾年前，幾乎沒有任何人相信這件事。

但是依照目前最先進的研究結果顯示，其實寶寶還在媽咪肚子裡的時候，似乎就已經具備記憶能力了。此外，近年來也有研究證據指出，不僅是人類，黑猩猩也能確實記住當初在胎內聽見的聲音。

人類的記憶究竟從何時開始，這個議題從很早以前就不斷有人進行研究。但是由於無法加以具體說明，所以有關「記憶能力是由胎內開始」的這個說法，其實是在最近幾年才出現的，而且至今仍然有許多人不相信這個說法。

其實過去的人們似乎也對於胎兒在胎內會做出何種行動、擁有何種知覺等，展現出高度興趣。

從西元8世紀左右開始流傳的西藏醫書《四部醫典》中，就詳細描繪著人類在受精前到出生後的詳細過程。根據此書記載，胎兒大概在第37週時，開始對母體產生對立的情緒。另外在西元508年，由菩提流支*在洛陽翻譯的佛經《大寶積經》第五五卷〈處胎會〉中，也詳細記載了懷孕期間的種種狀況。內文指出，胎兒在進入母體7天之後即擁有五感。在對照現今最新的醫學研究後，它的正確性著實令人驚嘆不已。

人類在距今1500年前，就已經了解母體內胎兒的狀況，而且也知道他們已經具備了記憶能力和感情。

另外，以世界名畫〈蒙娜麗莎的微笑〉聞名的藝術家，同時也是科學家的李奧納多・達文西（1452—1519），就在他的著作《李奧納多・達文西的手札》中指出，母親的感情起伏不只會影響到出生後的孩子，甚至在產前就會造成胎兒的死產或流產。

到了現代，在《胎兒的記憶》一書中，作者真名井拓美也詳細描述了自己在胎內的記憶。當中描述了他能自由地喚醒胎內記憶，而且想起來的不只是自己身為胎兒的某個特定時間點，頭部或四肢漂浮在羊水當中的印象；而是連當時的心情都能清楚回憶起來。

此外，小說家三島由紀夫也清楚記得自己出生時第一次洗澡的情況，並在《假面的告白》一書中描述自己記得「金色的臉盆盆緣閃閃發光」。諸如此類，日本國內似乎也能找到不少有關胎內記憶、出生記憶的文字記載。

*註：或譯為菩提留支，北天竺人，魏宣武帝時來洛陽，為北魏的佛經翻譯家。

懷孕後期

- 8—9 個月
- 28—35 週

懷孕後期

8個月

第 28 ～ 31 週

媽咪的身體與心理

感到腹部緊繃時
要立刻躺下休息

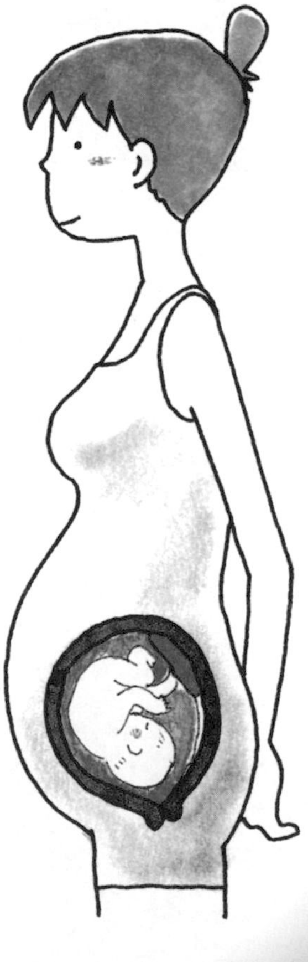

由於子宮的壓迫，媽媽容易出現便祕或痔瘡，手腳也容易出現水腫，這時請一定要注意不可攝取過多的鹽分或糖分。

因為心臟和肺臟也同時受到壓迫，所以即便只是稍微活動都會感到心悸和呼吸困難。同時大腿根部也會出現疼痛症狀，下半身則容易感受到倦怠和沉重感。此時就請多做些伸展運動吧！

肚子裡的寶寶

身體具備了足以維生的最低限度功能

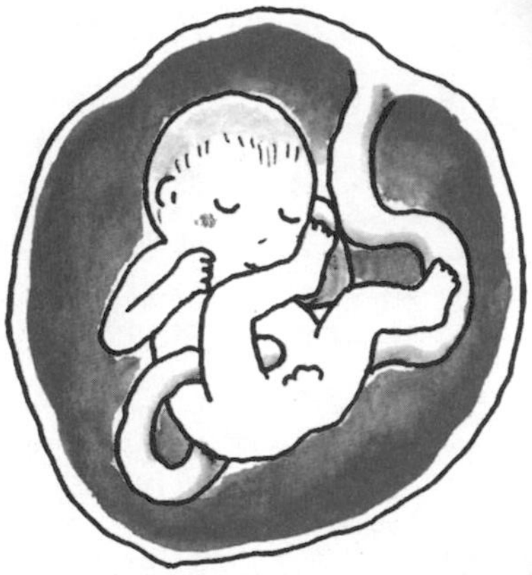

身體外型逐漸變得有嬰兒圓潤的感覺。聽覺功能變得更加完備，而且會因外部的聲音出現反應，因此他們會在聽到爸爸和媽媽的聲音之後做出回應。

視覺功能開始發育，對外界的光線有所反應。另外，還會在喝下羊水之後進行鼓起肺部的「類呼吸運動」。若在此時進行超音波檢查，將可清楚地分辨男女。

身高約43cm

體重約1800g

和爸爸一起發送「氣」給寶寶吧

1. 雙手合十摩擦。
2. 想像雙手包住了一顆球。
3. 從手掌發出「氣」，並將這團「氣」想像成球體（若是掌心變暖或是指尖微微刺痛，就表示確實發出了「氣」）。
4. 將球狀的「氣」輕輕貼在媽媽的下腹部，也就是丹田位置。
5. 手繼續貼在媽媽的肚子上，並將肚子視作一個巨大的球，按照步驟3做出球狀的「氣」。
6. 最後和寶寶打聲招呼，發送完畢。

建立親蜜連結

妊娠毒血症（妊娠高血壓症候群）

由妊娠毒血症改名為妊娠高血壓症候群

妊娠毒血症，會在懷孕中後期造成高血壓和蛋白尿。在與懷孕相關的常見疾病中，屬於風險較高的疾病。

其中最具特徵的症狀就是，雖然會出現水腫，但是在症狀輕微時除了水腫之外幾乎不會出現任何症狀。但是病情一旦惡化，就會引起名為子癲症的痙攣症狀，屆時媽媽和寶寶的生命都有可能陷入危險。

高血壓、蛋白尿、水腫、子癲症發作等症狀，在生產完畢之後幾乎全都會自動消失。過去一直認為這種疾病的病因是由於胎兒或胎盤當中釋放出有毒物質，造成母體異常，因此將這種疾病命名為「妊娠毒血症」。

但是，隨著研究的持續進行，發現這種疾病的產生並不是因為有毒物質，而是因為高血壓。「妊娠毒血症」這個名稱變得無法表現這種疾病的本質，因此將正式名稱改為「妊娠高血壓症候群」。但是目前還有許多人沒有聽過這個新名稱，所以本書特將名稱統一為大家耳熟能詳的「妊娠毒血症」。

妊娠毒血症的主要症狀

高血壓

懷孕期間，為了把養分輸送給寶寶，血壓原本就會稍微偏高。然而妊娠毒血症的診斷基準為收縮壓超過140mmHG，舒張壓也在

容易罹患妊娠毒血症的人

●患有糖尿病、高血壓、腎臟病的人

原本就患有這些疾病的人，或是曾經得病的人。另外家族成員當中若有人患有這些疾病，自己罹患妊娠毒血症的機率也較高。

●肥胖的人

過度肥胖會使心臟受到壓迫，導致血壓上升。

●累積過多壓力或疲勞的人

若是累積過多的疲勞或壓力，會使自律神經和腎臟功能降低，進而引起高血壓或蛋白尿。

●高齡產婦

35歲以上且初次懷孕的孕婦，容易併發妊娠毒血症和妊娠糖尿病。另外15歲以下的低齡產婦也相當容易出現併發症。

●多胎妊娠的人

由於母體的負擔較單胎妊娠為重，所以會影響到身體的各種機能。有許多罹患妊娠毒血症的人都是起因自多胎妊娠。

90mmHG以上。

蛋白尿

尿液當中含有蛋白質，這種症狀稱之為蛋白尿。身體健康的人，尿液當中幾乎不會出現蛋白質。然而一旦罹患妊娠毒血症，腎臟的功能會降低，就容易引起蛋白質的流失。

檢查方式是把尿液沾到試紙上，測量蛋白質含量到底有多高。不過，即使蛋白尿的反應為陽性，只要沒有同時出現高血壓症狀就不會被診斷為妊娠毒血症。

水腫

約有30～80％的孕婦會出現水腫症狀，但是水腫同時也是妊娠毒血症的常見症狀之一。由於出現水腫不一定代表罹患妊娠毒血症，所以現在已經從妊娠高血壓症候群的定義當中刪除這一項。

妊娠毒血症的水腫症狀特徵為，即使休息一個晚上後水腫也不會消失。

子癲症發作

子癲症就是懷孕20週之後出現的痙攣。發作時會造成痙攣和身體僵硬、失去意識、以及呼吸困難等症狀，母子雙方都會有生命危險。

近年來由於血壓管理進行得很徹底，因而子癲症發作的情形變得甚為罕見。不過眼花、想吐、頭痛、頭暈等症狀，通常被視為子癲症發作的前兆，因此須多加注意。

●初次懷孕的人

根據統計結果顯示，和二次、三次懷孕的人相比，初次懷孕的人更容易罹患妊娠毒血症。

●過去曾經罹患妊娠毒血症的人

過去曾經罹患妊娠毒血症的人，在下一次懷孕時會有很高的機率再次發作。

病情惡化時

儘管一直沒有任何症狀出現，但是仍會突然出現水腫、病情瞬間惡化的可能，這時就需要住院檢查。一旦診斷出患有妊娠毒血症，身體所有的細微變化都必須慎重以對。即使不到定期產檢的時間，也還是要到醫院接受檢查。

病情惡化時，胎盤機能會因此降低，氧氣和營養都難以送到寶寶身上，之後甚至可能轉變成更嚴重的狀況，例如胎盤早期剝離（參照P141）、子宮內胎兒死亡、低出生體重兒、死產、新生兒死亡等。

若是發現生產過程對媽媽和寶寶都有危險時，則無法採用陰道分娩，必須剖腹生產。

為什麼會罹患妊娠毒血症？

妊娠毒血症的發病原因是由於懷孕而導致高血壓。妊娠高血壓和一般的高血壓不同，它會破壞血管內側的細胞，使得血管內腔逐漸變窄，造成血壓上升。

那麼，為什麼懷孕會導致血管細胞損傷呢？這可說是妊娠毒血症的重點所在，但是現在還無法明確解釋發生原因。

目前最有力的說法是，媽媽的免疫系統會阻礙胎盤形成，讓胎盤無法順利形成血管。於是胎盤便釋放出破壞媽媽血管細胞的毒素。由於寶寶擁有和自己不同的遺傳基因（爸爸的基因），媽媽的免疫系統可能就是針對這一點而做出了拒絕的反應。

這就像是媽媽的免疫系統和胎盤內的寶寶正在互相競爭對立似的。這可能是因為媽媽在肚子裡放了一個不同的人才引起的問題也說不定。

妊娠毒血症的治療法

被診斷為妊娠毒血症之後

妊娠毒血症的治療要從防止血壓上升開始。因此飲食療法和安靜療養是非常重要的。

飲食療法

體重若是急速增加，血壓也會隨之升高，如此一來就容易導致病情惡化，因此一定要小心控制體重。在必須充分補充一日所需的蛋白質、鹽分和水分的前提下，必須嚴格控制卡路里的攝取量。

●鹽分

攝取過多鹽分雖然會造成血壓上升，但是懷孕期間的血液量若是減少，也會帶來不好的影響。因此每天的鹽分攝取量最好控制在7～10克以下。

●水分

水分不足時，會造成病情快速惡化。因此水分的攝取量基本上是不受限的。

●蛋白質

由於蛋白質容易從尿液當中流失，請隨時注意多加攝取。低卡路里・高蛋白的大豆製品、脂肪含量低的肉類・魚類、還有雞胸肉等，都是不錯的選擇。

●鈣質

鈣質擁有降血壓的功效，所以請務必積極攝取。

●維生素

為了避免維生素攝取不足，最好食用營養均衡的餐點。

安靜休養

安靜休養時血壓會降低，輸往胎盤的血液量也會增加。為了不讓疲勞與壓力累積成疾，請好好地休養並保持充足的睡眠。

此外，不會造成疲勞的運動也很有效果。請留意平常就應該進行一些運動，例如散步或是做家事。

腿部發生水腫時

病情惡化時的治療法

症狀輕微時只需要在家靜養，但是一旦病情惡化就必須住院。住院好好休息之後，有時可在短期間內痊癒。

藥物療法

●降血壓劑

若是長期進行飲食療法，高血壓卻沒有獲得改善時，可在不影響寶寶的狀況下服用降血壓劑。

●鎂錠療法

為了預防子癲症發作，有時必須服用鎂錠。

強制結束懷孕

當妊娠毒血症惡化，母子都有生命危險時，不管寶寶的成長狀況如何，都必須要提早生產，強制結束懷孕期。根據情況不同，有時必須剖腹。

懷孕 8個月 28～31週

前置胎盤

胎盤堵塞子宮口

正常的胎盤應該形成在子宮的上半部，然而當胎盤堵塞住全部或是部分子宮口時，便稱之為前置胎盤。

懷孕初期，即使胎盤位在子宮下方，通常多會隨著子宮逐漸變大而移動到正常的位置。

但是進入懷孕後期，倘若胎盤還是堵塞在子宮口時，則會影響到之後的懷孕過程與生產。

一般認為，高齡產婦、生產經驗較多的人、還有多胎妊娠等狀況，會增加胎盤前置的風險。胎盤的位置是依照受精卵著床的位置決定，由於我們不可能預測著床的位置，因此也無法預防前置胎盤的發生。

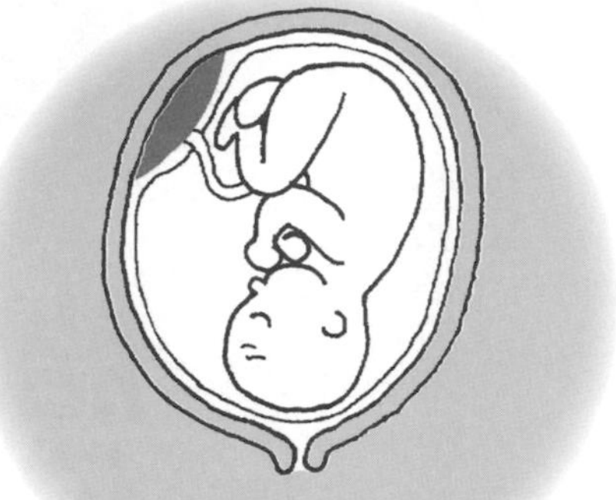

正常的胎盤

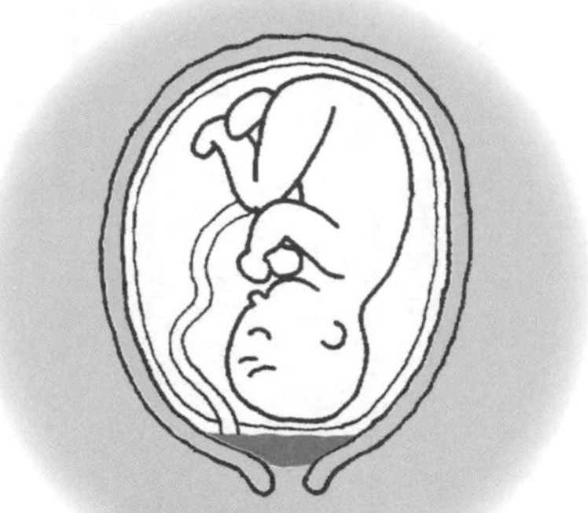

全前置胎盤
胎盤完全塞住子宮口

前置胎盤的主要症狀

腹部腫脹，同時伴隨有子宮收縮；胎盤和子宮壁之間出現錯位；時常可見出血症狀。

在懷孕初期，出血程度頂多只是讓分泌物染上一點顏色。越到接近生產的懷孕後期，腹部腫脹的次數就會增加，出血量也會逐漸變多。

偶爾也會發生令人害怕的大量出血，但是幾乎沒有任何痛楚，對肚子裡的寶寶也幾乎沒有任何影響。

但在大出血發生之前，還是應該先到婦產科就診，並檢討應變對策。根據實際情況，醫師可能會開出預防腹部腫脹的子宮收縮抑制劑。

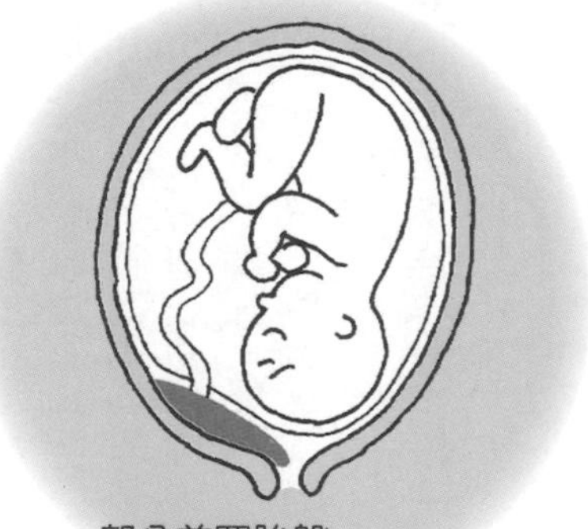

部分前置胎盤
胎盤塞住部分子宮口

前置胎盤的生產

根據子宮口被堵塞的程度不同會採取不同的生產法，但通常都會採用剖腹產。

最理想的狀況，當然是讓孩子留在肚子裡直到預產期，但是一旦發生大出血，仍有可能連帶引起早產。

當胎盤沾黏時，剖腹生產的出血量會相當驚人，有時甚至有輸血的必要。

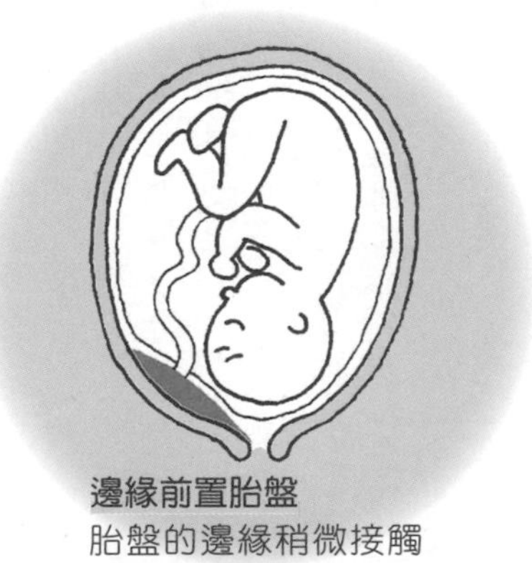

邊緣前置胎盤
胎盤的邊緣稍微接觸到子宮口

懷孕
8個月
28～31週

胎位不正

懷孕中期的胎位不正多數皆可修正

到懷孕第30週之前，肚子裡的寶寶會在羊水中不斷地旋轉並改變姿勢。之後隨著寶寶逐漸成長，子宮內的空間變小，最後便無法轉動。

由於寶寶的頭部最重，所以最後，他們幾乎都會固定在頭朝下的姿勢，此稱之為「頭位」。

不過，還是有一些寶寶會保持頭部朝上，而腳或是屁股朝著子宮口的姿勢。這樣的姿勢就稱為「胎位不正」或是「骨盆位」。

由於寶寶在懷孕中期是隨時可以自由移動的，進行超音波檢查時幾乎都是胎位不正的狀況。等到懷孕大概30週時，胎位不正的寶寶大概是15％左右；而其中在胎位不正的狀況下生產的人大概只有全體的3～5％左右。

容易引起胎位不正的原因包括有子宮肌瘤、子宮畸形、前置胎盤、多胎妊娠等狀況。不過也有寶寶是在毫無異狀的情況下，於胎位不正的狀態下被產出的。據說媽媽若是焦躁不安，也會造成胎位不正。因此還是希望媽媽們能夠心平氣和地度過懷孕期。

胎位不正時的生產法

在胎位不正的情況下，寶寶都是由屁股或是雙腳先出來，因此產道可能還沒擴張到讓寶寶的頭可以出來的程度。當頭部即將通過產道時，臍帶會夾在頭部與產道之間，可以預測，血流一旦停止，對寶寶將會很危險。

因此，儘管胎位也會有影響，但幾乎所有胎位不正的寶寶，醫師都會建議以剖腹生產。尤其是第一次懷孕，生產時可能需要花上很長一段時間的媽媽，絕大多數都會採用剖

胎位不正的種類

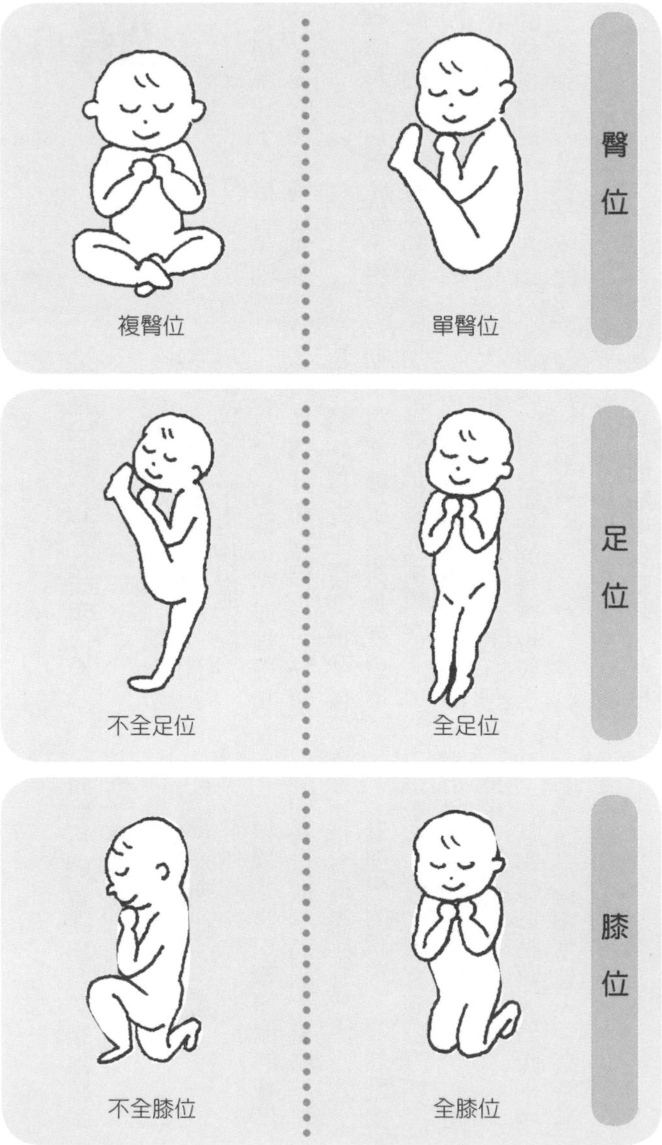

腹產。

即使被診斷出胎位不正，懷孕期間的生活也不需要做任何特別的事。只不過肚子可能會頻繁地出現緊繃的情況，因而需要多加注意。此外，接近預產期時，破水的可能性就會大增。因此一旦發現可能破水了，就必須立刻前往醫院就診。

改善胎位不正

懷孕30週左右，即使被診斷出胎位不正，但絕大部分的寶寶還是可以靠著自己的力量回復正常頭位。

隨著寶寶越長越大，越來越難轉動時，有幾個方法可以將原本不正的胎位改善為正常的胎位。

改善胎位不正的體操

●膝胸臥式

趴在地上，彎曲膝蓋，將臀部高高舉起。保持這個姿勢5～15分鐘。

●側臥式

為了讓寶寶的背部朝上，請側躺並靜止10分鐘。至於靠右側躺還是靠左側躺則必須依照醫師的指示。

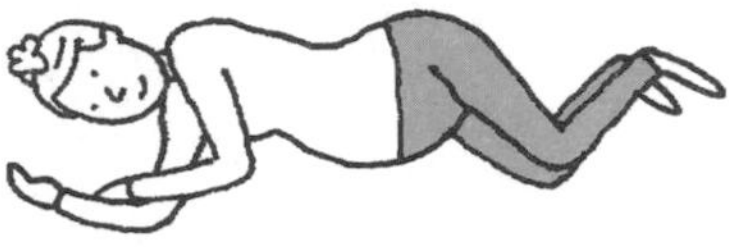

外力迴轉

這是醫師從肚子的外部施力，幫助寶寶旋轉身體的方法。然而由於外部施加的壓力有時會引發陣痛，或是造成臍帶糾纏在一起，甚至拉扯到臍帶和胎盤，引起胎盤剝落等危險性，因此最近幾乎已經不再使用這個方法。

如果無論如何都想試試看，請尋找技巧純熟的醫師，確定對方能否應付緊急狀況。其他還有針灸、中藥、以及向寶寶說話等，都能改善胎位不正的狀況。

胎位不正時也可進行陰道分娩嗎？

如果到了臨盆之前都無法改善胎位不正，大概也只剩下剖腹產這條路可走。但是根據實際情況的不同，亦有可能進行陰道分娩，讓寶寶通過產道誕生。

首先必須滿足的條件有：確認寶寶的心跳數沒有異狀、懷孕滿37週、推測體重在2500g以上。滿足這些條件之後，必須由技術熟練的醫師進行，並需同時做好隨時都能轉換成剖腹生產的準備，如此一來就能採用陰道分娩。

寶寶的胎位其實也是決定能否採用陰道分娩的重要條件之一。如果是屁股朝下的臀位，有些醫院確實能夠安排進行陰道分娩。所謂臀位，還分為雙腳朝上呈現V字形的「單臀位」；以及寶寶維持盤腿坐姿的「複臀位」。只要產道口張開的幅度足夠，單臀位的寶寶可以從屁股先出來，那麼陰道分娩確實是有可能的。

至於複臀位則需要讓腳和屁股同時通過產道。這時產道的幅度必須比讓頭部通過時更開。如果這點也能夠順利辦到，那麼同樣也可進行陰道分娩。

至於寶寶用兩腳或是單腳站立的「足位」姿勢，以及由雙膝或單膝點地的「膝位」姿勢，都是從較細的腳部開始出生，最後才是最大的頭部。這麼一來生產的時間就會拉長，對寶寶來說相當危險。因此幾乎所有的醫院都會建議剖腹生產。

但是，儘管寶寶的胎位和身體狀況都相當良好，判斷應該可以進行陰道分娩，但只要在陣痛發生之前先破水，還是非得進行緊急剖腹產才行。因為在胎位不正的情況下，一旦破水，寶寶就有可能得不到氧氣的供給。不管最後採用什麼方法，都一定要事先與婦產科醫院的醫師仔細討論才行。同時也不要忘記做好一旦發生任何問題就要剖腹產的心理準備。

懷孕 8個月 28～31週

挺著大肚子時的行動方法

採取安全的動作與輕鬆的姿勢

隨著肚子越來越大，至今毫不在意的日常生活動作都會變得窒礙難行。由於身體重心的變化，造成難以保持平衡；或是肚子擋住視線，看不到腳；或是常常因路面高低不平而被絆倒……。

若是勉強自己而導致腰痛、甚至跌倒就太危險了。所以平常請注意保持安全的動作，以及無需勉強的輕鬆姿勢。另外，也要盡量避免長時間會壓迫到肚子的姿勢。

動作要放慢，準備出門的時候請預留寬裕的時間。同時建議最好事先調查外出途中是否會經過較危險的地方。

站起來的時候

從地上站起來時，若是一下直接起來，很容易會失去平衡。建議先以雙膝跪地，接著再依序舉起自己的腳，緩緩站起。如果有任何可以扶住的物品，請先扶住後再站起來。

坐在地上的時候

先彎曲一隻腳，接著併攏雙腿，最後再緩緩地坐下來。坐在地上時，盤腿是比較輕鬆的姿勢。另外，盤腿坐的時候，最好能夠盡可能地分開股關節。

走路的時候

當肚子越變越大，就越來越難看見自己的腳邊。請隨時確認自己的步伐之前有無危險，再行前進。

上下樓梯的時候

尤其是在下樓梯時，因為肚子擋住視線無法看清楚下方，所以必須小心確認每一個步伐，緩緩地下樓梯。若有扶手，請一定要抓住。

撿拾東西的時候

如果俯身向前，很容易會失去平衡。因此最好是上半身保持直立，彎曲膝蓋蹲下之後再行撿拾。

穿襪子的時候

維持站姿穿脫襪子是相當危險的一件事。請一定要在床鋪之類的地方坐下之後再穿脫襪子。

做飯的時候

肚子變大後，常常會撞上流理台。此時可以試著側身來調理菜餚。

懷孕
8個月
28～31週

對生產有益的運動・呼吸法

若能每天持續進行將有助於順產

面對即將來到的分娩，現在正是媽媽的身心都要做好準備的時候。為了讓生產過程順利，不妨做一些體操吧！

生產時，必須用上臀部內側的骨盆底肌群。此外，若能事先讓產道以及股關節附近的肌肉變得柔軟，生產時就能稍微輕鬆一點。

如果能夠每天進行體操，一定能夠收到效果。不過，若是出現腹部腫脹、頭痛等懷孕期間的不適症狀，還是暫時停止比較好。開始做體操之前一定要確認自己的身體狀況。吃飽和空腹時都不適合做體操。建議在看電視的時候或是其他可以放鬆的時間持之以恆地進行吧！

鍛鍊骨盆底肌群 1

1 仰躺，膝蓋微屈，伸直手臂並將手心貼地。

2 收緊肛門之後吸氣，接著再緩緩吐氣，舉起腰部。

3 保持上述姿勢數到10，再一邊吐氣一邊讓腰部回到原位。重複整套動作10次。

鍛鍊骨盆底肌群 2

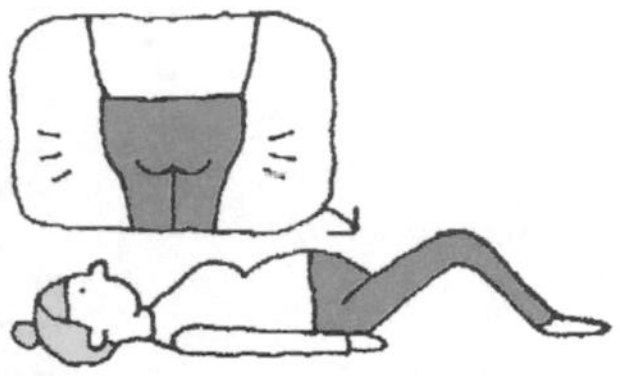

1 仰躺，膝蓋微屈。在這個姿勢下，收緊臀部肌肉以及肛門，數到5之後放鬆力道。同樣的動作重複10次。

柔軟股關節

1 盤腿坐下，挺直背脊，並將雙手放在膝蓋上。

2 為了拉伸大腿根部附近的肌肉，兩手同時將膝蓋往下按壓。數到5之後放鬆力道。這個動作必須重複10次。

準備新生兒專用的房間

布置一間舒適的房間

布置寶寶的房間有三大重點，就是舒適、衛生、安全。最好能事先準備一間新生兒專用的嬰兒房，以便隨時迎接寶寶的到來。

寶寶對於溫度相當敏感。由於他們自身的體溫調節機能未臻完全，建議利用空調將室溫維持在22～26度之間。這時請注意不能讓空調或電風扇的風直接吹在寶寶身上。

請保持室內的空氣流通。冬天過度乾燥時也可使用加濕器。

另外，請盡可能選擇光線充足的房間，但是同時也要避免陽光直射。

還要盡量避開電視機等聲音吵雜的家電設備。

新生兒專用房間的布置要點

① 房間內的光線與通風都要非常良好。
② 空調與電風扇的風不可以直接吹向寶寶。
③ 勤加打掃。
④ 室溫維持在22～26度之間。乾燥的冬天可使用加濕器。
⑤ 避免陽光直射。
⑥ 照明不可來自寶寶的正上方。
⑦ 白天保持明亮，夜晚保持黑暗。
⑧ 盡可能地確保安全無虞的空間。

盡量收起危險的物品

剛誕生不久的寶寶，沒有辦法將蓋在臉上的東西推開。想必媽媽們都知道，這個時期的事故死因是以窒息居首。

必須盡量處理掉可能會從高處落下的物品。此外，寶寶可能會伸手碰觸的東西也必須遠離床邊。

時常注意保持清潔

這時候的寶寶尚未具備免疫能力，因此必須隨時注意房間的清潔。密集地進行打掃，以預防塵蟎的產生。家中若有飼養寵物，就必須安置嬰兒床或柵欄，避免寵物在這段時間內接近寶寶。

另外，寶寶的皮膚也相當敏感。墊被、床單、床鋪等物品的表面材質都必須選擇不含有害物質的種類。

嬰兒用品

和爸爸一起去買東西吧

這個時期差不多是選購嬰兒用品的時候。衣物種類會隨著季節有所不同。剛出生的寶寶長得很快，所以請小心不要買太多。

但是，媽媽沒有辦法在產後立刻單獨出門購物。為了要買齊所有不足的物品，最好可以和爸爸一起出門買東西。

嬰兒用品準備清單

嬰兒衣物

☐ 短內衣　3～5件

☐ 長內衣　2件秋冬兩季出生的寶寶的穿著。

☐ 連身內衣（50～70cm）2～3件
夏季出生的寶寶可以只穿短內衣或是連身內衣。

☐ 連身嬰兒服（兩用嬰兒服）3件
秋冬兩季出生的寶寶需要。

☐ 嬰兒包巾　1塊

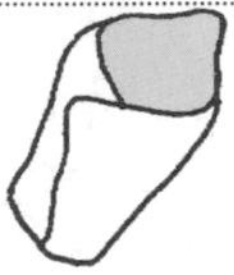

☐ 圍兜　2～5件

☐ 襪子　2～3雙
秋冬兩季用。

☐ 連指手套　1雙

☐ 帽子　1頂
日曬強烈或是天氣寒冷時外出可用。

哺乳用品

☐ 奶瓶・奶嘴（240ml）1～2個

☐ 奶瓶刷　1支

☐ 奶瓶消毒用品　1組

☐ 奶粉　1罐
用來彌補母乳分泌量的不足。

衛生用品

☐ 紙尿布（新生兒用）　1～2包
欲使用布製尿布的人也請準備1包。

☐ 布製尿布　20～30塊

☐ 尿布包帶　3～5塊
使用布製尿布時必須準備。

☐ 潔膚濕巾　1～3包
有時會出現和寶寶肌膚不合的狀況，需留意。

☐ 嬰兒用肥皂　1塊

☐ 嬰兒澡盆　1個
由於使用期間短，用租用的較為方便。

☐ 溫度計　1個

☐ 嬰兒乳霜或嬰兒油　1罐
有出現和寶寶肌膚不合的狀況時需留意。

☐ 棉花棒　1盒
可用於清潔耳、鼻、肚臍。

☐ 嬰兒用指甲剪　1把
請購買專剪嬰兒柔軟指甲的指甲剪。

☐ 嬰兒體溫計　1支

☐ 紗布巾　1～2塊
在寶寶沐浴之後用來擦拭身體。

☐ 紗布手帕　20塊
由於是用來擦拭寶寶的臉和嘴巴，所以使用量較大。

外出用品

☐ 兒童安全座椅　1張
出院後坐車回家時必須使用。

☐ 嬰兒車　1台
1個月到2歲的寶寶使用A型的兒童安全座椅。

☐ 嬰兒背帶　1～2條

寢具

☐ 嬰兒床褥　1套
如果寶寶和媽媽一起睡就不需要。

☐ 嬰兒床　1張
用租用的比較方便。

懷孕後期

9個月

第32～35週

媽咪的身體與心理

做好住院的準備吧！

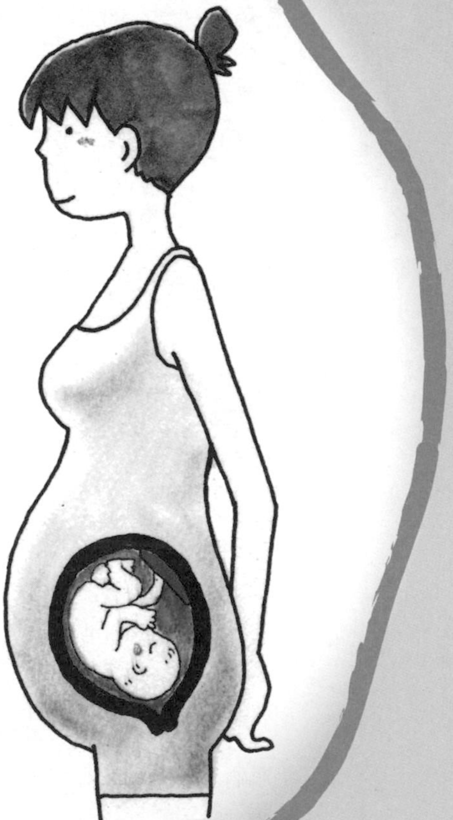

全職媽媽可以在懷孕第34週開始休假。打算回娘家待產的媽媽請盡快動身。此時子宮底的位置會進一步上移，甚至壓迫到心臟與肺臟。當胃部受到壓迫而無法多吃時，請改用少量多餐的方式進食。同時注意自己的體重是否有急遽增加或是血壓有上升。

子宮口開始變得柔軟。開始變得頻尿，偶而會出現突如其來的漏尿。為了不讓疲勞過度累積，晚上睡不著的時候請以睡午覺來彌補。此外，請做一些簡單的運動，以避免體力下降。

寶寶已經成長到可在母體之外生活

這時的寶寶呈現出頭部朝下的狀態。肺部功能已經完全成熟，不論何時誕生都能繼續生存下去。同時寶寶的皮膚也變得豐腴，皺紋逐漸消失，臉上的表情也變得清晰可見。胎毛消失，手腳的指甲和頭髮也漸漸長長。

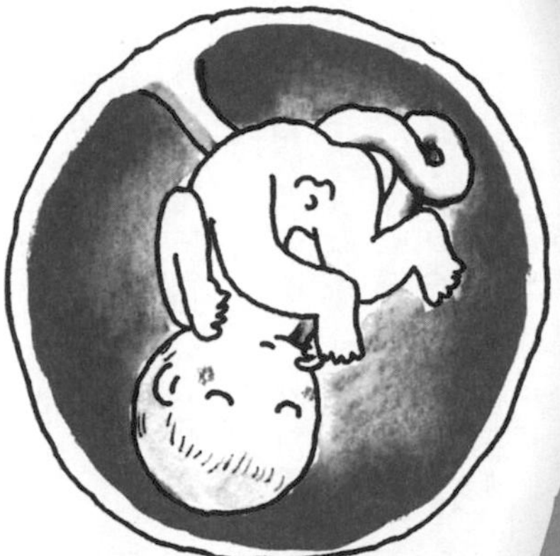

身高約47cm
體重約2500g

想像一下和寶寶共同度過的生活

這個時候應該已經知道寶寶究竟是男是女。可能也有爸爸和媽媽把這件事情視為生產所帶來的驚喜。此時不妨想像一下自己會生下什麼樣的孩子吧！寶寶總是在肚子裡面動來動去，所以可能是個身體健康、活蹦亂跳的男孩？或者寶寶一直靜靜地待在子宮裡，所以是個性格悠哉、安分老實的孩子吧？趁這個時候也可開始準備寶寶的房間。一邊開心地想像，一邊打造舒適的環境，為寶寶的誕生之日做好準備吧！

懷孕後期的腹部緊繃・出血

腹部緊繃是陣痛的前置運動

到了懷孕後期，肚子經常會出現緊繃的症狀。其中絕大多數都是自然的生理現象，不需過度擔心。但是仍然需要事先了解腹部緊繃的原因，以及哪一種緊繃現象是危險的前兆。

子宮是由肌肉組成的，所以和其他肌肉一樣，在緊張或是活動的時候會突然收縮緊繃起來。尤其到了懷孕後期，子宮壁會因為擴張而變薄，只要一點點的刺激，例如媽媽的動作或是寶寶的胎動，都會造成子宮肌肉緊張而容易收縮緊繃。這是由於子宮收縮而引起的胎動，屬於生理現象，同時也是生產的前置準備工作。透過腹部的緊繃，寶寶的位置會漸漸下降，子宮口也會張開。之後就會出現真正的陣痛。

子宮可以控制開始生產的時機

一旦進入寶寶隨時可能誕生的預產期，肚子的緊繃症狀可能會與陣痛相關。然而只要子宮或胎盤沒有出現問題，懷孕37週之前的腹部緊繃絕對不可能和生產有任何關係。

陣痛是在寶寶發育成熟，準備離開媽媽的身體時才會出現的現象。如果是在非預產期間出現陣痛，可能是因為胎盤功能下降，或是子宮內發炎等原因，使得胎內環境不再適合寶寶居住。

陣痛是在仔細計算寶寶應該誕生的時期之後才會發生。子宮就是可以如此巧妙地控制陣痛。

因此，媽媽們可以不必過度擔心頻繁發生的腹部緊繃。感到腹部緊繃時，就暫時休息一下，等待緊繃感消失。

腹部緊繃時

在家中

需要活動身體的工作，例如做家事等全部中止，躺在沙發或是床上休息一下。

適逢外出

先找一個可以坐下休息的地方。如果能在外出地點事先找出可供休息的椅子是最理想的。此外還要盡量避免搭乘人多混雜的電車。

開車行進中

一旦感受到腹部緊繃，就必須立刻靠邊停車休息。即使感受不到緊繃症狀，也要多安排一點休息時間，以避免長時間開車。

有危險的腹部緊繃

絕大多數的腹部緊繃症

狀，只要稍微靜養一陣子就會平靜下來。等到恢復正常之後，就可以繼續進行先前的活動，不需擔心。

但是，即使靜養多時依舊不見緊繃症狀緩和，或是緊繃症狀出現得越來越頻繁，甚至出現強烈的疼痛和出血時，就必須要多加小心。因為可能是寶寶身上發生了某種問題，導致早產也說不定。

●子宮收縮抑制劑

有些媽媽特別容易出現腹部緊繃。頻率過高的緊繃症狀已對生活造成影響；另外，在擔心引發迫切早產的情況下，醫院方面會開出子宮收縮抑制劑給媽媽服用。

子宮收縮抑制劑就是壓抑子宮收縮的藥物，副作用則會出現心悸症狀。心悸症狀雖然馬上就會消失，但是症狀嚴重時還是要和婦產科醫師討論。此外有些醫師會以中藥來治療，而中藥幾乎是沒有任何副作用的。

需要小心的腹部緊繃與出血

早產（參照P118）

例如出現異於平常的緊繃症狀、緊繃症狀逐漸增強、伴有粉紅色到茶褐色的出血，都有可能是早產的徵兆。
只要安靜休養，並接受適當的治療，就有可能繼續懷孕（此時稱為迫切早產）。所以一旦感受到任何異狀，請立刻前往醫院就診。
若是出現破水，則必須立刻開始生產。

胎盤早期剝離

指的是原本應該在生產過後才娩出體外的胎盤，在懷孕期間先行剝落的狀況。
這個症狀好發於懷孕的第8～9個月，初期症狀是腹部緊繃以及少量出血。隨後，腹部的緊繃症狀逐漸轉強，同時伴隨著讓人無法站立的強烈腹痛。緊接著會出現大量出血，肚子會變得像木板一樣堅硬。
出血過於嚴重時，媽媽會出現貧血症狀，甚至引發休克。這時母子都會有生命危險。
病因可能是妊娠毒血症（參照P128）和子宮肌瘤等疾病，或是胎兒發育不全、交通事故造成的嚴重外傷，這些都有可能引起胎盤早期剝離。
發現腹部緊繃、疼痛、出血狀況異常時，請立刻前往醫院就診。症狀一旦出現就不可能繼續懷孕，需以剖腹生產的方式將胎兒從腹中取出。

懷孕後期的不舒服

請依自己的方式消除不舒服的症狀吧

進入懷孕後期，由於肚子變大，各種不舒服的症狀也隨之出現。

絕大多數不舒服的症狀，在生產過後都會自動消失，只要再忍耐一陣子就可以和寶寶見面了。所以請媽媽們先了解一下各種不舒服症狀出現的原因，再找出能夠愉快度過的方法吧！

然而，若在極度難過的時候持續忍耐，極有可能會造成壓力的累積。此時可向前輩媽咪或是自己的媽媽詢問解決辦法，並收集必要情報。和她們談話不但可以轉移自己的注意力，說不定還能在談話當中找到有趣的新發現。

即使不舒服的症狀並沒有全部消失，仍然可以尋找發洩的管道，找出能讓自己放鬆的方法。建議媽媽們可以多方嘗試各種解決方案，找出最適合自己的方法。但是在症狀嚴重時，還是需要和醫師討論。

頻尿・漏尿

由於腹部變大會擠壓到膀胱而變得頻尿，需要經常跑洗手間。此外，支撐尿道的括約肌功能也會轉弱，所以只要肚子稍微用力就會引起漏尿。

生產過後，這兩種症狀都會不藥而癒。出門在外的時候請事先確認洗手間的位置，記住絕對不要憋尿。

如果在夜間，頻尿的情況依舊，也有殘尿感，甚至在小便後感到疼痛，那就可能是染上了膀胱炎。由於膀胱炎會導致感染症，所以請盡快前往婦產科醫院接受治療。

肩膀僵硬

進入懷孕後期，乳房會變大變重，因而會造成肩膀的負擔，所以有許多孕婦都會出現肩膀僵硬的症狀。

若是因為疼痛而故意靜止不動，將只會讓症狀更加惡化。這時只要上下聳肩或是轉動一下肩膀，做一點輕微的伸展運動，就能有效舒緩肩膀僵硬。

頭痛

由於荷賀爾蒙平衡出現變化、對於生產所抱持的不安、還有壓力等原因，造成許多媽媽都為頭痛所苦。

初為人母的人，心中一定懷著許多不安。這時可與前輩媽咪或是醫院的醫護人員討論看看，藉此逐步消解自己心中的不安。另外，找出最適合自己的放鬆法應該也是個好主意。

靜脈瘤

一旦進入懷孕後期，下半身的血液循環會變得更差，更加容易形成靜脈瘤。

通常在生產過後，這個症狀就能獲得改善，所以並不會進行任何特殊治療。可以試著找出適合自己的紓解方式，例如泡腳或是足底穴道按摩等。但是疼痛劇烈時，還是要到婦產科醫院就診。

心悸

由於橫膈膜受到隆起的腹部擠壓，進而壓迫心臟和肺臟，導致心悸。

此外，因為懷孕期間的血液量增加，心臟的負擔也隨之增大，這同樣也是造成心悸的原因之一。

發生心悸時，請千萬不要勉強自己，稍微停下來休息一下。患有心臟病的人請一定要事先向主治醫師說明。

手腳發麻

伴隨著懷孕出現的水腫，會讓血液循環變差，造成手腳出現麻痺的感覺。只要生產結束，麻痺症狀就會和水腫一起消失。

腳抽筋（小腿抽筋）

由於體重急速增加，帶給小腿肌肉大量的負擔。另外還有下半身的血液循環變差等原因，因此使得小腿容易抽筋。

抽筋症狀多半發生在晚上睡覺時，常有人因此被驚醒。這時可用手使勁將腳趾向後扳，如此可以減輕疼痛。平時注意多加進行腳的拉筋運動和按摩，並大量攝取鈣質和維生素，亦可收到良好的效果。

恥骨疼痛

接近生產時，越變越大的子宮重量還有寶寶的頭會壓迫到恥骨的連結部位（骨盆左右兩側與大腿骨的連結處），引起疼痛。疼痛時，請盡可能保持輕鬆的姿勢休息。這個症狀對生產並沒有影響，在生產結束後通常都會自然痊癒。

利用支撐型的孕婦托腹帶，稍微提起一些寶寶的重量，如此一來就會感到輕鬆一點。此外，為了預防走路時恥骨出現錯位，請將托腹帶固定在低一點的位置以安定骨盆，同時也能稍微減輕疼痛。

需注意分泌物異常！

懷孕期間由於荷爾蒙的影響，分泌物的量會增加；到了懷孕後期則會增加更多。

但是，如果分泌物的顏色突然出現變化，或是出現鬆軟乳酪狀的固體，同時還有搔癢和異味的症狀出現時，則很有可能是感染了陰道炎。

陰道炎若是引起子宮內感染，造成卵膜發炎時，會提升早產的危險性。

因此在懷孕後期的定期產檢當中會加入一項細菌檢測，以降低發生子宮內感染的可能性。一旦被診斷出陰道炎，就必須在病情惡化之前接受治療。

此外，若分泌物出現茶色、黑色、粉紅色或鮮紅色等顏色時，就表示體內正在出血。這可能是胎盤或羊水異常、早產等危險，所以請立刻就醫，不要等到產檢日。

懷孕9個月
32～35週

羊水異常

羊水是寶寶生存成長的地方

在懷孕期間，羊水是寶寶賴以生存的重要東西。維持一定溫度的淡黃色液體，充斥在寶寶和子宮壁之間。

由於寶寶和子宮之間留有空隙，所以當媽媽跌倒或是撞到東西時，羊水的作用就是緩和撞擊力道的緩衝物。

生產時，還能藉由羊水的破水來清洗產道，可讓緊跟在後的寶寶能夠更加順暢地誕生。

此外，寶寶還能在羊水當中自由活動旋轉，促進肌肉和骨骼發育。對寶寶來說，羊水就是他的運動場。

懷孕中期以後，寶寶開始會反覆地喝下羊水並排尿。而且寶寶會將羊水吸入肺部，為將來誕生之後的肺部呼吸做好練習。

透過檢查羊水可得知寶寶的健康狀態

我們可以透過觀察羊水的狀態，來確認寶寶的健康或是異常。懷孕中期以後的羊水，基本上是由寶寶的尿液所形成的。寶寶會喝下羊水，在吸收必要的營養之後，腎臟會將老廢物質過濾之後再排放至羊水當中。

因此，藉由調查羊水量以及羊水的狀態，我們就可以知道寶寶是否確實進行喝下羊水再排出的作業。這是確認寶寶到底有沒有健康成長的重要方法之一。

羊水的多寡，可透過超音波檢查得知。由於羊水量會隨著寶寶的成長有所變動，請務必在定期產檢時確認水量的增減。

妊娠初期大約只有30ml，等到30～35週時會增加到700～800ml，接近生產時會微量減少，過了40週之後就會降到500ml以下。

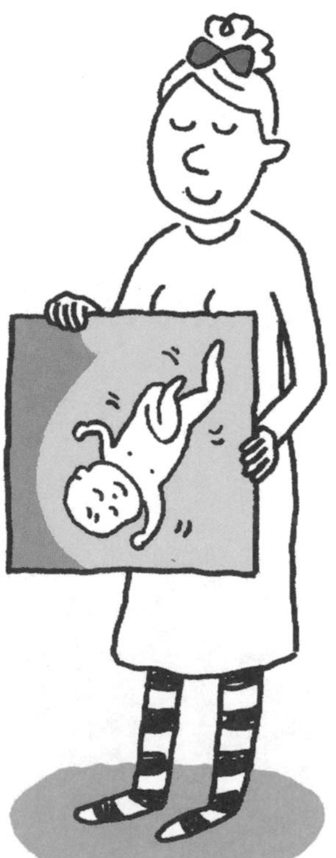

羊水過多

羊水量比一般正常情況要多的，稱之為羊水過多。這通常是指羊水量超過800ml的情況。

以媽媽的立場來看，羊水過多時會出現不太能感受到胎動、腹部異常巨大等自覺症狀。

若出現羊水過多，就就表示寶寶排放出來的尿液量大過喝下並吸收的羊水量。

至於發生的原因有，寶寶無法喝下羊水、消化道閉鎖、肺部可能出現異常等。除此之外，也有可能是因為寶寶的消化系統與神經系統出現異常。

羊水的功能

提供氧氣和營養給寶寶

寶寶的運動場

緩和外部撞擊力

生產時幫助寶寶順利誕生

寶寶練習呼吸的場所

調節溫度

另外，如果媽媽患有糖尿病，羊水亦有變多的傾向。

儘管寶寶沒有任何異常，羊水過多的症狀依然相當常見。就算定期產檢發現羊水稍多，只要沒有出現其他異常就不必過度擔心。

不過，若是出現腹部緊繃、呼吸困難、水腫異常嚴重等症狀，就必須注意是否為早產或迫切早產的徵兆。

羊水過少

當羊水量在100ml以下時，就稱為羊水過少。

常見的發生原因是由於懷孕37週以前發生了前期破水。此外，寶寶的腎臟或泌尿系統出現異常導致尿液量減少，也有可能是原因之一。

其他可能的原因還有流入胎盤的血量減少，導致寶寶不再排尿等。

羊水過少時，保護寶寶的緩衝物也隨之減少，造成寶寶的負擔加重，也無法自由活動。除此之外，寶寶飲用羊水量也會降低，導致肺部活動跟著減少。

根據實際情況，寶寶亦有可能陷入危險狀態，所以一旦得知羊水過少，就必須小心靜養並住院治療。如果寶寶的狀態不佳，則必須提早採行剖腹產。但是，也有很大的機率是沒有任何問題的，因此不必過度驚慌。

羊水混濁

寶寶會排出胎便，而造成羊水混濁。寶寶一旦處在低氧狀態下就會排出胎便，因而會發生這種症狀。

如果是在生產的前一刻排出胎便，則不需要太擔心。但若在非生產期間就排出胎便，寶寶可能會在喝下羊水時連同胎便一起吞下去，所以這個時候就必須密切觀察寶寶的狀況。

臨盆當月前的準備事項

決定孩子要託給誰照顧

這時差不多是全職媽媽開始休假的時候。如果產後仍然希望繼續工作，那麼就必須事先確保孩子誕生之後要託給誰照顧。由於媽媽在生產之後不方便外出走動，因此強烈建議先行決定比較好。

托兒所有分為公立托兒所以及私立托兒所兩種。首先請到鄉鎮縣市的負責窗口詢問有關公立托兒所的相關資訊吧！

小孩人數較多的鄉鎮縣市，偶爾會出現公立托兒所客滿而無法報名的情形。這個狀況可能會影響媽媽重返工作崗位的時機，所以請務必仔細調查報名時間和報名資格等條件。

無法進入公立托兒所時，

回娘家待產的媽媽應該注意

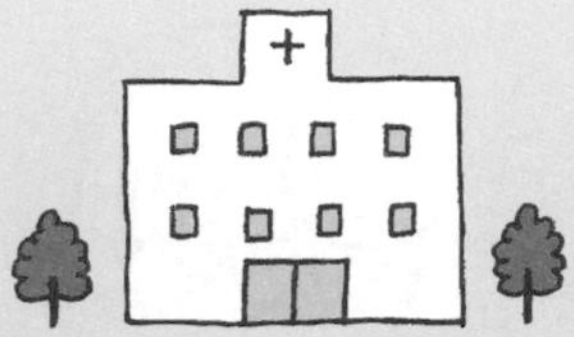

在轉院的醫院裡接受一次產檢。

請在決定回娘家待產的時候事先連絡即將轉進的醫院。可能的話，最好能在該醫院接受一次產檢。

準備兩份嬰兒用品

動身回娘家之前，請事先準備好兩份嬰兒用品。一份帶回娘家，另一份留在家裡。同時要和爸爸好好討論自己不在家時應該如何自理。

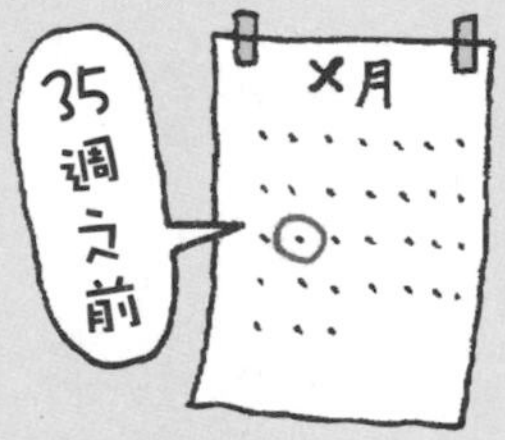

回娘家待產請在35週之前動身

若要回娘家待產，由於涉及到轉院，因此最慢要在第35週之前處理完成。

回娘家待產的必須用品

委託先前負責產檢的醫院寫下介紹信，連同媽媽手冊、健保卡、印章等一同帶去。由於和轉院醫院之間只有短期接觸，請務必積極地與對方交流。

移動工具

選擇乘坐任何一種交通工具皆可。不過若是長時間站立或是維持同樣的姿勢，會給身體帶來過度的負擔，建議盡可能選擇較為輕鬆的交通工具。

還可以利用私立托兒所或是雇用保母。根據各地自治團體的規定，有時會對公立托兒所以外的機構給予補助，但是和公立托兒所相比，私立托兒所的費用是較高的。

不管選擇哪一種，剛出生沒多久的寶寶都必須在該處度過許多時間，所以最好能夠實際參觀比較之後再行決定。（參照P209，211）

開始放產假時必須先做好的職場規劃

在即將放產假前，必須先告知公司內的同事，同時必須以郵件或是明信片方式告知客戶。此外，建議明白告知對方自己在產假期間仍然可以回答工作上的問題，並註明自己的連絡方式。

另外，不管是多麼忙於住院、生產、育兒等事，都不能中斷和公司之間的聯繫。這樣可以讓代理職務的人，以及職場的同事感到安心。休假期間也要不時向公司確認目前的工作進度，如此將有助於回到職場後能夠立刻進入狀況。

重返工作崗位後，不要忘記和公司同事打聲招呼，並對他們協助代理自己的工作表示謝意。

尋找在產後能立刻幫忙自己的人

即使在生產過程中已經耗費了媽媽大部分的體力，但是之後馬上又要投入哺乳、更換尿布等育兒工作上。

生產過後的疲勞感因人而異。儘管自己並不覺得累，但是在產後的一個月內仍不適合四處走動。因為這段期間是媽媽的身體回復到懷孕前狀態的恢復期。這段期間若有爸爸的全面協助，自然會輕鬆許多。不過也有許多爸爸無法請假育兒。所以生產之後的媽媽不但要照顧孩子，還要負責家中的各種家事，真的非常辛苦。

這時若能得到娘家母親的幫忙就不會有任何問題。但若是無法獲得幫助，就必須要盡快尋找能夠幫忙的人。

時常和爸爸連絡

盡可能每天用電話和爸爸連繫，並且事先確認陣痛開始至住院期間的緊急連絡方式。

另外曾經有案例指出，儘管夫妻相隔兩地，但如果將電話聽筒貼近媽媽的腹部，讓爸爸和寶寶說話，等到寶寶出生後第一次見到爸爸時，就會自然而然露出微笑。

不可過度依賴娘家

回到娘家，若是過著茶來伸手、飯來張口的生活，很容易會使體重急速增加。

此外，回到娘家之後，有時會無法繼續維持規律的生活作息。在娘家悠哉地生活是無妨，但是千萬不可過度依賴娘家。

受到音樂感動的，是媽媽還是寶寶？

據說在胎教音樂中，維瓦第與莫札特的效果最為顯著。原因在於音量激昂的音樂會導致胎兒的心跳節奏加快。而事實證明，聆聽維瓦第與莫札特的音樂能夠使胎兒心跳節奏平穩。

我們在LaLaPort公司，以及位於東京豐洲的音樂教室——東京音樂學院的委託之下，取得三位孕婦的協助進行實驗，檢驗胎兒對音樂所產生的反應。這間音樂教室架設了一座管風琴，致力於發展孩童的音樂教育。委託的內容，則是為了調查管風琴的聲音對胎兒來說是否悅耳。無論如何，由於這是一項前所未有的實驗，因此我們乾脆蒐羅了許多看似能夠測定胎兒狀態的機器。

其中包含了用來觀察胎兒動作與心跳的分娩監視裝置、能夠將胎兒的動作以立體影像拍攝下來的4D超音波、用以測量腹部與手腳溫度的熱感應器、判讀經絡走向的良導絡測定儀，並且還請到能夠轉述胎兒心情的人士一同隨行，進行最後的判定。畢竟有關胎兒的事情，直接向胎兒詢問是最清楚的。

實驗一開始採用的是大鍵琴（16～18世紀普遍使用的鍵盤樂器）彈奏的巴哈「平均律」。隨著音樂的開始，三位寶寶都活潑地動來動去，似乎很開心的樣子。接下來是大家耳熟能詳的歌曲，也就是迪士尼樂園在晚間電子花車遊行時所播放的〈Baroque Hoedown〉，此時寶寶們則停止活動，一動也不動。我們詢問寶寶「是不是討厭節奏快速的音樂」，寶寶的回答似乎是「不是。只是我們現在想要聽的是節奏緩慢的音樂」。

在管風琴所演奏的〈最緩版〉一曲之中，有一位媽媽為此淚流不止。據說這是因為寶寶聽了音樂之後大受感動，媽媽受到他的影響，因而潸然淚下。此外，這一位媽媽在聆聽〈佛利亞舞曲〉時也同樣流出了眼淚。不過，這個時候似乎是媽媽先受到感動，才流出眼淚的。即使同樣是媽媽流出眼淚，但是有的時候似乎是寶寶先受到感動，才促使媽媽也一同流下眼淚。這項發現真令人訝異。

聽見披頭四的〈LOVE ME DO〉之後，寶寶們的活動變得劇烈起來，這似乎是因為寶寶覺得「開心得想要跳舞」。而再接下來，當寶寶們聽聞經由管風琴演奏的巴哈曲目〈耶穌，世人仰望喜悅〉時，則可發現他們會按照節奏揮動小手。

一開始，即使在音樂的曲目之間，寶寶們也會動來動去。不過到了最後，他們彷彿像是在等待樂曲開始播放似地停止曲目之間的活動，直到音樂開始播放時才活潑地動來動去。

優美的音樂對寶寶而言似乎也很悅耳，即使是搖滾樂，其中似乎也有一些曲子能夠讓寶寶感到興高采烈。就結果而論，我們可以發現寶寶們非常喜歡管風琴。

臨盆當月

- 10 個月
- 36—39 週

臨盆當月

10 個月

第 36 ～ 39 週

媽咪的身體與心理

請為臨盆做足準備，以便隨時迎接生產

產檢改為每週一次。這個時期由於子宮下降，胃部的壓迫感消除，導致腹脹頻繁。此外分泌物會增加，所以請保持身體潔淨。盡量避免單獨外出，並隨身攜帶媽媽手冊與健保卡。

事先決定好寶寶的名字，才不會在生產之後為此慌亂。最後，為了準備生產，請保持充足的睡眠以儲備體力，在生活起居上也要盡量放鬆心情。

肚子裡的寶寶

內臟器官已經完全成形，隨時準備出生

為了準備出生，寶寶會下降至骨盆，動作開始變得不明顯。手腳逐漸變得圓潤柔軟，身形也轉變為一般寶寶該有的四頭身體型。寶寶會自行決定生產的時期，並且讓母體知曉。

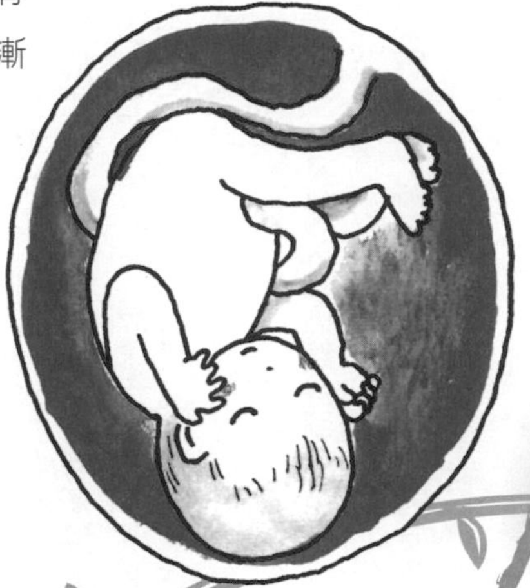

身高約50cm

體重約3100g

向寶寶詢問看看，他想要何時誕生呢？

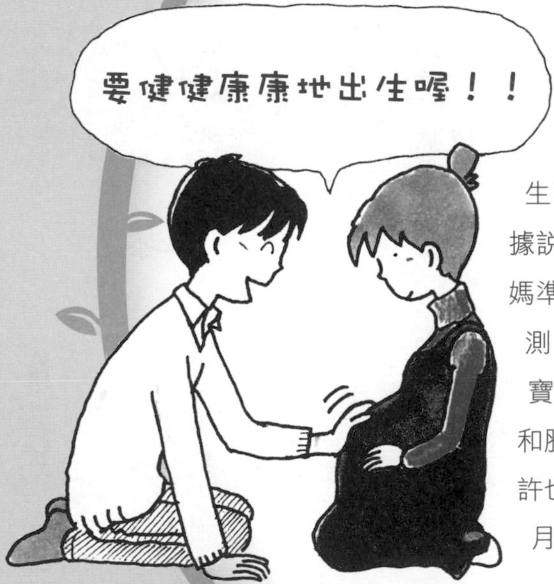

聽說有位母親對寶寶做出如下的要求。「〇月〇日之前爸爸還在出差，所以你還不要出生喔！請你在〇月〇日出生喲」。據說和寶寶如此商量之後，這一位媽媽準確地在該日期生產。由此可以推測，生產時的陣痛或許也是按照寶寶的意志決定的。因此，一開始便和肚子裡的寶寶商量出生的日期，或許也是一個不錯的選擇。「請你在〇月〇日健康地誕生喔！」。

建立親蜜連結

臨盆當月
10個月
36～39週

臨盆前身體會出現的變化

請勿過度擔心，靜待生產

隨著產期逐漸接近，媽媽的身體上也會出現各種變化。其中包含寶寶逐漸成長而感受到的變化，以及身體已經為生產做足準備而發生的變化。

臨盆當月指的是懷孕36～39週，不過37週之後即進入寶寶隨時準備出生的預產期。儘管變化的程度因人而異，但仍會降臨在每一位媽媽身上，因此無須過度擔心。

然而，變化之中也包含臨盆的徵兆。所以請詳細了解陣痛的起因，千萬不要輕忽陣痛之前所出現的臨盆徵兆。

請想像著順利生產的畫面，並且放鬆心情靜待生產的開始。

胎動減少

寶寶成長之後，頭部會恰巧落入媽媽的骨盆之間。

之前於羊水之中自由活動的寶寶此時便無法任意伸展，活動受到限制。因此進入臨盆當月之後，可能會感到胎動減少了。

即使活動受到限制，寶寶仍然會擺動手腳，因此還是會多少有些胎動。如果完全感受不到胎動時則要多加注意，此時請向婦產科醫院連絡。

腹脹頻繁

接近生產時，會開始頻繁地感受到腹部呈現緊繃狀態。真正的陣痛，痛楚會循序漸進地增強，其間相隔一定的時間。間隔不規則的狀況則稱為前驅陣痛，相當於陣痛的預演。

真正的陣痛，是從開始到下一次的陣痛產生之前，會以10～15分鐘為間隔，規律性地發生。一個小時之內如果發生將近6次的陣痛，則很有可能是陣痛已經正式開始。這個時候，請連絡婦產科醫院。此時，請向他們說明陣痛的間隔時間以及持續的時間長短。

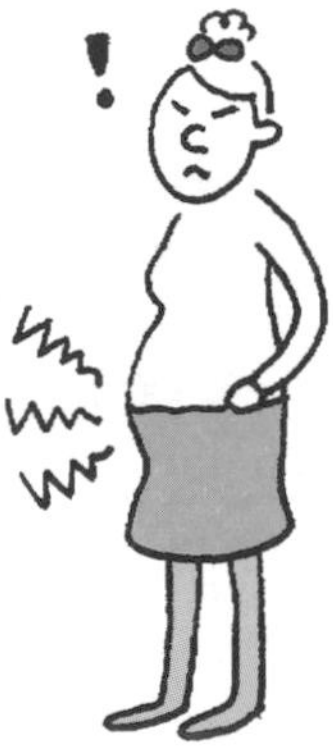

再者，除了腹部的緊繃感之外，如果發生強烈的劇痛以及出血情況，也請向婦產科醫院連絡。

分泌物的量增加

生產的時候，為了使寶寶順利通過產道，子宮頸所分泌出來的分泌物會增多。

為了避免產生搔癢的情況，請使用衛生棉或護墊等產品並頻繁更換，同時要每天泡澡或淋浴，以保持身體的清潔。

分泌乳汁

由於乳腺變得更加發達，因此會分泌乳汁。但是這並不是所謂的初乳，因此無須擔心。請用心保持乳頭的潔淨。

相反地，也有一些媽媽完全沒有分泌乳汁。但是這並不會影響產後的母乳量，因此不需要太過在意。

子宮的位置下降

當寶寶誕生的準備完成之後，子宮便會逐漸下降。從外觀上也能夠察覺到腹部隆起的位置逐漸降低。

子宮下降後，至今一直受到壓迫的心臟和胃部會獲得放鬆，心悸和呼吸困難的症狀會減輕，同時，因為胃部感到舒暢，食慾可能因此而大增，所以請注意體重的增加。

頻尿

子宮下降後，雖然胃部與心臟獲得放鬆，但是位於子宮下方的膀胱與腸子卻因此受到壓迫。

由於這個緣故，小便次數會較之前更為頻繁，某些人甚至會產生嚴重的便秘。憋尿可能會導致膀胱炎，所以請適時地上廁所。

另外，有些媽媽會擔心漏尿的情況。如果只是突如其來的漏尿並不需要擔心，然而如果尿量過大，就很有可能是破水。如果感覺情況異於平常，請向婦產科醫院連絡。

恥骨疼痛

寶寶下降之後，位於骨盆下方的恥骨便會受到壓迫。此外，為了讓寶寶順利通過產道，骨盆的關節會逐漸變得寬鬆。因此，大腿根部和恥骨偶爾會產生疼痛。

劇烈疼痛時請避免需要久站的工作以及到處走動。但是，如果一直不活動身體，有時候反而會使疼痛加劇，所以也必須做一些輕微的伸展運動以舒展肌肉。

子宮口變得柔軟

為了讓寶寶順利通過，子宮口與產道將會變得柔軟。

媽媽自己沒有辦法察覺子宮口的變化，因此可以經由定期產檢來確認。即使醫師表示子宮口仍處於緊縮狀態也不需要擔心，因為接近生產的時候自然就會變得柔軟。

落紅

分泌物之中混雜少量血跡，並且帶著粉紅色或是茶色時，很可能就是落紅，這是生產的徵兆。

然而，此時如果伴隨著大量出血或疼痛，則可能是發生了異常的情況。請儘速連絡婦產科醫院。（請參照P154）

出血或破水症狀

臨盆當月的輕微出血「落紅」

進入臨盆當月之後，偶爾會發現少量出血，此為生產的徵兆「落紅」。

一般而言，出血的情況十分輕微，止於分泌物略帶粉紅色或棕色的程度。然而，有時候出血量會和生理期相當，反之，也有一些人完全沒有產生落紅出血。出血量會依照個人情況有所不同。

落紅為子宮口張開時的症狀之一。起因為包覆寶寶的卵膜剝離，和殘留在子宮頸之中的黏液混合並一同流出，因此主要特徵是帶著少許的黏稠感。

即使發生落紅，陣痛也不會立即開始

即使已經出現落紅，陣痛也不會立即開始。通常是2～3天之後，快則經過1天，陣痛才會來臨。也有一些人較慢，經過一週之後才發生陣痛。

倘若出血並未長時間持續下去，便可以將之視為落紅，請向婦產科醫院連絡。直到陣痛來臨之前，都可以照常生活，泡澡和淋浴也OK。請放鬆心情靜待陣痛來臨。

陣痛開始之前所發生的「前期破水」

包覆寶寶的卵膜破裂，導致羊水流出稱為「破水」。本來陣痛最劇烈的時候才會發生破水，但是在陣痛發生之前，由於卵膜的一部分破裂，使羊水斷斷續續地流出，這個情況就稱之為「前期破水」。

即使適逢預產期，也有大約30％的孕婦們在陣痛開始之前會發生前期破水。這並不是危險的異常症狀，因此請先靜下心來，冷靜應對。在大多數情況下，破水之後的數小時內就會開始產生自然陣痛。

如果在34週之前便發生前期破水的情況，由於寶寶尚未發育完成，所以必須對之進行處理，儘量讓寶寶待在子宮內。然而，子宮口張開、羊水量減少，以及寶寶的心跳逐漸減弱時，就必須立即分娩。

臨盆當月所發生的危險出血症狀

在大量出血，並且幾乎沒有感受到緊繃或疼痛的情況下，很有可能是前置胎盤的症狀。少量出血，但是下腹部卻感到劇痛，則或許是胎盤早期剝離。

這兩者皆為高危險性的異常症狀，因此，倘若出現這種出血症狀，請迅速至婦產科醫院就醫。

感覺到破水之後

羊水可能會發出某種破裂聲，嗶的一聲大量流出，也可能一點一滴地慢慢流出。在這種情況下，有時候會難以區別是漏尿或破水。

因為破水而流出的羊水，並不會帶有類似尿液的阿摩尼亞味。此外，尿液可以按照自己的意志停止，但是破水卻無法停止。

總而言之，如果不清楚是否為破水時，請連絡婦產科醫院以防萬一。

破水之後亦有併發感染症的風險，因此請儘早至婦產科醫院就醫。同時此時禁止入浴，因為可能會受到細菌感染，所以請使用清潔的生理用衛生棉。

此外，如果是胎位不正，破水可能會導致寶寶無法獲得充分的氧氣，因此請立即連絡婦產科醫院，遵照醫師的指示行動。抵達婦產科醫院之前，請千萬要小心注意，儘可能不要移動身體。

其他異常的破水症狀

高位破水

位於子宮高處（子宮的上半部）的卵膜破裂所造成的破水症狀。其特徵為，與正常的破水相較之下流出的羊水量較少，因此難以察覺自己正處於破水狀態。

高位破水開始之後，多半會立刻引發陣痛並開始進入生產程序，亦有極少數的媽媽並不會察覺到自己已經破水。

早期破水

陣痛已經開始，在子宮口尚未張開的狀態之下破水，就稱為早期破水。雖然距離子宮口張開還需要一段時間，但是並不影響生產。

如何避免前期破水

請盡速治療感染症

倘若子宮內發生感染，子宮便會變得脆弱，導致卵膜容易破裂。

請勿搬運重物

抬起或放下重物可能會造成子宮收縮。跌倒或是慌亂也是導致前期破水的原因之一。

避免劇烈運動

從事劇烈的運動可能會讓子宮產生收縮，造成卵膜破裂。

如何度過臨盆當月

減少外出次數

懷孕超過37週之後，腹部會經常處於緊繃狀態，任何時候發生陣痛也不奇怪，因此請盡量減少外出次數。另外，長時間四處走動，或者一直維持相同的姿勢乘坐交通工具容易產生水腫，疲勞也可能讓陣痛提早發生，因此請避免出遠門，甚至包含動身回娘家待產。

維持適度的運動

除了面臨迫切早產，或是醫師吩咐必須靜養的情況外，可持續進行適度的運動，如輕微的伸展運動或順產體操等等，這麼做能夠轉換心情，並蓄積生產時所需要的體力。

身體狀況良好時，在不勉強的情況下，請多多活動身體。

不可輕忽體重管理

進入臨盆當月後，由於胃部逐漸感到輕鬆，有些人會因此食慾大增。若一不小心吃太多，至今以來的努力都會化為泡影。實際上的確有些人在臨盆當月，體重急遽增加，甚至罹患妊娠毒血症。此外也可能導致陣痛感減弱，以及使分娩所需的時間增長。

每週一次的定期產檢絕對不可少

進入臨盆當月之後，之前兩週一次的定期產檢，必須改為每週一次，以便察知生產前兆的落紅、陣痛、以及破水，也能夠發現與生產有關的各種異常狀況之徵兆。早期治療能夠避免往後產生重大的病變，因此請務必接受定期產檢。

除此之外，倘若感受到種種異常狀態，如：腹部劇烈緊繃、發生出血症狀、以及腹中的寶寶狀態有異，請立即至婦產科醫院就醫，不要拖延至產檢的日子。

注意不要讓手腳著涼

由於血液循環不良，所以媽媽們常會出現手腳冰冷的情況。早產與著涼之間雖然沒有直接關連，但是著涼會使腹部容易緊繃、頻尿等，也可能引發各種問題。因此要注意廁所、廚房以及木頭地板等容易使人著涼的地方。即使時值夏季，倘若冷氣開得過強也可能會導致著涼。請適時地穿著襪子或在膝蓋上蓋上毛毯。

盡量避免發生性行為

精液中所含的一種稱為「前列腺素」的荷爾蒙物質會促使子宮收縮。此外，進入臨盆當月後，身體的免疫機能會逐漸低落，而容易受到細菌感染。可想而知，性行為會造成子宮內感染，並且導致破水，因此請盡量節制。

被要求靜養的時候

如果腹部發生腫脹或出血，或者有早產的疑慮，亦或是媽媽與寶寶處於危險狀態時，這種時候醫師會做出指示，要求媽媽靜養。

必須靜養的症狀有：前置胎盤、子宮頸無力症、妊娠毒血症、前期破水、子宮內胎兒發育不全、多胎妊娠等。

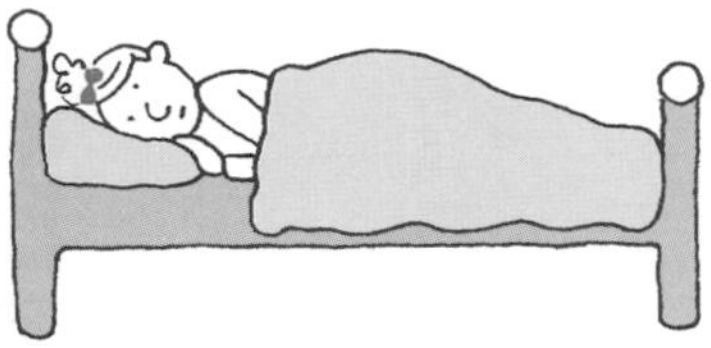

倘若媽媽與寶寶的狀況在靜養後獲得改善，便可以解除靜養。另外，遇到子宮口大幅張開，或是持續破水，以及必須吊點滴注射子宮收縮抑制劑時，最後也有可能需要住院靜養。

在自家靜養時，家事一切從簡，請盡可能地躺在床上休養。

無法入睡的時候

隨著產期的接近，身體會不時出現疼痛感，並感到比平時更為悶熱，以及如廁次數頻繁等，以上種種原因都會導致睡眠變得較淺。

寶寶誕生後，必須不分晝夜地隨時哺乳，睡眠時間將會變得更加不規則。因此，與其把無法入睡一事當作壓力來源，不如慢慢地調適，當作是預先練習產後的生活。如果有睡意，試著睡一個午覺也無妨。

確，像是骨盆狹窄等這類容易導致難產的家族性體質很可能會遺傳給下一代。不過，在大多數的情況下，每一位寶寶的生產情況都不盡相同。生第一個孩子的時候是順產，但是第二個卻難產的情況也是時有所聞。

不過，即使最後是採取剖腹生產或是吸引分娩的方式，抑或生產時花費了漫長的時間，只要媽媽認為這是一次完美的生產經驗，寶寶也會感到很開心的。

事先想好寶寶的名字

寶寶誕生後，必須在出生後30天之內報戶口。寶寶的名字只要在報戶口之前決定就可以了。不過，當寶寶仍待在肚子裡頭的時候，也可以事先列出幾個備選姓名。

名字是爸爸和媽媽給予寶寶的第一份禮物。一起為他想一個充滿心意的名字吧！

可能面臨難產的時候

媽媽們經常會擔心，如果母親或姊妹有難產的經驗，自己是否也會遇到同樣的事？的

舒壓法

放鬆心情，順其自然地待產

每一個人都會為初次生產感到不安。不過，由於不安或緊張感而累積壓力時，身體會分泌一種特殊的荷爾蒙，使媽媽的身體緊繃僵硬。如此一來，陣痛便不易產生而妨礙到寶寶的誕生。

如果能夠事先仔細地了解生產的程序，就不會因為身體發生的各種變化而感到慌亂，並可避免陷入不安的狀態。

生產和睡意、以及想要如廁的感覺相同，都是生理上的反應。進入適合生產的時期之後，媽媽的身體以及腹中的寶寶都會產生反應，自然地循序漸進。所以請盡可能地放鬆身心，讓身體順其自然。寶寶也會希望能夠隨著陣痛一同誕生，所以請媽媽和他同心協力，迎接生產吧！

放鬆身心，釋出身體多餘的力氣

在此介紹一種進入臨盆當月之後也能夠立即派上用場的舒壓法。

重點在於釋放身體中多餘的力氣。有意識地放鬆力氣，能夠讓妳迅速掌握舒壓的訣竅。

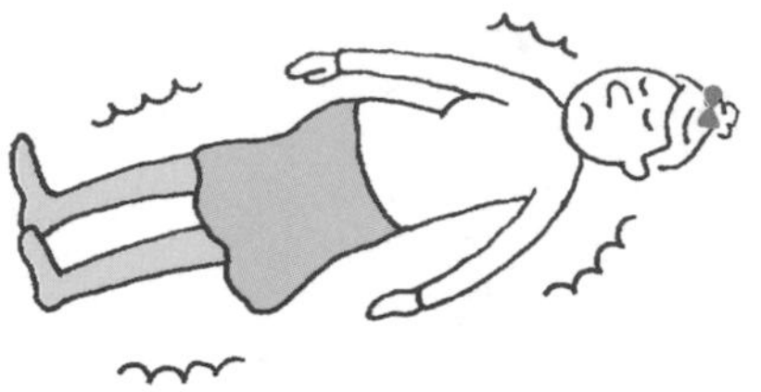

1 首先身體朝上仰臥，並試著在手腳上使力。呼吸一次之後再放鬆力道。這個練習能夠讓人感受到緊張與放鬆之間的差異。

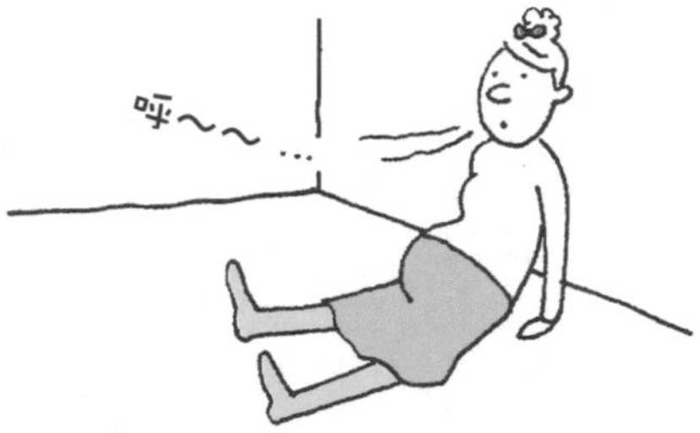

2 接下來將身體靠在牆面上，以自己喜歡的姿勢坐下，例如盤坐。一邊慢慢地吐氣，一邊放鬆手部的力氣，以及足部的力量。請試著找出一種最容易放鬆力氣的姿勢吧！

陣痛發生時，如果長長地吐氣並且放鬆身體的力量，便能夠感到輕鬆不少。

3 盤腿而坐，並做一個深呼吸。心情沉靜下來之後，請在腦中想像寶寶順著產道緩緩下降的畫面。在腦中描繪出生產的畫面之後，緊張和慌亂的情況也會隨之減少。

※如果您試圖在陣痛與陣痛之間放鬆身體，在此推薦辛斯氏體位。（請參照P239）

臨盆當月
10個月
36～39週

住院前的注意事項

事前先和爸爸討論

進入臨盆當月後，請事先和爸爸討論好家中的事務，以因應隨時可能開始的陣痛。

- 事先寫下衣物的洗滌方法。
- 事先決定生產當天需辦的手續先後順序。
- 如果事先已經備妥菜餚，請告訴爸爸菜餚的保存場所以及解凍方法。
- 事先確認發生問題時的緊急連絡對象。
- 請事先告知爸爸住院時需要攜帶的物品。
- 進行剖腹生產等手術時，需要爸爸的同意書。
- 因為也會碰上須要用錢的時候，所以請告訴爸爸財物的收藏處。
- 確認倒垃圾的日期。

住院前將事情打理妥當，有助於產後的生活

出院之後，馬上就要和寶寶一同展開新生活。所以在住院之前，將能夠處理的事情先處理完畢，往後會比較輕鬆。

- 事先打掃寶寶的房間。
- 事先備妥菜餚，放入冰箱保存。
- 打掃居家環境。

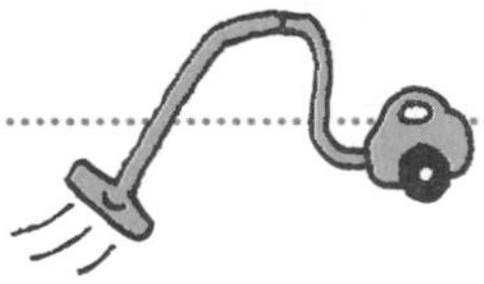

住院前事先確認各項資訊

陣痛開始的時候，可能會正巧碰上爸爸外出工作，或是發生時間正值三更半夜。所以事先必須確認好各項資訊，以便日後能夠迅速前往醫院。

- 事先決定前往醫院時的交通方式。
- 事先調查好看診時間之外的住院掛號方法。
- 事先準備好住院所需的費用。

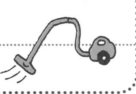

住院準備清單

辦理住院手續的必要用品

住院時不可或缺的五項用品。請事先整理好，放入皮包之中。

- □媽媽健康手冊
- □健保卡
- □醫院掛號證
- □身份證
- □印章

住院時所需要的東西

由於可能會有提早生產的情況發生，所以請在預定生產日的一個月之前事先準備好。

□ 時鐘

計算陣痛發生的間隔時間，或是確認哺乳時間的重要道具。請準備上頭附有秒針的時鐘。

□ 紀錄用具

除了紀錄陣痛的間隔時間之外，也可以寫下寶寶的狀態或是住院期間收到的東西。

□ 睡衣

請準備前開式睡衣，以便接受診療或哺乳。最少需要準備兩套。

□ 孕婦內褲

穿著孕婦內褲能夠便於進行產後的診療，或是處理惡露。

□ 產褥墊／生理期用衛生棉

生產後，惡露量多的時候請使用產褥墊。落紅或惡露情況輕微的時候請使用生理期用的衛生棉。有時醫院也會提供這類物品。

□ 羊毛衫／睡袍

在醫院內走動時請披在身上。即使是夏季，但因為有些醫院會將冷氣開得很強，所以請準備一件薄外套。

□ 度過陣痛時期的用具

此時容易口渴，所以請準備一些保特瓶裝的飲料以及吸管。此外也可準備減輕陣痛時使用的高爾夫球及舒緩疼痛時使用的穴道按摩棒。

□ 拖鞋／襪子

請事先準備2～3雙襪子，避免著涼。

□ 盥洗用品／化妝品

請事先準備潔牙用具組、香皂、洗髮精、梳子，以及一週分量的基礎化妝品。

□ 茶杯／筷子

□ 毛巾／浴巾

可用於擦拭陣痛時的汗水、洗臉，以及在哺乳的時候用來包裹寶寶。請準備5～6條各種大小的毛巾。

□ 紙巾

□ 塑膠袋

可用來裝髒東西，亦可當作垃圾袋。

□ 零錢・電話卡

請準備一些現金以便在商店中使用。有些醫院無法使用手機，所以也要攜帶電話卡。

□ 哺乳型胸罩

請準備前扣式胸罩以便哺乳。

□ 母乳墊

拋棄式的母乳墊在使用上很方便。有些醫院會提供這項物品。

□ 孕婦托腹帶／束腹

用於調整恢復產後的體型。使用時請向護理人員諮詢。

□ 紗布手帕

用來擦拭寶寶的臉或是嘴巴，亦可於哺乳時墊在寶寶的頭部下方。請準備10條左右的紗布手帕。

出院時所需要的東西

住院期間再請家人送來也不遲。

□ 媽媽的服裝

由於體型無法在生產之後立即恢復，因此請準備一些寬鬆的衣物。

□ 寶寶的服裝

這一天是寶寶初次外出的日子，所以或許可以把寶寶打扮得可愛一點。視季節而定，也必須準備帽子或襪子。

□ 嬰兒包巾

□ 尿布

□ 住院費用

出院的時候，必須將生產至住院期間所需的費用一次付清。

生產

生產前的徵兆

徵兆出現後，生產馬上就會開始

逼近臨盆當月時，體內就會開始產生分娩時刻即將到來的訊息徵兆。

例如腹部下降、肚皮緊繃、胎動減少、分泌物增加、頻尿等。雖然每個人的情況多少有些差異，不過只要有這些徵兆出現，就表示生產很快就要開始了。請一定要做好準備，讓自己隨時都能面對生產。

有時會出現落紅或破水

所謂落紅，就是指寶寶的位置下降時，引起卵膜破裂出血的症狀（參照P154）。普遍認為，一旦落紅出現，其後一兩天之內就會出現陣痛。請媽咪不要驚慌，先使用生理期護墊以靜候情況的發展。

然而，若出血量過多、疼痛劇烈、腹部緊繃嚴重時，請立刻和醫院聯絡，接受檢查。

有些時候，生產是在破水發生後立刻開始的。碰到這種狀況時，請立刻和醫院聯絡。此外，發生破水之後，請千萬不要泡澡以避免發生感染。

生產的第一步是每10分鐘1次的陣痛

有些孕婦在生產前不會有任何徵兆或破水。但若是出現了規則性的陣痛，則必須盡速與醫院聯繫，馬上住院。同時不要忘記測量每次陣痛的長度以及間隔時間。

生產的徵兆

腹部緊繃

隨著生產時刻的接近，子宮會開始頻繁地收縮，藉此讓子宮頸口變得更柔軟。

腹部下降

由於寶寶下降到骨盆，腹部隆起的部位也會跟著下降。同時胸口和胃部的壓迫感都會隨之消失。

頻尿

由於所在位置下降的寶寶頭部壓迫到膀胱，造成媽媽必須不停地跑廁所。

分泌物增加

為了幫助寶寶順利下滑，媽媽的身體會開始分泌潤滑劑，使分泌物增加。

胎動次數減少

寶寶不僅所在位置下降，身體也會縮成一團以面對生產，因此胎動的次數會減少。

生產前的步驟

規則性陣痛出現時請準備住院

陣痛的特徵就是會反覆不停地重複收縮與停歇。子宮的每一次收縮，都會讓子宮頸口變得更加柔軟並張開。若是原本不規則的陣痛逐漸變的規律起來時，請記得確實測量每次收縮的間隔時間。

陣痛間隔時間的縮短會因人而異。從間隔時間出現規律性到開始生產為止，有些媽媽需要花上數天，也有些媽媽一住進醫院就立刻生產。

基本上初產婦需要較長的時間才能讓子宮頸口張開。

間隔時間縮為15～20分鐘時，請先聯絡醫院

出現規則性陣痛時，可一邊觀察自己的狀況，同時檢查住院所需的物品，或是將手邊的家事完成。請切記，這個時候生產還沒有開始，千萬不要驚慌。

當陣痛的間隔時間縮為15～20分鐘時，請先聯絡醫院。如果早已做好住院準備、行有餘力時，也可以先吃點東西。

間隔10分鐘的陣痛就是前往醫院的指標

在間隔時間縮到10分鐘之前，都請不要慌張。有些初次懷孕的媽媽會因為陣痛而陷入恐慌狀態，這時請緩緩地閉上眼睛反覆幾次深呼吸，讓自己冷靜下來吧！

一旦間隔時間縮為10分鐘，就必須前往醫院。請務必事先確保乘坐的交通工具。

接受檢查，辦理住院

抵達醫院後，請先掛號並接受檢查。醫師會透過內診以確認子宮頸口的柔軟度以及張開的程度。若發現生產即將開始時，則必須直接住院。

陣痛雖然已經出現，但是子宮頸口仍然不夠柔軟或是尚未張開時，表示距離生產還需要一段時間，醫院方面可能會請媽媽先行回家等候。

流程

陣痛

當陣痛開始時，請仔細測量陣痛的間隔時間是否漸趨規律。

聯絡

當陣痛的間隔時間縮為15～20分鐘時，請先與醫院聯繫。抑或發生破水等狀況時，也請立刻聯絡醫院。

前往醫院

當陣痛的間隔時間縮為10分鐘時，就必須前往醫院。出發時請別忘了關好門窗以及瓦斯。

辦理住院・接受檢查

請在掛號處出示健保卡以及媽媽手冊，並填寫必要文件。經內診檢查子宮頸口後，生產若是即將開始就必須直接住院。

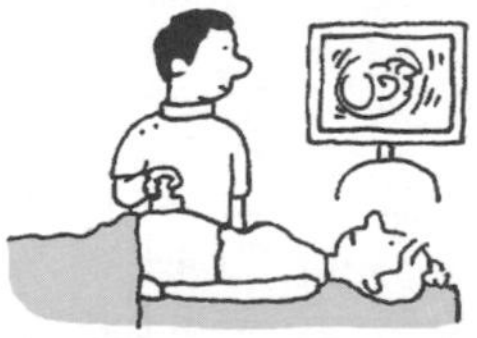

生產

生產的流程

子宮頸口完全張開後請上分娩台

住院後，媽媽必須在陣痛室當中等待子宮頸口完全張開。原本一小時當中約出現6次的陣痛次數會逐漸增加，每一次的子宮收縮都會讓子宮頸口逐漸張開。此時陣痛的間隔時間會縮為4～5分鐘，而且間隔時間還會縮得更短。等到間隔縮為1～2分鐘時，媽媽會因為寶寶的位置下降到最低點而開始想要憋氣用力。這時請小心避免用力，並等待子宮頸口完全張開。

等到子宮頸口完全張開後，醫護人員便會將媽媽移動到分娩室。

1 住院・院內的先行作業

院方會利用分娩監視裝置檢查寶寶的心搏數和媽媽的陣痛強弱度。過去為了促進生產，院方會進行導尿以及灌腸作業，而近年來不願進行這兩項作業的醫院正逐漸增加。

確定子宮頸口完全張開後，開始憋氣用力

陣痛的疼痛感會變得非常劇烈。當醫護人員做出「用力」的指示時，就請媽媽憋住氣息往下腹部用力。憋氣用力的時機請完全按照醫護人員的指示進行。這時，視生產過程需要，有些媽媽可能必須施行會陰切開術。如果破水症狀一直沒有出現，那麼這時不論子宮頸口張開與否，都必須以人工方式刺破卵膜。等到寶寶的頭露出來之後，則請媽媽停止憋氣，改用短促的呼吸。偶爾也會出現任由陣痛發生，無須憋氣用力的生產方式。此時醫護人員自然會做出不要用力的指示。

露頭、發露是生產的最高潮

看得見寶寶頭部的時刻稱為露頭。在子宮頸口一隱一現數次之後，頭部就會漸漸通過。寶寶頭部娩出的狀況稱為發露，而發露正是生產過程中的最高潮，不僅陣痛強烈，同時也是疼痛最為劇烈的時候。這時請反覆進行之前不停練習的呼吸法，同時想著肚子裡的寶寶，以度過這段艱辛的時刻。媽媽一定要全力配合寶寶才能讓生產順利進行。請媽媽一邊在心中與寶寶交談，一邊讓自己和寶寶的生產節奏同步，全心感受寶寶誕生的那一瞬間。

生產結束後請好好休息

在寶寶順利誕生後，胎盤會在幾分鐘之內剝離娩出。娩出胎盤的動作稱為「後產」。娩出後，醫護人員將會檢查子宮內是否殘留胎盤和卵膜，同時還會進行會陰切開或裂傷的縫合手術。等到所有後續處理結束之後，媽媽就能和自己的寶寶正式見面了。當初若是希望進行袋鼠護理，則院方會在誕生後第一時間，或是在後續處理結束之後，將寶寶放置在媽媽的肚子上。隨後會進行寶寶的檢查和處置，這段時間內，請媽媽在分娩台上好好地休息一陣子吧！

2 陣痛
隨著陣痛的間隔時間縮短，子宮頸口也逐漸張開。疼痛劇烈時請將注意力集中在呼吸上。

3 移動至分娩台
當子宮頸口完全張開後，便移動至分娩室。躺在分娩台上等待生產。

4 開始憋氣用力
依照醫護人員的指示開始憋氣用力。憋氣用力的過程當中也不要忘了好好呼吸。

5 露頭・發露
當寶寶的頭一隱一現，也就是露頭的時候，一定要好好用力。當發露之後，請停止憋氣用力。

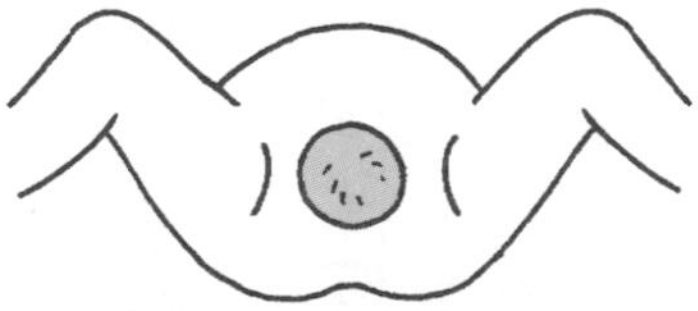

6 誕生
等到寶寶的頭和肩膀都出來之後，生產過程就會變得非常順暢。寶寶誕生的瞬間總算要到了！

7 後產
再次出現輕微的子宮收縮，從子宮內壁剝離的胎盤娩出體外。

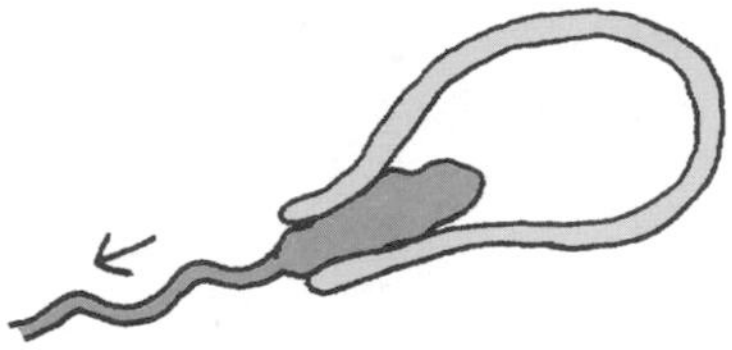

8 寶寶的處置
抽出寶寶嘴巴和鼻子裡的羊水，剪斷臍帶。不過近年來，有愈來愈多的醫院不再處置寶寶口鼻當中的羊水。

9 休息
生產結束後，媽媽可以直接在分娩台上休息一陣子，以消除疲勞。媽媽，辛苦妳了！

生產

陣痛的出現方式

準備期

寶寶的狀態	陣痛的頻率
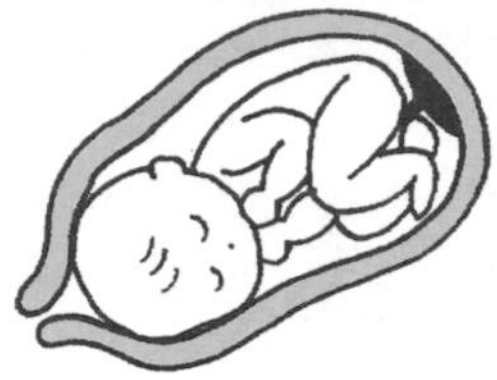	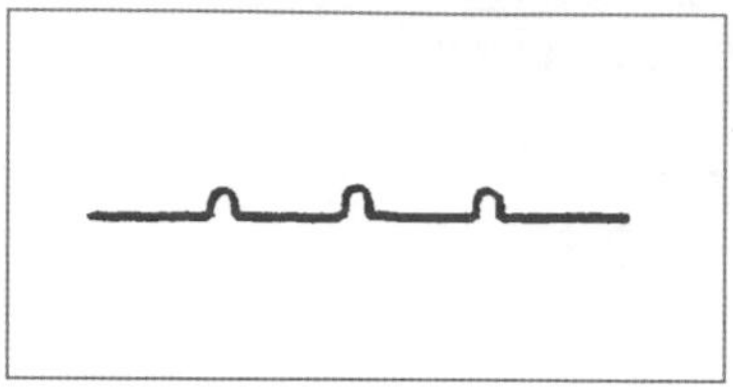
寶寶的身體會縮成一團，位置開始下降。	間隔時間相當地長。尚有充分的時間可以不慌不忙地前往醫院。

進行期

寶寶的狀態	陣痛的頻率
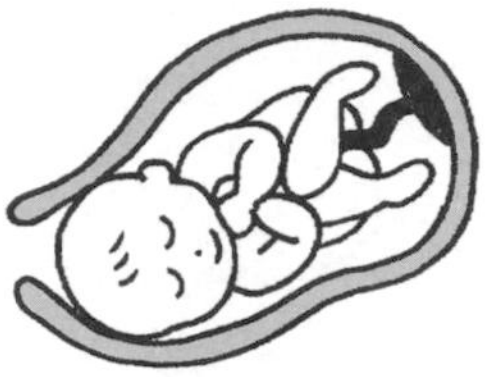	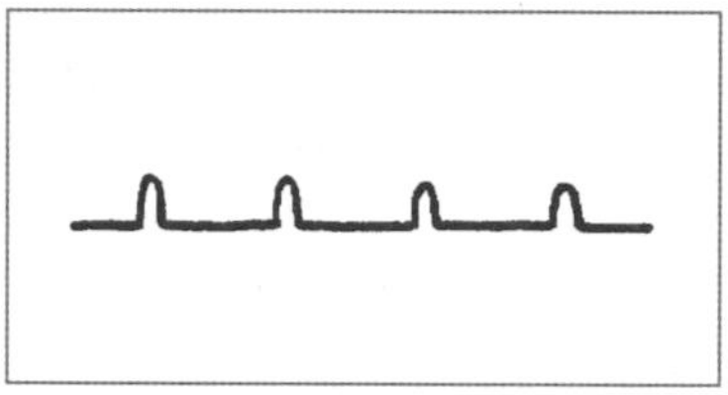
寶寶會迴轉自己的身體，讓位置降得更低。	子宮收縮時，請將注意力集中在「吸・吸・呼一」的吐納方式上。

過渡期

寶寶的狀態	陣痛的頻率
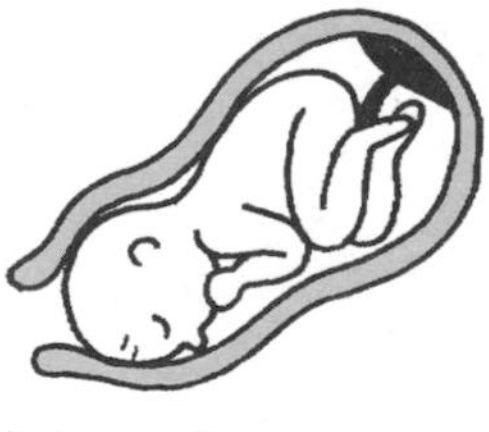	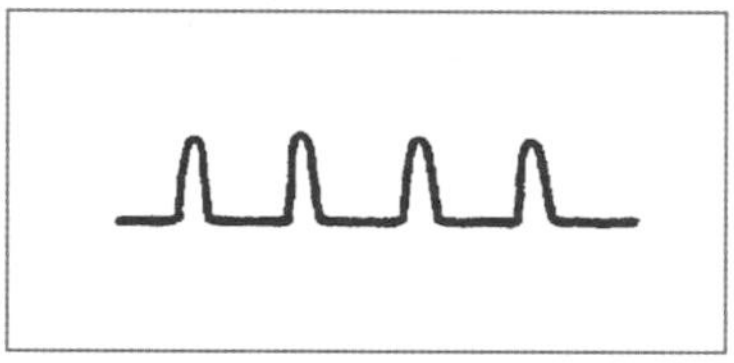
寶寶的頭會轉向媽媽的臀部方向。	陣痛的出現頻率逐漸密集起來，請在每次陣痛之間盡量讓身體放鬆。

正式住院

當陣痛的間隔時間為每10分鐘出現一次陣痛時，就表示生產即將開始（準備期）。這時必須正式住院，接受內診等檢查，並進入分娩準備室（陣痛室）。

子宮頸口隨著陣痛逐漸張開

在每一次陣痛之間，請盡量保持放鬆。可以吃點清淡的食物；若是身體狀況允許，甚至可以稍微活動身體以加速生產進行。當疼痛出現時，請將注意力集中在吸氣和吐氣上，藉由呼吸法來紓緩疼痛。

面對逐漸增強的疼痛也不要驚慌

這時，陣痛的間隔時間會變得更短（過度期）。而且媽媽應該也能清楚感覺到疼痛位置正在逐漸下移。當強烈的陣痛出現時，媽媽難免會想要憋氣用力。但是若在此時用力，肌肉會變得僵硬，反而使得子

胎頭娩出期

依照醫護人員的指示，開始憋氣用力。

寶寶的狀態

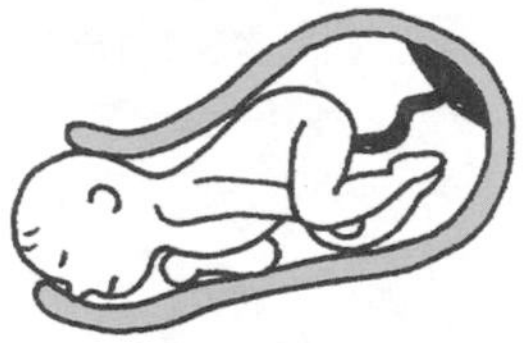

頭部一旦通過骨盆，寶寶就會以面朝下的方式滑入產道。頭部開始若隱若現。

陣痛的頻率

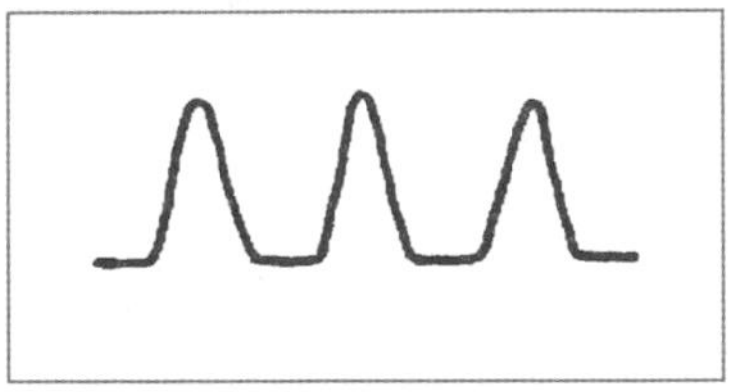

強烈的陣痛幾乎毫不停歇地出現。請配合每次的疼痛起伏憋氣用力。

娩出期

寶寶的頭通過後，請停止憋氣用力，改行短促的呼吸，同時盡量讓身體放鬆。

寶寶的狀態

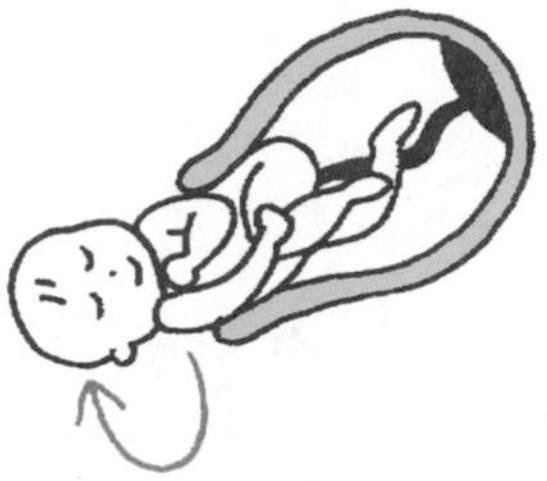

頭部通過之後，醫護人員會迴轉寶寶的身體讓肩膀通過，最後全身都會跟著出來。

陣痛的頻率

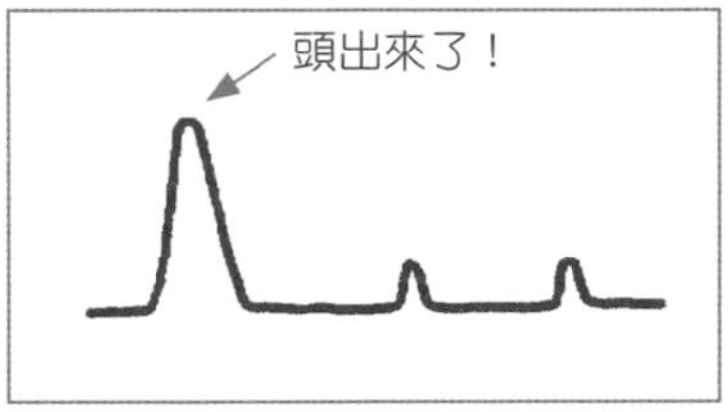

出現持續不斷的收縮。就快要生下來了！

胎盤娩出期

經過輕微的陣痛之後，娩出胎盤。

寶寶的狀態

抽取羊水、剪斷臍帶之後，院方會將寶寶抱到媽媽的胸前。

陣痛的頻率

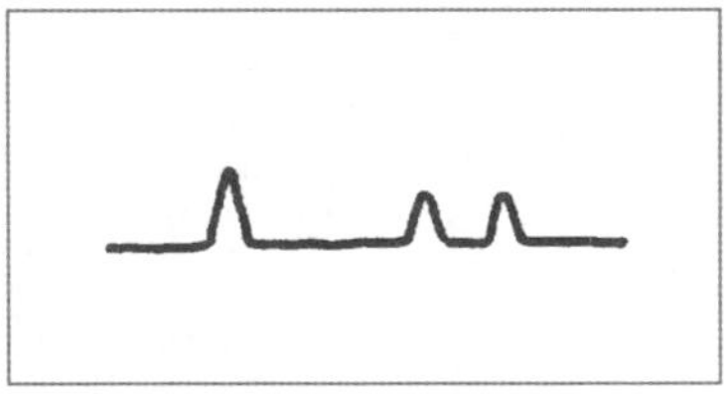

子宮緩緩地收縮，最後娩出胎盤。

宮頸口難以張開。因此請媽媽盡量維持「呼、呼、呼」的短促呼吸，以避免憋氣用力。

順著疼痛的起伏憋氣用力

陣痛的痛楚達到最高峰。請依照助產士的指示憋氣用力。

馬上就要生下來了！

寶寶的頭部通過之後（胎頭娩出期），請進行短促的呼吸，讓身體放鬆，不再用力。之後子宮會反覆收縮，將寶寶推出來（娩出期）。

娩出胎盤的後產

再過一陣子，會出現輕微的陣痛，娩出胎盤（胎盤娩出期）。藉由最後這一次收縮，使子宮內膜的血管閉塞，出血量才得以控制在最小的範圍內。通常都是等待胎盤自然剝離以及娩出。但若是最後一次陣痛遲遲不出現，造成出血量過多而陷入危險狀態時，則必須依情況使用子宮收縮劑，促使胎盤娩出。

如何憋氣用力

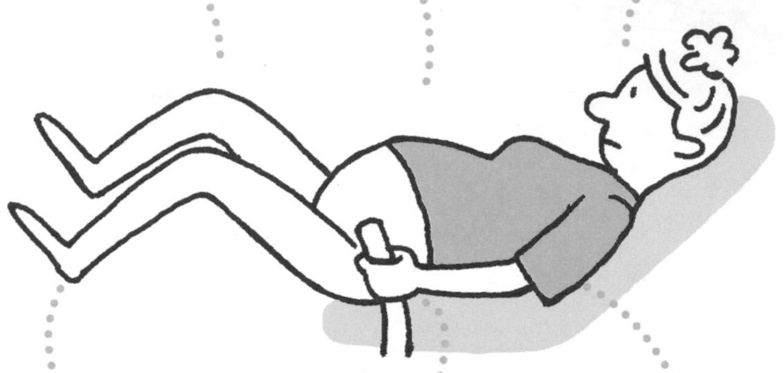
分開膝蓋…分開雙腳可讓產道變得柔軟，生產也會更順利。
肚子…看著自己的肚臍，將注意力集中在產道上。
臉部…疼痛會讓人忍不住向後仰，但是為了集中力氣，請務必縮緊下巴。眼睛也要確實地睜開。
腳跟…用力憋氣時，請將腳跟狠狠地踩住踏板。
緊握扶手…用力憋氣時必須用力地向後拉。當身體過度用力時，手肘可能會凸出分娩台外，請多加小心。
背部…將背部和臀部靠在分娩台，保持穩定。

憋氣用力就是生產的力量

所謂「憋氣用力」，就是指媽媽在生產時為了讓寶寶誕生，而將所有的力氣全數集中在腹部。若憋氣用力的方式用得巧，生產過程就能更加順暢。

至於如何正確的憋氣用力，可以想像一下便秘時將全身力氣施加在排放出糞便來的感覺上。並非是全身用力，而是將注意力集中在腹部以及臀部之間，集中該處用力即可。

利用陣痛的頻率起伏

真正巧妙的憋氣用力法，需要配合陣痛的頻率起伏。在媽媽不想要憋氣用力的時候，不管再怎麼用力也只是白費力氣。當自己想要憋氣用力時，就要掌握時機好好配合。由於醫護人員也會協助引導，媽媽只要調整呼吸配合用力即可。

先做兩次深呼吸，接著在第三次吸氣後憋住氣息，開始持續用力；氣息憋不住的時候再深吸一口氣，繼續用力。等到陣痛的高峰期過去後，先將身體放鬆，再進行短促的呼吸以避免憋氣用力。在即將產下寶寶的前一刻，即使沒有出現陣痛，也需要憋氣用力。

小心避免過度換氣

媽媽感到痛苦的時候，寶寶也會跟著痛苦。請記住自己必須輸送足夠的氧氣給寶寶，所以必須維持穩定的呼吸，好好地憋氣用力。

小心不要過度專注在憋氣用力上而忘記呼吸，或是吸氣太多次導致發生過度換氣症候群。當媽媽感到呼吸困難時，請緩緩地進行一次深呼吸，千萬不要驚慌。

生產

無痛分娩

迴避極度的不安與恐懼也是很重要的

所謂無痛分娩，就是施打麻醉藥物，讓生產的疼痛得以紓緩的一種生產方法。因為有些媽媽對於生產的疼痛懷抱著強烈的不安與恐懼，所以可以藉由這個方法，讓她們能夠安心地面對生產。

這種分娩法可以事前計畫使用，或者是生產途中切換使用。

無痛分娩的各種方法

無痛分娩的方法相當多樣，主要可以概分為下列三大類：

①吸入笑氣麻醉
②會陰部局部麻醉
③硬膜外麻醉（局部麻醉背部的硬膜外腔）

其中硬膜外麻醉最為人所接納，也是最常施行的無痛分娩法。

無痛分娩的優缺點

使用麻醉時，難免讓人擔心是否會對胎兒造成影響。不過像是硬膜外麻醉等局部麻醉法，基本上不會給胎兒帶來任何影響。由於媽媽的意識相當清楚，不但可以自行憋氣用力，還能聽見寶寶的第一聲哭聲。

另外，在採行無痛分娩時，原本緊繃的肌肉會因為麻醉而放鬆，有利於子宮的收縮。以上為無痛分娩的優點。

然而，台灣的醫療體制並不像歐美國家，無法一天24小時皆可進行無痛分娩，因此無痛分娩只能在計劃分娩時進行。這就是無痛分娩的缺點。

除此之外，由於麻醉的影響造成陣痛感覺微弱，媽媽難以順利憋氣用力，有時必須改以真空吸引分娩或產鉗分娩進行生產。

近年來已有新的方法可供選擇，例如在子宮頸口張開至多少公分之前不使用麻醉，或是極力控制麻醉藥的使用量等，使無痛分娩更為接近自然生產。

生產所需的時間

生產所需要的時間，對初產婦和經產婦來說有非常大的差異。初產婦所需要的時間大概是11至15個小時，而經產則僅需6至8小時。不過，這個數字僅是大概，實際上每個人生產的時間都各自不同。有些人只要短短幾個小時，也有些人需要折騰一天一夜才有辦法結束。

從醫學的角度來看，初產在30小時以內，而經產在15小時以內為正常範圍。不過還是有許多人在生產時超出時間範圍，最後仍然得以正常生產。

初產之所以需要較長的時間，是因為產道和子宮頸口都比較僵硬，必須經過更長的陣痛時間，才能使它們變得柔軟。

其他導致生產時間拉長的原因還有：

1. 身高較矮
2. 骨盆較窄
3. 高齡產婦
4. 身材較豐滿
5. 陣痛微弱
6. 寶寶較為肥胖等。

生產 陣痛促進劑

為了讓陣痛增強而使用的陣痛促進劑

陣痛的發生是因為子宮為了將寶寶推出體外而收縮所引起的。當陣痛過度微弱，生產難以順利進行，甚至危及媽媽和肚子裡的寶寶時；或是當媽媽患有妊娠毒血症，生產風險較大，想要快一點將寶寶生下來時，就必須使用陣痛促進劑。

為了引發陣痛，除了陣痛促進劑之外還可使用陣痛誘發劑。基本上兩者屬於同一種藥物，但是基於使用目的不同，名稱才有所區別。

促進子宮收縮的荷爾蒙藥物

陣痛促進劑的主要成分是促進子宮收縮的荷爾蒙藥物，可分為催產素和前列腺素兩種。

催產素的作用是促進母乳分泌以及子宮收縮，能夠引發強烈而規律的陣痛。施打方式是透過點滴注射。

前列腺素同樣屬於荷爾蒙藥物，能讓子宮頸口變得柔軟，並緩緩地引發規律陣痛。通常應用在子宮頸口僵硬，或是子宮頸口幾乎沒有張開的人身上。施打方式是點滴或是藥錠。

配戴分娩監視裝置

陣痛促進劑雖然有預防難產的功能，但是畢竟屬於一種藥物，藥效因人而異。為了事先避免藥物施打過量等風險，原則上會請媽媽配戴分娩監視裝置，時時觀測寶寶的心搏以及媽媽的宮縮狀況。至於使用時機，最好是在生產之前先請醫師說明這個裝置在何種狀況下必須使用。

陣痛促進劑在下列情況時使用

微弱陣痛

陣痛雖然已經出現，但是卻不是有效陣痛，導致生產無法開始的時候。此外，當好不容易出現的陣痛中途突然轉弱，或是次數突然減少時也必須使用。

產程延遲

生產過程拖得太久，導致寶寶的心搏轉弱或是媽媽的身體急速衰弱，若是繼續等待陣痛，會對媽媽和寶寶都有不良影響的時候使用。

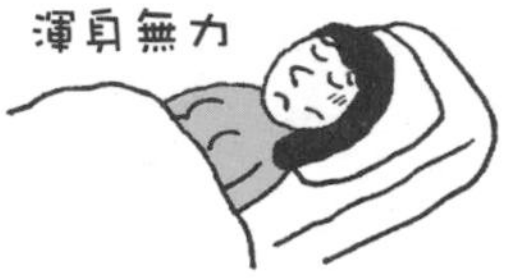

前期破水

在陣痛開始之前破水，而且在其後的24小時之內陣痛都沒有發生時使用。因為破水狀態若是維持過久，可能會導致寶寶受到感染。

超過預產期

過了生產預定日，胎盤機能開始下降時。即使過了預定日，還是可以等待陣痛自然發生，但是當胎盤機能降低，無法繼續供給寶寶營養和氧氣時，就必須誘發陣痛。

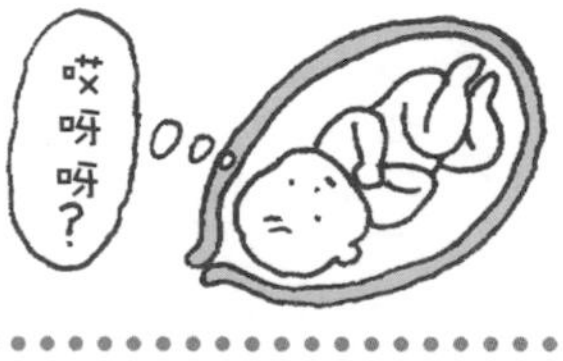

後產・後陣痛

產後胎盤剝離娩出，即為後產

生下寶寶數分鐘後，會再出現一次輕微的陣痛。這次陣痛，是因為懷孕期間不斷輸送營養與氧氣給寶寶的胎盤，在完成任務之後即將排出體外所引起的。胎盤大概在10～20分鐘之內就會剝離娩出，這個過程稱為「後產」。最後為了娩出胎盤而出現的輕微陣痛，能讓子宮內膜的血管閉塞，並將胎盤剝離所造成的出血量控制在最低。作為生產機制的最後一個步驟，可說是非常完美。這一次陣痛，和一般的陣痛相比明顯輕微，有些人甚至感受不到痛楚。

暫時靜養

一般而言，院方都會等待胎盤自然剝離。不過若是遲遲不出現子宮收縮，導致出血量過多時，醫師必須視媽媽的身體狀況給予子宮收縮劑，協助胎盤娩出。

胎盤娩出之後，醫師將會檢查是否殘留胎盤和卵膜。隨後進行會陰切開或裂傷的縫合手術。至此，生產流程便完全結束。

處理完畢之後，媽媽必須在分娩室裡休息2小時左右。因為這段期間是最容易發生子宮鬆弛出血等問題的時候，請一定要安靜休養。

生產結束後出現的後陣痛

生產結束之後，若出現如同陣痛一般的子宮收縮症狀，稱為「後陣痛」。

這是因為原本懷孕撐大的子宮突然急速縮小所引起的。產後12小時，子宮會緩緩縮小至肚臍附近，此後大約需要一個月左右的時間才會恢復成原本的大小。子宮的收縮亦可視為媽媽恢復情況的指標。

後陣痛在產後第一天較為強烈，之後就會慢慢轉弱。產後約第三天可能就沒有感覺了，不過還是有極少數人在產後一星期仍然持續後陣痛。

後陣痛會痛嗎？

後陣痛的疼痛程度當然是因人而異。有人認為「簡直就像是再生一個孩子一樣痛」，也有人認為「像是生理痛嚴重的時候」「根本沒感覺」「比起後陣痛，會陰縫合處的傷口還要痛的多」。

一般來說，第2胎或第3胎會比初產要痛。此外，哺育母乳能讓子宮收縮更順利，同時也會出現更明顯的疼痛。如果真的痛到無法忍耐時，請千萬不要逞強，要求醫院開立止痛藥會比較好。

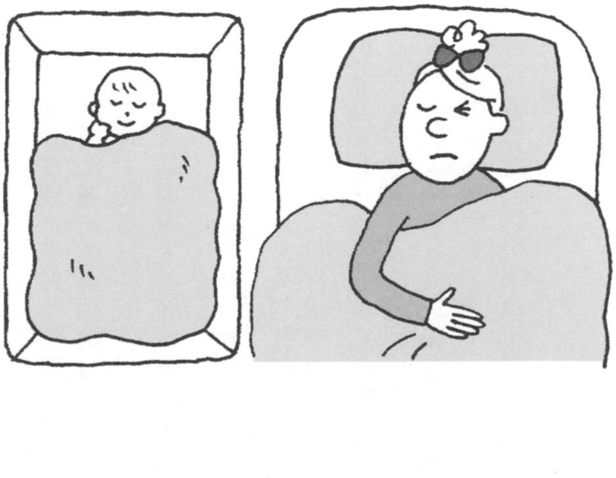

生產

會陰切開

何謂會陰切開

會陰部，指的是肛門至陰道外陰部之間的區域。在生產時，會陰部會受到即將娩出的寶寶頭部擠壓撐開，變得相當單薄。這時醫師和護士會用手或是紗布加以按壓，防止會陰裂開。但是會陰的韌度和延展度不只和媽媽的體質息息相關，寶寶的大小以及臉部的朝向也可能引起會陰裂傷。此外，陣痛過強、寶寶誕生的速度過於猛烈時，同樣也會帶給會陰部過大的拉扯力，而容易造成撕裂傷。

其中，又以初產婦最有可能因為會陰部未能充分延展而出現撕裂傷。撕裂傷的傷口往往不夠平整，不利於縫合，不過相較於切開的傷口，撕裂傷比較容易痊癒，痛楚也比較輕微。但是有些嚴重的撕裂傷可能會傷及直腸，所以院方會進行會陰切開術，以避免類似的嚴重撕裂傷。除此之外，當會陰部無法延展，造成生產無法順利進行，寶寶的心跳因此減弱時，同樣需要剪開會陰部。

會陰切開的方法

會陰切開術有下列三種類型：

①從陰道往肛門筆直切開。
②從陰道下方往右斜方切開。
③從陰道下方往左斜方切開。

進行會陰切開術的最佳時機為生產過程當中的娩出期。也就是在寶寶的頭部已經通過，不再縮回的「發露」之後，會陰部已經有所延展的時候進行。切開時會施行局部麻醉，剪開約2至3公分。至於縫合則是在胎盤娩出之後，同樣在局部麻醉之後才加以進行。縫合時若是使用普通的縫合線，就必須在產後4、5日進行拆線。若是使用可被人體吸收的縫合線則不需要拆線。

會陰切開的方法

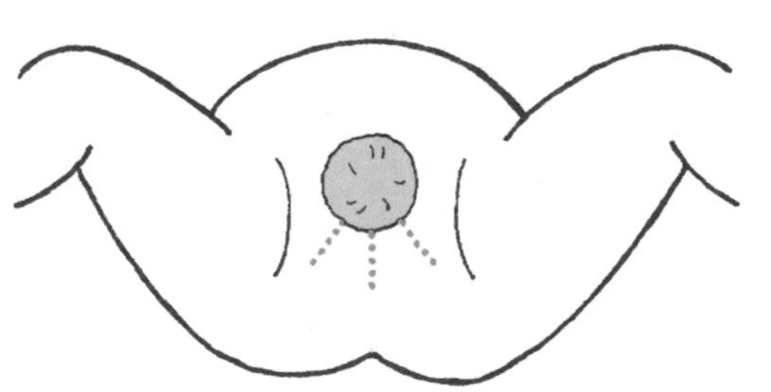

會陰切開術會痛嗎？

由於術前會施打局部麻醉，同時陣痛的疼痛仍然存在，因此覺得剪開會陰很痛的人其實並不多；不過卻有不少媽媽清楚記得產後縫合時的痛楚。儘管每個人感受疼痛的程度不同，但是縫合手術是在好不容易生完之後才進行，可能因此帶給人更加深刻的印象。

在拆線之前，會陰部會因為縫線的關係而出現類似痙攣的痛楚。如果坐下時會痛，可以使用甜甜圈形狀的中空座墊。

持續進行會陰部護理

希望自然生產的媽媽們在訂定生產計畫時，多有不願接受會陰切開術者。如果媽媽有類似要求時，請事先在懷孕期間就與醫師或醫護人員好好商量檢討。

會陰的延展度，和媽媽天生的體質有著非常大的關聯性。不過，懷孕期間若能持續進行會陰護理，應該也能帶來相當程度的延展效果。可利用乳液輔助加以按摩，或是採行下蹲的動作（參照P241）協助拉伸會陰部等，千萬不要疏於保養。

生產

剖腹生產

預定剖腹生產與緊急剖腹生產

剖腹生產主要有兩種類型。首先是在懷孕期間，院方判定難以經由陰道生產而決定採用剖腹生產。這種狀況稱為預定剖腹生產。

而緊急剖腹生產，則是在陰道生產的途中發生了某種意外，迫使院方不得不進行剖腹生產。例如出現寶寶的心音變得極度微弱；生產時間太長，使媽媽的負擔過大；以及胎盤早期剝離等現象時，就必須緊急進行剖腹生產。

剖腹生產的方法

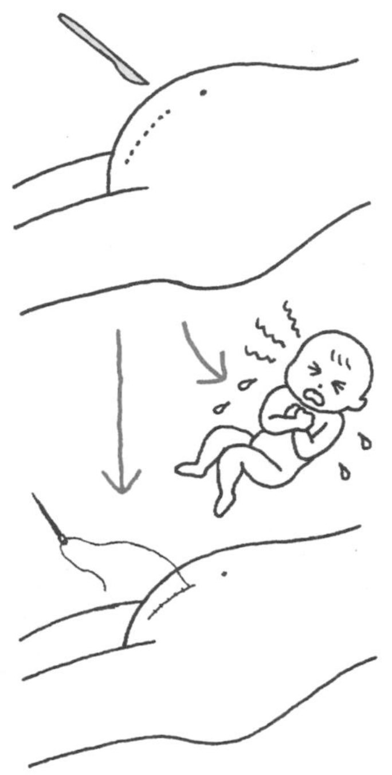

剖腹生產的手術方法

剖腹生產的手術方法也可分為兩種。第一種方法是在陰毛上方附近的下腹部位置水平切開10～12公分（橫切開）；第二種則是在肚臍正下方垂直切開10～12公分（縱切開）。為了不讓傷口過度顯眼，近年來有許多產婦要求採用橫向切開。但是在緊急情況下必須立刻將寶寶取出、或是子宮沾黏等症狀造成手術困難時，就會採用較為容易施術的縱向切開。

和陰道分娩的差別

若採用預定剖腹生產，考慮到麻醉可能帶來的影響，媽媽在手術前不可以進食。至於手術完畢之後，不論是預定剖腹產還是緊急剖腹產，都要保持絕對的靜養，同時必須置入導尿管。術後兩天的飲食則是以點滴方式供應，第二天可吃流質食物，第三天起可以正常用餐。

至於母乳的分泌，會比陰道分娩延遲2、3天。所以哺育母乳、照顧寶寶等都必須等到2～3天之後。雖然不能立刻哺乳，但是也不必過度擔心。只要讓寶寶好好吸吮，母乳就會慢慢分泌出來。住院時間大概是1至2週，基本上出院後的生活和陰道分娩者並無差異。

必須進行剖腹生產的狀況

●預定剖腹生產的狀況有：

- 胎位不正
- 多胎妊娠
- 上次生產為剖腹生產
- 前置胎盤
- 出現糖尿病等併發症
- 胎頭與骨盆不對稱
- 母體罹患感染症　等等

●緊急剖腹生產的狀況有：

- 嬰兒出現假死狀態時
- 產程延遲，導致母子皆有生命危險
- 出現胎盤早期剝離
- 破水後時間拖延過久，可能造成子宮內感染時
- 過強陣痛導致子宮可能破裂時……等等

生產

生產

其他生產問題

生產的問題

生產時可能會出現各式各樣的問題。為了不讓自己在一無所知的狀況下面對問題，引發恐慌，媽媽最好能在生產之前先了解各種風險。

陣痛微弱

指的是陣痛過於微弱，或是原本強烈的陣痛中途轉弱。如果媽媽和寶寶都很健康，可以耐心等候陣痛轉強。但是當寶寶的心搏減弱，或是媽媽的身體急速衰弱時，則必須使用陣痛促進劑或是剖腹生產，以盡快將寶寶取出。

陣痛過強

指的是陣痛過度強烈。在媽媽的身體尚未做好準備之前，生產過程便急速進行，容易引起子宮破裂或子宮頸裂傷，寶寶也會承受相當大的壓力。媽媽的骨盆過窄、寶寶頭部過大等都是可能的原因，此時若是導致生產無法進行時，就必須採用剖腹生產。

迴轉異常

通常，寶寶都會在產道當中順利迴轉身體，緩緩下滑。而迴轉異常就是指寶寶無法順利迴轉的狀況。這時只要媽媽和寶寶的狀況不嚴重，還是可以進行陰道分娩。

胎兒假死

指的是生產過程中，寶寶周遭的環境含氧量過低，造成寶寶難以呼吸的狀況。這時媽媽必須大口呼吸，並且盡快將寶寶分娩出來。如果陰道分娩依然可行，那麼可以利用真空吸引分娩或產鉗分娩加以輔助。如果陰道分娩所需的時間過長，那麼就必須改用剖腹生產。

產後出血

指的是寶寶誕生後立刻出現的出血。出血原因通常是胎盤剝離、子宮破裂或是子宮頸裂傷等。此外還有生產後子宮無力收縮所引起的鬆弛出血。此時院方會對子宮進行壓迫，或是給予子宮收縮劑。

產鉗分娩

產鉗是由兩片扁平有曲度的金屬片組合而成，類似夾子的器具。由於拉扯力道強大，容易傷到子宮頸口以及胎兒，操作難度相當高。近年來已經幾乎不再使用。

真空吸引分娩

以金屬或是矽膠製的吸引杯吸住寶寶的頭部，利用真空吸引力將寶寶拉出來。受到吸引的位置可能會出現凸起的產瘤，不過絕大多數都會自然痊癒。

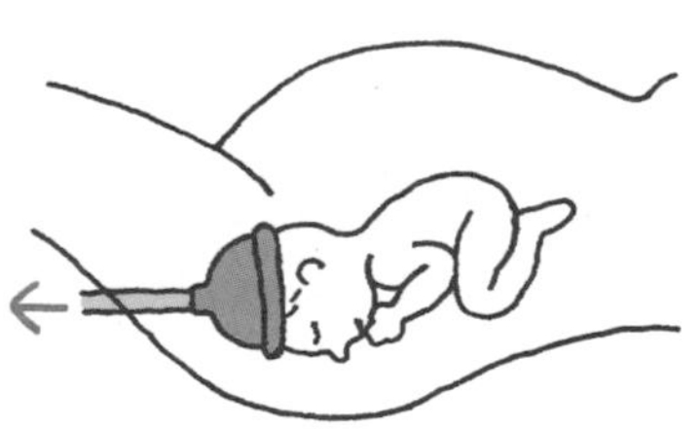

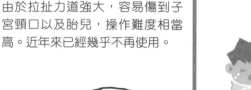

生產

超過預產期

等待寶寶和母體作好準備

生產預定日（預產期）是在懷孕第40週。有些媽媽會碰上到了預產日卻不見生產徵兆的狀況，此時無須過度擔心。因為生產必須等到媽媽和寶寶的身體都做好充分準備之後才會開始。

至於生產預定日，其實只是一個大概的時間而已。而生理期不順的女性，可能早在推算預定日的時候就已經出現誤差。除此之外，初產尤其容易延遲。確實在生產預定日誕生的寶寶其實少之又少。因此大可不必擔心。

請在1週內接受檢查

在生產預定日之前的產檢為每週一次，而超過預定日之後，請在一週之內接受檢查。

檢查內容包括寶寶的狀況、子宮的收縮、胎盤機能、以及羊水量有無變化等。請媽媽確實接受檢查並與醫師討論之後，再耐心等待自然產的時刻到來。

有些人會擔心寶寶長得太大。實際上，儘管寶寶的確是在肚子裡待得比較久一點，不過並不會因此長得過大。真正需要擔心的應該是胎盤機能下降，導致無法供給寶寶足夠的營養及氧氣。

為了讓生產順利開始，可以在身體狀況允許的範圍內，持續進行走動以及半蹲或蹲下的運動。

超過2週即為過期妊娠

超過預定生產日2週卻仍然不見生產徵兆，即為過期妊娠。胎盤的機能會從這個時候開始下降。雖然胎盤仍然盡責地傳送營養及氧氣，但是由於本身逐漸老化，營養及氧氣會出現供應不足的狀況。由於這時寶寶會承受很大的壓力，所以必須根據檢查數值決定是否進行人為誘發陣痛。此外，根據媽媽和寶寶的狀況，甚至可能需要剖腹生產。

不過，現實當中出現過期妊娠的案例其實少之又少。

即使懷孕不到42週，有時根據產檢和檢查的結果，院方仍然會做出提早生產對母子都好的判斷。這時就和過期妊娠一樣，需以人為方式促成生產。方法有使用陣痛誘發劑、陣痛促進劑，或是視情況採用剖腹生產。

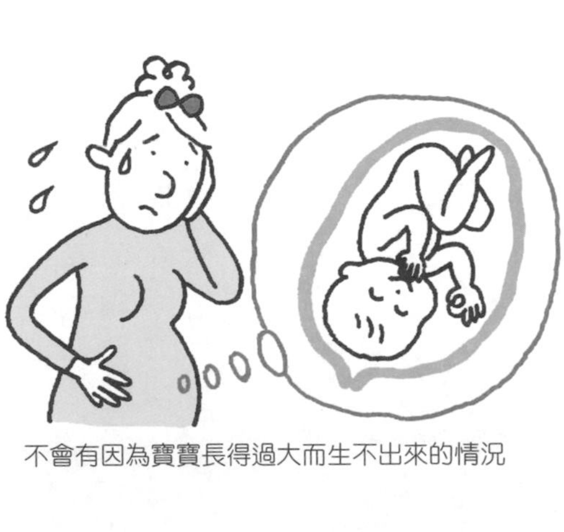

不會有因為寶寶長得過大而生不出來的情況

是要用紙尿布？布尿布？還是不要用尿布？

關於尿布的使用，常常有人問我到底是「紙尿布」比較好還是「布尿布」比較好。雖然這兩種尿布都有各自不同的優缺點，但是我偶爾會回答說：「尿布真的是必要品嗎？」

「マジカル・チャイルド育児法」（暫譯「神童育兒法」，日本教文社，Joseph Chilton-Pearce著）一書中提到烏干達的育兒故事。故事內容是烏干達的媽媽們會將寶寶光溜溜地包在白布（嬰兒背帶）當中扶養。據說產後只需要一星期，就能讓白布不再沾上穢物。因為媽媽們已經知道寶寶大小便的時間，能夠事先將寶寶抱出來處理乾淨。我拿這個小故事詢問在JAICA*研修的烏干達人，得到的回答是「不曾聽說過」。看來這個傳統已經不復存在，真是令人相當遺憾。

不過，在「赤ちゃんはおむつはいらない」（暫譯「寶寶不需要尿布」，勁草書房，三砂千鶴編著）這本有趣的書當中，記載著日本也曾經有過同樣的事情。

這本書在一開始的前言就指出「日本有些家族的傳統是產後兩週就不再包尿布」。此外，二次大戰前的《主婦之友》雜誌中也有寶寶出生後兩個月就不再包尿布的文章。然而在戰後，孩子的成長發育逐漸受到科學的影響，生活方式也因為權威人士大聲疾呼「在醫學上應當如此」而出現巨大變化。隨著這些改變，寶寶使用尿布的年紀延長至2到3歲，甚至還在持續地延長。據說現在市面上還出現有給小學2年級生專用的尿布，對此讓我著實感受到巨大的疑問。

最近，有一位嫁給越南人並在越南產子的日本女性，在生下寶寶2週之後，婆婆要求她「差不多可以不必包尿布了」，從此便開始了不再幫寶寶包尿布的生活。在沒有使用尿布的第一天，她用臉盆代替便盆，試著讓寶寶在裡面大小便。結果在8次當中成功了6次，而且其中2次是排便。雖然偶會失敗，但總體來說似乎進行得相當順利。剛才提到的《寶寶不需要尿布》一書也有說到，成長過程當中不使用尿布的寶寶「一般都是性情安靜而且心情愉快」。

看來，我們似乎都是以大人的角度去看待孩子。我們大人認為很好的事物，在孩子的眼中看來，我們會不會只是把令人厭惡的事物硬是施加在他們身上呢？如果我們能站在孩子的角度看待事物，育兒這件事可能會因此出現巨大的轉變也說不定。

*註：有兩解，一為JICA：日本國際協力機構（Japan International Cooperation Agency）；一為JaICA：日本老化控制研究所（Japan Institute for the Control of Aging）。

產後

產後身體的恢復

子宮的恢復

生產結束後，子宮恢復的這段期間稱為產褥期（坐月子）。

因懷孕而撐大的子宮為了停止出血，在生產結束後會開始急速地收縮。原本大到胃部高度的子宮，在生產結束後會立刻收縮至肚臍下方。這次收縮的發生，是因為負責供應寶寶營養的胎盤隨著生產結束之後剝離，子宮為了止血而造成的。一般來說，子宮大概在產後8週左右即可恢復原本的大小。

子宮大小的變化

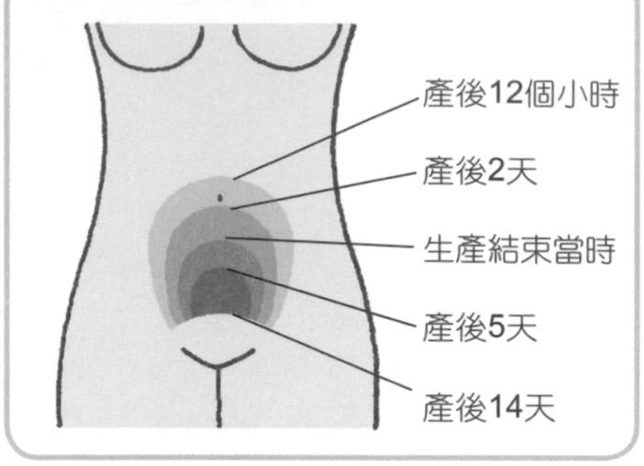

惡露

所謂惡露，指的是生產過後排出的分泌物，例如生產時殘留的血液、胎兒的卵膜、還有子宮內膜的剝離物等。產後3天內，惡露呈現暗紅色而且量較多。不過之後會漸漸變成咖啡色，量也跟著減少。2週後會變得類似分泌物，1個月之後就會徹底消失。在排出惡露的這段期間內，請小心避免細菌感染，如廁後也要保持清潔。可以用消毒棉片擦拭，但切記不可以反覆擦拭第2次。

惡露的排出狀況，是用來估算子宮恢復情況的方法之一。如果在出院之後排出量大增，或是出現血塊等令人在意的症狀時，請一定要到醫院接受檢查。

後陣痛

生產明明已經結束，但是偶爾還是會出現類似陣痛的疼痛感，這種情形稱為後陣痛。後陣痛是子宮為了恢復原本的狀態才出現的。產後大約會持續2～3天。疼痛的程度因人而異，但是一般來說都是經產婦較為強烈。另外，當媽媽哺育母乳時，由於荷爾蒙的分泌旺盛，有時會導致疼痛感增強。等到子宮完全收縮後，疼痛自然也會消失，但如果真的無法忍耐時，可以請醫師開止痛藥。

會陰切開的傷口疼痛

生產時若有進行會陰縫合，縫合的傷口會持續疼痛。

拉扯到會陰縫合的傷口也會引起疼痛。

當尿液滲進傷口或是排便的時候亦會引起疼痛。產後一星期內都應該用清淨棉加以消毒。傷口大概會在一個月之內痊癒。疼痛若是持續太久，有可能是傷口化膿，這個時候不必等到產後一個月的身體檢查，請直接去醫院。

產後身體的變化

不只是子宮，身體也會因為生產而出現許多變化。

例如骨盆張開；骨盆底肌也會拉伸到極限等。此外，腰部周圍會出現贅肉，肚皮也會鬆弛下來。為了讓身體順利恢復原樣，在產後一個月的檢查當中確定身體狀況良好後，請逐漸增加身體的活動量吧！至於產後如何恢復原本的體態，可參考P246～247的孕婦瑜珈（產後），積極地活動身體。

產後的身體會恢復原狀嗎？

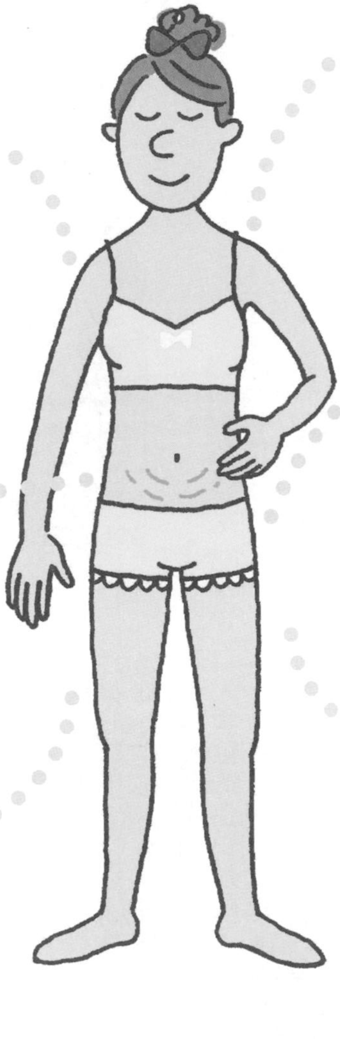

胸部
乳腺發達，胸部會變得比懷孕前豐滿。產後，乳腺會急速膨脹，乳暈也會跟著變大。

體重
生產完畢後，體重大概會減輕5公斤，其中包含寶寶、胎盤、羊水的重量。剛生產完畢時，體重仍有一點過重。請試著在四個月之後，將體重恢復成懷孕前體重再多2公斤左右。

肛門
由於寶寶的壓迫以及生產時憋氣用力的關係，有時會形成痔瘡。

肚皮鬆弛的部位
生下寶寶後，肚皮會變得有點鬆弛。這時不只需要運動，可能還需要產後塑身衣來讓肚皮恢復緊實。

妊娠紋
產後會變成白色的條狀紋路。請使用專用乳液加以按摩保養。不過，已經形成的妊娠紋是不會完全消失的。

陰道
為了生下寶寶，產道會被撐開，陰道內壁的肌肉可能因此受損。需要1個月左右的時間才能恢復陰道的功能。

產後 住院生活

產後
第1天

幫寶寶餵奶，以及換尿布。可以洗頭和沖澡。

產後
2～3天

進行血液檢查，測量體重、血壓。另有乳房按摩等母乳哺育指導和調乳指導等課程。

有嬰兒沐浴指導課程。接受身體檢查以及出院後的生活指導。

產後
4～5天

出院日

接受出院時的健康檢查。不要忘記向照顧自己的醫護人員表達謝意。

生產過後，通常需要在醫院裡度過5至7天的住院生活。住院的最大目的是為了恢復媽媽在生產時大量消耗的體力。生產一結束，餵奶之類的事情會讓媽媽意外地忙碌，所以能夠休息的時候請一定要躺下來好好休息。生產時間過長時，睡眠不足也是在所難免，請好好地睡一覺吧！

等到體力恢復到能夠站起身來的時候，就可以開始嘗試自己走去廁所。仔細確認身體恢復的狀況之後再移動身體。如果有任何不適或者有所擔心，請詳細詢問醫護人員。

會陰的傷口抽痛，或是後陣痛嚴重時，請向醫護人員尋求協助，以獲得適當的醫療處置。由於產後膀胱的肌肉麻痺，有時會感受不到尿意。如果距離最後一次排尿超過6小時卻仍沒有尿意時，也請一併轉達。

住院時若是母子同室，將會立刻開始照料寶寶的工作。

產後

寶寶的身體檢查

每天的健康檢查

住院期間，院方每天都會對寶寶進行聽診或觸診，檢查身體是否出現異常。寶寶有沒有正常大小便也是非常重要的檢查項目。

因為寶寶非常容易出現生理性黃疸，所以也要進行黃疸檢查。這項檢查是在住院期間進行的。如果黃疸症狀過於嚴重，就必須將寶寶置於光照之下，將膽紅素轉變為水溶性並隨著尿液排出體外。這種治療方法稱為照光治療法。

新生兒篩檢

住院期間，寶寶還需要接受另一項檢查。這項檢查稱為新生兒篩檢，是在誕生後4～5日進行。透過檢查可以早期發現寶寶的先天性異常，例如先天性代謝異常、先天性內分泌異常等。先天性代謝異常包括苯酮尿症、楓糖尿症、高胱胺酸尿症、半乳糖血症等。而先天性內分泌異常則包括甲狀腺機能低能症、腎上腺皮質過多等。檢查方式是由腳跟抽血檢測。

近年來出現一種串聯質譜儀篩檢法，可以一次進行多種項目的檢查。

聽覺篩檢

住院期間，也要進行寶寶的聽覺檢查。據說在1000個新生兒當中，會有2～3個寶寶罹患先天性聽覺障礙。若能及早發現，就能及早獲得適當的援助。如果沒有在這個時候檢查出聽覺障礙，會對往後寶寶的語言發展造成極大的影響。因此所有剛出生的寶寶都一定要接受這項檢查。

新生兒篩檢的目的

新生兒篩檢的六個主要檢查項目，都是由於特定的胺基酸及其代謝物、或是荷爾蒙的量比正常新生兒多或少，因此引起寶寶的身體或精神出現障礙。

治療方法也相當特殊，時常是需要為期數十年甚至一輩子的食物療法或是荷爾蒙療法。如果放任這些症狀不管，最後將會形成某些殘疾。但是若能及早發現並加以治療，這些寶寶就能過著和普通寶寶一樣的生活。

藉由早期發現、早期治療，以防止寶寶的身心障礙於未然，這就是新生兒篩檢的目的所在。

產後

產後

母乳

母乳的分泌原理

生產後，媽媽的身體會開始分泌出一種叫做「催乳激素」的荷爾蒙，能讓乳腺的乳腺泡開始製造母乳。同時還會分泌另一種叫做「催產素」的荷爾蒙，促使乳腺製造的母乳得以從乳頭擠出。由於這兩種荷爾蒙發揮作用，媽媽的母乳才能源源不絕。

接著再藉由寶寶吸吮的動作刺激乳頭，進一步促使母乳流出。以上就是母乳分泌的原理。

一開始母乳的分泌量可能不大，但是在寶寶吸吮乳頭的刺激之下，母乳就會逐漸流出。不需要急著更換成牛奶，請持續加油哺育母乳吧！

為什麼母乳比較好？

對寶寶來說，母乳是最天然的食物。食用母乳不但不會對寶寶的內臟造成負擔，而且其中還富含寶寶所需的營養。其中又以產後五天內所分泌出來的淡黃色母乳，別名初乳，含有大量的免疫物質，可預防過敏或病毒感染。

對媽媽來說，哺育母乳其實也能發揮非常重要的功用——可以促使子宮收縮速度加快，讓母體更快恢復。此外，頻繁地抱起寶寶也能加深母子之間的親蜜連結。

對哺育母乳有益的食物

媽媽吃的食物，對於製造母乳有非常大的影響。為了讓母乳能夠順利分泌，建議食用傳統的日式餐點。乳製品和動物性脂肪會造成乳腺阻塞，盡量少吃一點比較好。

最理想的食物是以米飯等碳水化合物為中心，搭配味增或大豆等植物性蛋白質、根莖類為主的蔬菜、還有魚類等均衡營養。要知道，媽媽所攝取的食物會立刻改變母乳的味道喔！

如果沒有母乳

有些媽媽的母乳分泌量不足，最後只能放棄哺育母乳。不過請注意，若是過於堅持哺育母乳，可能會帶給自己太大的壓力，造成母乳越來越分泌不出。

其實最近的牛奶成分也越來越接近母乳。而最重要的還是媽媽必須對自己有信心，一步一步地養育自己的寶寶。儘管是以牛奶代替，但是只要能滿懷愛意地抱著寶寶餵奶，名為催產素的愛情荷爾蒙一定會大量分泌的，所以無需擔心。

產後

乳房保養

乳房可能出現的問題

乳汁鬱滯

儘管乳汁已經開始分泌，但是乳腺並沒有充分張開，使得母乳囤積在乳房當中，乳房因此變得硬梆梆的。這個狀況就稱為乳汁鬱滯。如果放任不管會引起乳腺炎，因此必須加以按摩，讓囤積的母乳流出來。

乳頭部位龜裂症狀（乳頭龜裂）

指的是寶寶吸吮過於用力，或是餵奶時間過長，造成乳頭部位出現傷口。儘管會痛，但是媽媽還是繼續哺乳會比較好。至於傷口的治療，可以請醫院開立軟膏塗抹。

乳腺炎

由於乳汁鬱滯，造成細菌入侵而引發的發炎症狀。會出現紅腫疼痛，症狀惡化時患部會發熱，乳頭甚至可能流出膿水。不要偏信自我判斷，盡早接受檢查才是上策。

讓母乳順利流出的小訣竅

為了讓母乳順利流出，請遵守下列注意事項。

1. **讓寶寶吸吮**
2. **進行乳房保養**
3. **不可累積壓力**
4. **避免過度疲勞**
5. **以營養均衡的日式飲食為主**

母乳按摩

※詳細內容請參照P106-107

乳房按摩

雙手抵住乳房朝中央擠壓，或是從下往上推。

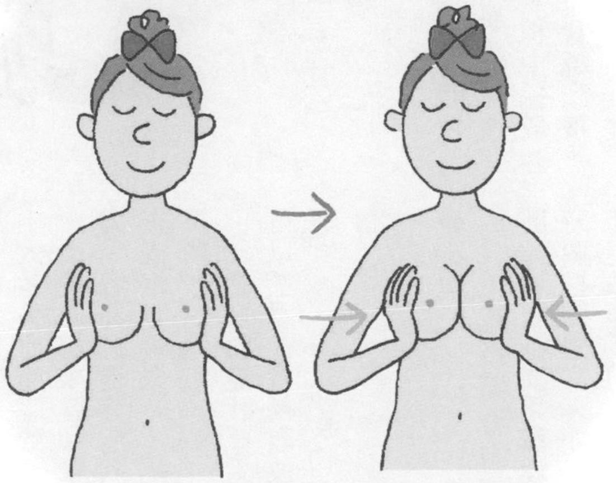

乳頭按摩

捏住乳頭和乳暈，輕輕轉動。

產後

產後的異常症狀

產後的異常症狀包含下列幾種。只要覺得身體不對勁，請立刻向醫院報備。

產褥熱

由於子宮內膜受到細菌感染導致化膿，這時出現的發燒症狀即為產褥熱。症狀是持續出現38度的高燒。近年來在生產時就會事先進行預防措施，因此幾乎不再出現發燒病病例。不過若是出現發燒不退的狀況，還是要到醫院就診比較好。院方會給予抗生素藥物治療。

子宮復原不全

正常情況下，子宮會在產後持續收縮，並在6至8週之後恢復成原本的大小。而上述狀況沒有順利出現時就稱為子宮復原不全。造成原因有胎盤殘留在子宮裡，還有細菌感染等。如果出現疼痛或是惡露出現臭味，請立刻前往婦產科診所。

膀胱炎・腎盂腎炎

惡露長期持續排出的結果，容易引起膀胱炎或腎盂腎炎之類的尿道感染。當出現下述症狀時，請立刻接受泌尿科的檢查：排尿時疼痛、解完後仍有殘尿感、溫度不高的發燒、尿出血尿或混濁的尿液等。

產後貧血

其他問題尚有：

●**腰痛**

生產結束後，腰部的負擔也隨之消失，開始逐漸恢復。但是，在育兒過程中採取前彎的姿勢時，有時會導致痠痛遲遲不退。此時可以做一些體操，促進腰部附近的血液流通。使用護腰也相當有幫助。

●**痔瘡**

由於生產過程很容易造成痔瘡，所以首先要做的就是多吃青菜來改善便秘問題。同時可以在患部塗抹軟膏和消炎劑。

●**貧血**

有些媽媽在懷孕期間就有貧血症狀，或是在生產過程中大量失血而導致貧血。這時會出現站起來就頭暈、全身無力、容易疲倦等症狀。血液檢查確定為貧血時，院方會開立鐵劑。

當貧血症狀不太嚴重時，可以透過大量攝取波菜或豬肝等富含鐵質的食物來獲得改善。

●**水腫**

生產後還會有短期的浮腫。切記不要累積疲勞，睡覺時要把腳墊高。如果症狀始終不見改善，可以在進行身體檢查的時候向醫師詢問。

●**漏尿**

因為支撐子宮和膀胱的肌肉，在生產過程當中過度拉伸所造成的。建議做一些收縮骨盆底肌的體操（P247的半橋式動作效果非凡）。

產後1個月的生活安排

放輕鬆，盡可能地休息

產後1個月，正是媽媽的身體逐漸恢復，並且習慣和寶寶一起生活的時期。特別需要注意的是出院後第一週，由於生產的疲勞尚未消失，請盡量少做家事，讓身體獲得充分的休息。

如果可以，這段期間請不要收起床被，一有機會就躺下休息。活動身體之前請確認自己的身體狀況。

在1個月後的身體檢查中確認沒有問題之後，才可以開始從事家事或是泡澡。但是還是不要過度勤快，而且盡量不要進行需要使力的工作。最好能夠拜託丈夫或是娘家的母親幫忙。

以寶寶為生活重心

正式開始尚未習慣的育兒生活。

媽媽的心中應該充滿著不安，但是請不要想太多。這段期間內，連餵奶都需要配合寶寶的作息。此外，寶寶睡著的時候，媽媽也可以趁機睡覺。依照這個方法按部就班地調整生活作息即可。

產後1個月內不適宜做的事

● 需要出力的工作

請盡量避免拿起或搬運重物。

● 泡澡

泡澡請在1個月後的健康檢查確認身體狀況OK之後再進行。

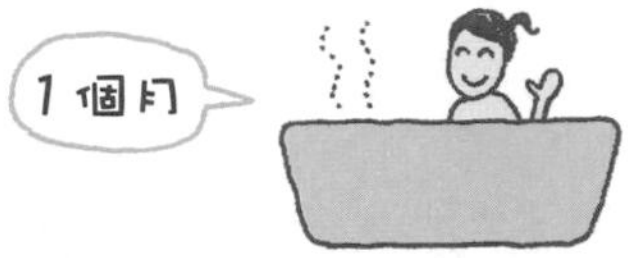

● 開車

在身體恢復之前請盡量避免。

● 娛樂活動

在媽媽和寶寶的生活安定下來之前請暫時忍耐。

● 返鄉

這1個月尚未結束之前，儘管有車輛代步，也最好不要勉強返鄉。

● 過度用眼

由於荷爾蒙影響，眼睛的功能減弱，眼睛的疲倦感會更加嚴重。這段期間若是進行看書或是編織等過度使用眼睛的作業，可能會導致視力衰退。

● 性行為

性行為容易讓子宮或會陰切開的傷口出現感染，所以在健康檢查確認OK之前最好避免進行。迴避時間大約是1～2個月。

產後憂鬱症

由荷爾蒙急速變化所引起

從生產到產後，女性荷爾蒙的分泌會出現巨大變動。產前一直都有足夠分泌量的荷爾蒙，在產後會突然大量減少，因此對自律神經產生影響，導致媽媽的情緒也會出現劇烈的起伏。例如毫無來由地悲傷落淚，或是對家人的言談過度敏感等。此外還會認為育兒工作是過重的負擔，不安的感覺增大等。類似的感情變化，稱之為產後憂鬱症。

每個媽媽的心情多少都會有些變化，但是某些特定個性的人更容易出現症狀。例如完美主義者、循規蹈矩過度神經質的人、還有內向的人，都比較容易出現產後憂鬱症。此外，季節更迭的時候也容易引起身心平衡的失調，同樣容易引起產後憂鬱症。

不過，由於產後憂鬱症是荷爾蒙變化所引起的，所以在子宮恢復原狀之後，上述的感情變化也會隨之消失。

紓解壓力的方法

找人傾訴在意或是擔心的事情吧！或者是在不帶給身體過多負擔的狀況下外出散步或是買東西，同樣可以有效轉換心情。

此外，在介紹運動的章節當中提到的孕婦瑜珈呼吸法，也能有效安定心神。有空時不妨嘗試看看。

產後抑鬱

產後抑鬱和產後憂鬱症的症狀相當類似。同樣會因為一點小事就陷入沮喪，容易閉門不出。兩者最大的不同在於發病時間。產後憂鬱症在產後1個月左右，症狀就會逐漸消失，而產後抑鬱則是在產後1個月之後才出現。

另外，產後憂鬱症和產後抑鬱相比，產後憂鬱症的症狀相對較為輕微，對日常生活不會產生太大影響。但是產後抑鬱會讓整個人失去氣力，不願繼續處理家務或養育小孩。病情若是發展到這個地步，就必須接受治療。請在發現症狀的第一時間前往心理治療科或是精神科接受診斷。

過來人的經驗談

- 我聽說神經質或是過度嚴肅的人比較容易生病，所以一直覺得「不可能發生在自己身上」，但是卻總是毫無來由地哭泣落淚。
- 當寶寶哭鬧時，我也會跟著想哭。雖然知道丈夫工作回家一定很累，但還是忍不住想找他傾訴。
- 這明明就是自己引頸期盼能和寶寶一起生活的時光。我單身的朋友甚至還對此感到相當羨慕。碰到這個時候，我會打電話給其他有孩子的前輩媽媽們，以轉移自己的焦點。
- 真的覺得撐不下去的時候，我就把寶寶託給媽媽帶，自己出門走走。

產後

育嬰時的不安感

不要自己一個人承擔一切

對新手媽媽來說，育兒期間的每一個小問題都會成為不安的種子。例如「寶寶總是不肯睡覺」「一直哭個不停」「母奶喝得很少」之類。

不過，不要自己一個人承擔這一切，請和週遭的人商量自己在意的問題吧！例如當初照顧自己的醫院以及主治醫師、護士等，有非常多人都能給予建議。

同時這段期間也是荷爾蒙分泌最紛亂，最容易造成精神平衡失調的時候。如果自己一個人承擔，情況只會越來越糟。所以第一件要注意的事就是不要把問題憋在心裡。

依賴另一半

媽媽必須要事先知道，單靠自己一個人的力量是不可能解決所有問題的。而且新生兒時期的餵奶間隔相當短，帶給媽媽的負擔也相當沉重。試著依賴自己的另一半吧！做不到的事情就直接告訴對方做不到，請他動手幫忙。

育兒並不是媽媽一個人的工作。讓另一半從這個時候開始積極介入撫養孩子，是一件非常重要的事。即使對方只是聽自己說話，也能讓心情稍微輕鬆一點。記得空出一段時間和另一半多聊聊喔！

拜託爸爸幫忙吧

・自己的事情讓他自行處理

至今一直為爸爸盡心盡力的媽媽，光是照顧寶寶就已經焦頭爛額了。不妨趁這個機會讓爸爸開始自立吧！例如假日換成爸爸來準備早餐。如果好吃，不要忘了大大讚美他喔！

・照顧寶寶

寶寶的成長速度非常快。有些爸爸可能會覺得晚一點再動手幫忙也無妨。此時媽媽還是大方地要求爸爸幫忙「洗澡」「換尿布」「餵奶」吧！順便拍下紀念照片，讓孩子看看以前的樣子一定很有趣。

・交給專職業者

洗衣打掃其實可以委託專職業者進行。雖然有點花錢，但是能夠獲得休息的時間，所以其實相當划算。爸爸應該也會為了媽媽的健康而開心。試著和他商量看看吧！

結交同樣身為媽媽的朋友

同樣身為媽媽的朋友，最能站在同樣的立場上，理解自己內心的煩惱與不安。不妨利用電子郵件或電話，結交一些談得來的媽媽朋友。尤其電子郵件是一種不受時間限制的聯絡方式，請盡量活用。

網路上也有一些針對育兒期間的媽媽而設立的網站，可以在這裡尋找新的朋友。即使身邊沒有另一半，尋找其他願意為自己加油的人仍然是很重要的。

1個月後的健康檢查完成之後，可以漸漸擴展自己活動的範圍，建議參加地區性的媽媽班或是育兒課程。

過來人的有效建議

例如自己的媽媽還有婆婆，都是生兒育女的老前輩。不管什麼問題都可以詢問她們。實際經驗絕對遠勝過任何一本育兒書籍。她們由自身經驗當中提出的建議，一定會對媽媽很有幫助。

產後

生產後的性行為

兩人好好商量

1個月後的健康檢查時，醫師如果許可，就表示身體已經恢復到可以進行性行為的程度了。不過，性行為與精神狀況有很大的關聯性。如果連續睡眠不足，或是心中抱有不安，媽媽可能就不會有那個意願。

最好的辦法是兩人開誠佈公。有些夫妻會因為幫寶寶餵奶或照顧寶寶導致睡眠不足，乾脆趁著生產這個機會分房睡，因而造成了性生活的減少。類似的例子其實並不在少數。

媽媽幫寶寶哺乳的期間，因為荷爾蒙平衡問題，很多女性會感受不到性慾。兩人最好連同身體狀況一起好好討論比較妥當。因為對夫妻來說，這是非常重要的問題。

如果會痛就不要勉強

性行為無法建立在忍耐之上，必須為對方著想。如果感到疼痛不適，請一定要告訴另一半。如果疼痛持續不退，則必須到婦產科接受檢查。

考慮是否要生下一個寶寶

儘管每個人的狀況各有不同，但是子宮恢復速度較快的人在產後一個月就有可能恢復正常生理期。不過也有些人受到哺育母乳的影響，將近一年都沒有出現生理期。

在子宮恢復期間，可以好好考慮一下自己想不想要下一個孩子。除非自己非常想要下一個孩子，即使只差一歲也無妨，否則在開始性行為之前，請不要忘記做好避孕措施。

前輩媽媽的經驗談

- 產後在進行性行為時母乳會溢出而令人嚇一跳，因而無法集中心神。
- 產後變得沒什麼性慾，但覺得他很可憐，就勉強從事了性行為，但這麼一來反而帶給他不信任的感覺。我認為這樣下去不行，就和他好好溝通了。
- 被他抱著時，就能實際感受到自己身為女人，可以轉換一下育兒的心情。
- 比產前感到更加深入，也比之前感到更舒服。
- 生產後，因為不想讓他看到肚皮鬆弛的模樣，暫時以身體不舒服或太累為由拒絕了。但漸漸地也就不在意了。
- 以為寶寶睡了就沒關係，但好幾次寶寶都突然放聲哭泣，我們兩人因而慌張不已。
- 生產過後，生理期就一直沒來，許久，至婦產科檢查後被告知「肚裡有小寶寶了」，因而驚訝不已。這已是第二個孩子了。

育兒

剛出生不久的寶寶

和寶寶一起度過幸福時光

剛出生不久的寶寶，幾乎所有生存所需之事都仰賴媽媽的照顧。因此，媽媽可說是和寶寶黏在一起。

雖然這個時候的寶寶連翻身都辦不到，但是他們絕非什麼都不會。相反的，他們的體內有著驚人的力量。他們有時哭鬧、有時生氣，以為他們想做別的事情時，又突然緊緊吸吮奶水。每天都按照這個步調迅速成長。

在他們成長的每一天，媽媽可能會非常辛苦。但是這段時間應該也是非常快樂而且幸福的吧！

現在可說是寶寶習慣新環境最為關鍵的時刻。

剛出生不久的寶寶的模樣

剛出生的寶寶，外型和成年人迥然不同。首先他們最自然的姿勢就是雙手呈現W形，雙腳則是呈現M字形。脖子軟綿綿的，無法支撐頭部。等他們成長到3個月、4個月左右，才會依照手、腳、脖子的順序逐漸變直。

有人說這個時候的寶寶幾乎看不見任何東西，但是他們似乎出乎意料地看得見許多東西，而且能在第一時間模仿媽媽的表情，耳朵也能清楚聽到聲音。媽媽不妨試著用溫柔的聲音對寶寶說：「寶寶，我最愛你了」，同時露出燦爛的笑容。

此時，寶寶的體溫較高，平均大概在36・7～37・5度左右。寶寶體內的溫度調節機能這時還無法發揮功效，體溫會隨著週遭氣溫上上下下。此外，體溫高低可以作為身體狀況是否良好的指標，所以必須經常測量體溫。

大個子寶寶、小個子寶寶。寶寶的體型各有不同

剛出生的寶寶，平均身高大約為50公分，平均體重在3000～4000克左右。不過寶寶們在出生時就有體格差異。媽媽每天確認寶寶的體重時，難免會和平均值比較。「和其他寶寶不一樣……，我的寶寶會不會有問題呢？」其實不必為此感到不安，最重要的還是用開朗的心情面對寶寶。因為媽媽內心穩定，就能夠帶給寶寶安心感。

哭聲是寶寶給媽媽的訊號

寶寶會透過哭聲向媽媽發出SOS訊號。而這些訊號多半代表寶寶處在「肚子餓了」「尿尿」「便便」「太吵了」等不愉快的狀況下。至於在「好熱」「好冷」「皮膚好癢」「衣服好緊」「枕頭的位置不好」等情況下時，也會發出各種不同的哭聲訊號。仔細觀察，確認寶寶的訊號意義是非常重要的。

當他們每次發脾氣的時候，媽媽一定要表示關心，對他們說「怎麼了？」「想睡覺嗎？」「肚子餓了嗎？」等。久而久之自然能夠理解寶寶的心情。

身體的狀況

原始反射——與生俱來的能力

剛出生的寶寶已經可以做出很多動作。例如用手探索乳房位置並用嘴巴吸吮；觸碰他們的手就會自然握緊等。

這種寶寶一生下來自然就會，無需他人指導的動作，稱為「原始反射」。

剛出生的寶寶尋找乳房吸吮的動作也是原始反射的一種。

現在介紹一下寶寶主要的原始反射。

【探索反射】（＝尋覓反射、搜索反射）
碰一下寶寶的臉頰，他的頭和嘴巴就會轉向碰觸的方向，這是尋找乳房的動作。

【吸吮反射】
碰觸寶寶的嘴唇，他就會做出吸吮乳頭的動作。

【抓握反射】（＝達爾文反射）
把手指放到寶寶手裡，他就會緊緊握住。

【驚嚇反射】
被巨大的聲音或是振動嚇到之後，寶寶就會張開雙手，試圖抓住些什麼，這是尋找媽媽的動作。

【足底反射】
碰觸寶寶的腳底板，他的腳趾就會像扇子一樣張開。

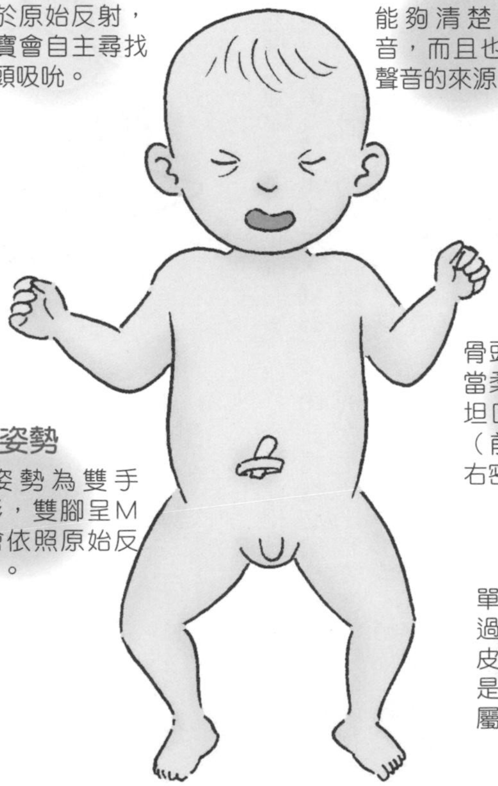

嘴巴
出於原始反射，寶寶會自主尋找乳頭吸吮。

耳朵
能夠清楚聽到聲音，而且也能分辨聲音的來源。

脖子
軟綿綿的，不太穩定。把寶寶抱起來的時候必須用手好好撐住。4個月之後才會漸漸有力起來。

眼睛
出乎意料地看得見相當多東西，還會模仿媽媽的表情。

肚臍
臍帶在出生後1星期至10天左右就會自然脫落。沐浴時，必須用紗布或是酒精棉球輕輕擦拭。

頭部
骨頭之間還留有隙縫，相當柔軟，而且頭頂部位平坦凹陷。這片凹陷部位（前囟門）會在1歲半左右密合。

姿勢
基本姿勢為雙手呈W形，雙腳呈M形。會依照原始反射活動。

體溫
平均在36.7～37.5度之間。會隨著周遭氣溫起伏。請幫寶寶蓋上被子或是打開冷氣，隨時留意他的體溫。

皮膚
單薄的皮膚會不斷剝落，不過在2～3週內就會變成新的皮膚。膚色偏黃的原因可能是「新生兒黃疸」，不過這屬於自然現象，不必擔心。

照顧寶寶

哺乳

寶寶的工作就是睡覺和喝奶

才剛出生不久的寶寶是要喝母乳或是牛奶長大的。

大概每隔2～4小時就會大哭，告訴媽媽「肚子餓了」，喝完奶之後又沉沉睡去。因此媽媽也沒辦法睡得太久。

不過在這段期間內，睡眠品質似乎相當高，即使時間不長也感受不到疲倦。

媽媽不妨試著將自己的作息調整到和寶寶一致。

母乳中富含寶寶所需的一切營養。尤其是初乳當中含有增強寶寶免疫力的成分。因此就算已經決定將來使用牛奶，也還是要讓寶寶喝下初乳比較好。

母乳好還是牛奶好？

近年來，WHO（世界衛生組織）等機構都認為，對寶寶來說哺育母乳是最適當的進食方式，同時也大力推薦母乳當中的營養。而日本的衛生署也發起推廣母乳的運動，倡導母乳育兒的重要性。

不過，不管是選擇母乳還是選擇牛奶，都是媽媽個人的自由。媽媽的母乳能否順利分泌完全因人而異，所以堅持用母乳哺育並不一定是正確的。有時母乳的分泌量不足，就必須以奶粉代替，媽媽不需要為了改用牛奶餵養寶寶而心存憂慮。因為最重要的事其實是媽媽和寶寶之間的良好互動。

母乳和牛奶，其實各有各的優缺點。

母乳還有一項優點，就是在出門時需攜帶的行李數量較少。另一方面，牛奶就需要沖泡用的熱水、消毒過的奶瓶，以及奶粉等。

牛奶也有優點

母乳會出現分泌量充足和分泌量不足的狀況。相比之下，牛奶就能夠穩定地餵給寶寶。此外，無論是誰都可以餵寶寶喝牛奶，所以媽媽能將工作暫時交給別人，趁機休息。另一個有力的優點就是不必在意他人的眼光，即使是在電車裡也可以餵寶寶喝奶。

含有酒精、尼古丁的母乳非常危險

母乳相當於媽媽的血液。因此媽媽必須小心維持均衡的飲食生活。有許多研究報告指出，多吃沙丁魚、鯖魚、秋刀魚、鰤魚、鮭魚、竹筴魚等富含DHA（二十二碳六烯酸）的小型魚類，對身體有益。

喝酒、吸菸之後的母乳當中含有酒精和尼古丁成分。由於寶寶目前不具有分解酒精和尼古丁的能力，毒性會直接進入寶寶體內，所以媽媽還是盡量避免抽菸喝酒比較好。尤其

餵牛奶的方法

1

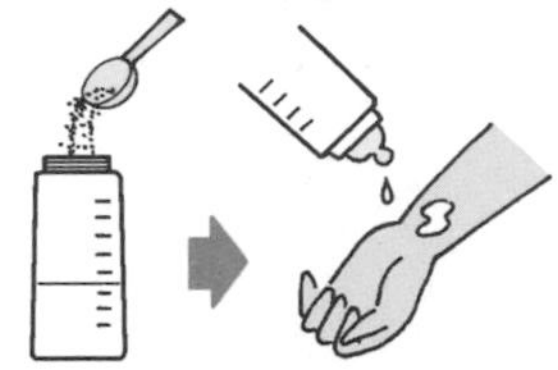

沖泡奶粉之前必須洗手，接著用熱水沖泡奶粉，並滴幾滴牛奶在手腕上確認溫度會不會過高。只要微溫即可。

2

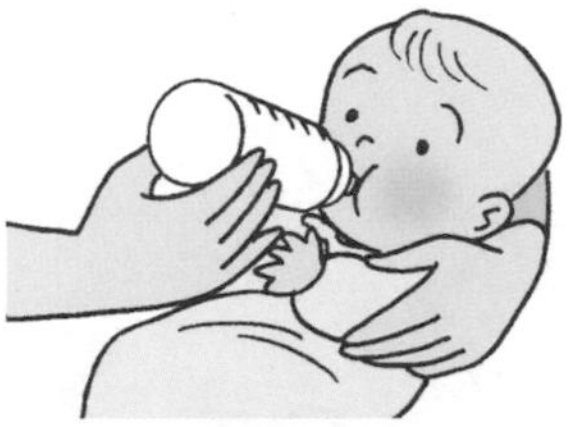

橫抱寶寶，將寶寶的頭部稍微抬高，讓寶寶的嘴巴穩穩含住餵奶瓶。

3

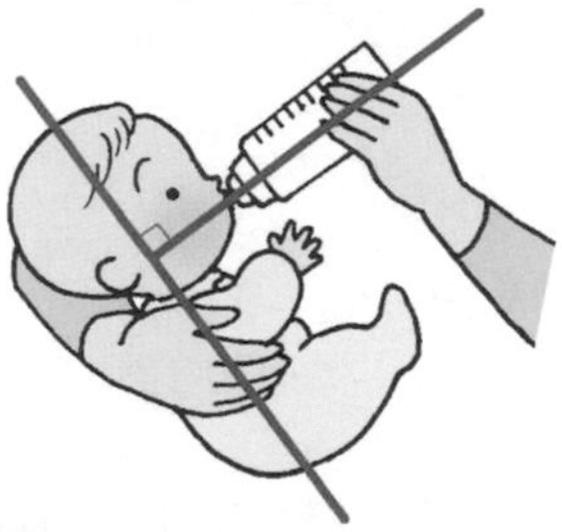

盡量讓寶寶的背和餵奶瓶呈現90度直角。不要一口氣餵完，必須花30分鐘左右，讓寶寶慢慢地喝完。

哺育母乳的方法

1

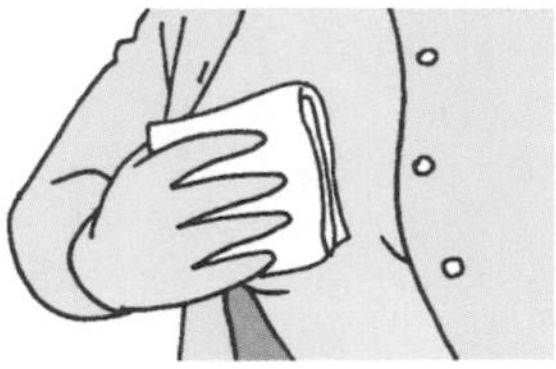

哺乳之前必須洗手。接著將乳頭擦拭乾淨，輕輕地按摩乳頭和整個乳房。

2

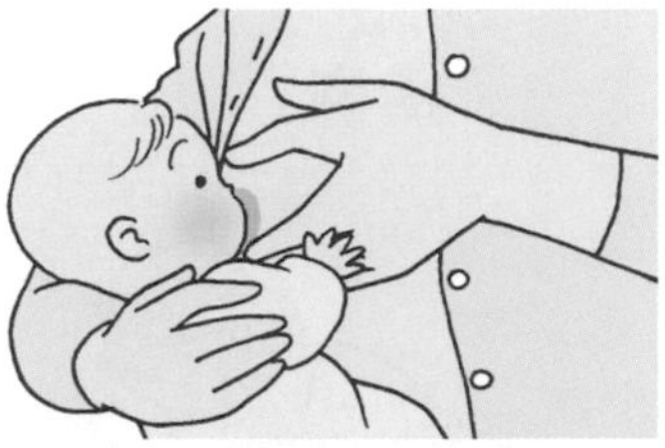

單手撐住寶寶的脖子，另一隻手托起乳房，讓乳頭接近寶寶的嘴邊。等到乳頭和寶寶的嘴巴等高時，再讓寶寶含住乳頭。

3

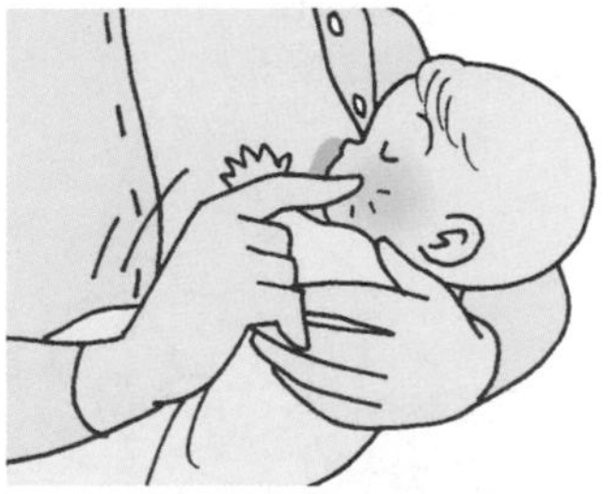

讓寶寶喝了2～3分鐘之後，換到另一邊繼續餵奶。之後再慢慢地延長時間，兩邊哺乳的時間總計約30分鐘。

餵好之後，先將寶寶打直，讓他的下巴靠在自己的肩膀上。接著輕輕拍打寶寶的背後，讓他打出飽嗝。如果還有剩下的母乳，可以吸出來裝進餵奶瓶當中保存。

香菸的煙會導致寶寶出現缺氧症狀，同時也是造成支氣管哮喘的原因，所以建議媽媽最好趁機戒菸。此外，正在服用具有強烈藥效藥物的媽媽也要多加留意。先和醫師討論是否能夠哺育母乳吧！

話雖如此，育兒活動始終是一份壓力相當大的工作，偶爾還是需要喘口氣休息一下。只要能夠避免在餵奶之前喝酒，還是可以適度地享受喝酒的樂趣。媽媽的笑容可是與寶寶的成長息息相關的喔！

抱抱

一定要好好撐住寶寶的脖子

被爸爸或是媽媽抱起來時，寶寶會非常放鬆。因為他們可以近距離聽見爸媽的心跳。此外為了增進親子之間的親密，請多抱寶寶吧！

寶寶的身體非常柔軟，特別是脖子還軟綿綿的，不夠穩定。抱起來的時候一定要好好撐住寶寶的脖子。剛開始可能會覺得不知道該如何下手，不過久而久之自然就會習慣了，所以不必擔心。最重要的是在抱起寶寶的時候，要好好地注視他的眼睛。

隨著寶寶一天天長大，體重也會逐漸增加，媽媽在抱起寶寶的時候也會越來越吃力。這時不妨試著改變抱寶寶的方法。

橫抱

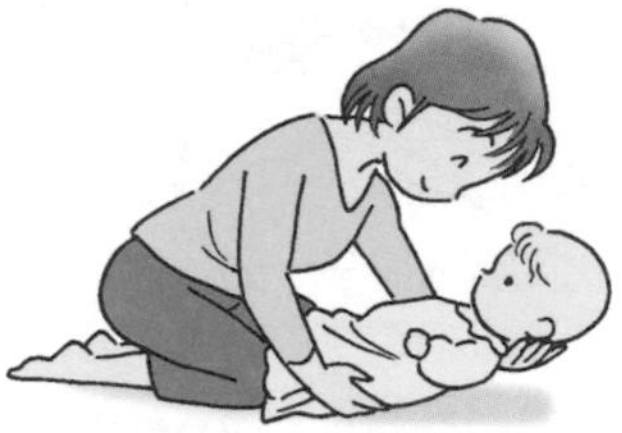

1
一隻手伸進寶寶的脖子後方，小心撐住他的後腦杓。另一隻手則是伸入寶寶的屁股下。

2
讓寶寶靠近自己。小心不要讓他的頭向後仰，保持穩定的姿勢緩緩抱起來。

3
讓寶寶的脖子靠在媽媽的臂彎，在保持寶寶頭部穩定的狀態下抱住他。另一隻手必須托住寶寶的屁股。

4
放下寶寶時，必須先讓屁股輕輕著地。接著依序抽出放在屁股下的手，再抽出扶助脖子的手。

直抱

和橫抱的要領相同，先用手撐住寶寶的脖子後方和屁股，再將寶寶正面抱起來，面向媽媽。

育兒

照顧寶寶

沐浴

將水溫維持在38～40度，注意不要讓水冷掉

由於寶寶的新陳代謝速度較快，所以必須每天幫他洗澡。而且除了流汗之外，寶寶的身體也會被大小便給弄髒，因此為了保持清潔必須洗澡。此外，一次舒服的沐浴還可以讓寶寶睡得更安穩。幫寶寶洗澡時必須注意水溫，大約控制在38～40度，比寶寶的體溫稍高即可。在媽媽教室裡可能已經上過類似的課程，不過剛開始的時候總是有點手忙腳亂。日後自然會熟練起來，不必擔心。

等到寶寶1個月之後可以請爸爸幫忙，讓寶寶和媽媽一起泡澡。但是要注意的是，寶寶的腦部非常容易充血，絕對不可以泡太久。

沐浴的方法

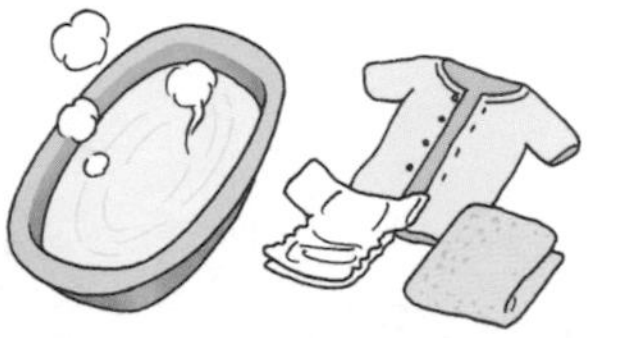

1

首先要做好準備。先將溫水倒入嬰兒澡盆裡，水溫必須控制在大人覺得微涼的38～40度。此外還要準備好寶寶的換洗衣物、浴巾、紗布，以及乾淨的溫水。

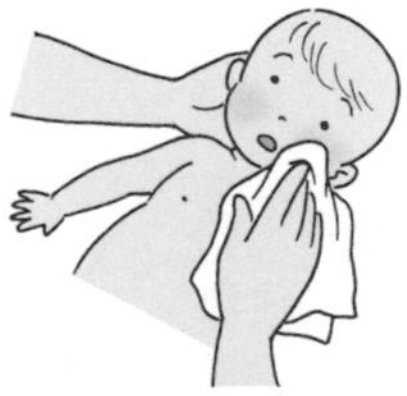

2

用紗布沾溫水，輕輕擦拭寶寶的額頭還有眼睛、嘴巴的四周。

3

撐住寶寶的頭，慢慢地從腳開始放進溫水裡。這時可用大塊的紗布或毛巾蓋在寶寶的身體上，這樣一來寶寶就不會太過害怕。

4

用濕紗布打濕寶寶的頭部，再用單手抹上肥皂洗頭。洗完之後再用紗布擦去頭上的泡沫。

5

用手搓出肥皂泡沫，依序搓洗脖子、腋下、手、胸口、肚子，最後是腳。同時不要忘記仔細清洗指縫和關節處。

6

將手伸至寶寶的腋下，從下方牢牢撐住寶寶之後讓他趴下，清洗背後還有屁股位置。尤其必須仔細清洗屁股。

7

將寶寶的身體完全浸泡到水裡，讓他溫暖一下。最後再用乾淨的溫水沖洗一下便大功告成。

8

用浴巾把寶寶整個裹住，擦去全身上下的水分。擦拭的時候必須注意不可讓關節處留下水分。

照顧寶寶

換尿布

頻繁地為寶寶換尿布

由於寶寶大小便的次數很多，如果沒有馬上幫他換尿布，可能會導致皮膚乾裂或濕疹。因此請媽媽頻繁地幫寶寶換尿布。

隨著寶寶逐漸成長，更換的次數也會漸漸減少。

最近有些媽媽開始考慮使用布尿布。在使用之前可以先比較一下紙尿布和布尿布的優缺點。

寶寶的糞便，請確實丟進馬桶裡沖掉。另外請把弄髒的尿布捲成一團，丟進塑膠袋裡密封裝好。至於垃圾分類丟棄的方法請依照政府的規定。

也有些媽媽在產後1星期就開始挑戰不用尿布（參照P176）。

換尿布的方法

1 解開尿布後，用單手抓住寶寶的雙腳，朝著腹部的方向舉高。先擦拭寶寶的屁股，注意不可留下任何水分，小心地擦拭乾淨。如果是女孩子，為了避免細菌進入尿道，擦拭方向必須由前往後。如果是男孩子，則必須連同陰囊內側也擦拭乾淨。如果發現寶寶的屁股上出現濕疹，請用溫水沖洗。

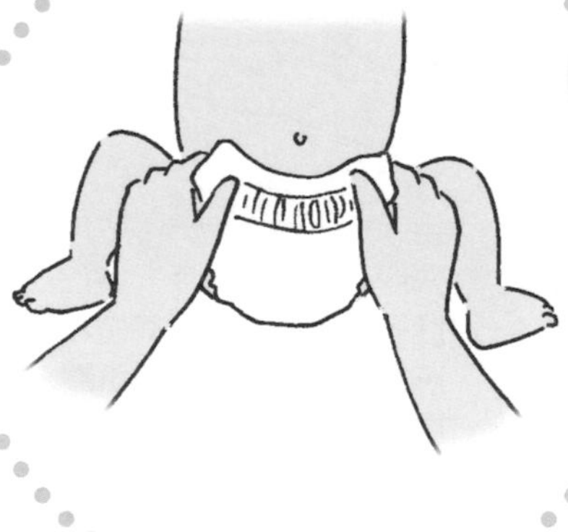

2 隨後抽出弄髒的尿布，包上新的尿布。請將有膠條的那一面墊在寶寶的屁股下。此時與其舉起寶寶的腳，不如托高寶寶的屁股，這樣一來更容易進行。

若是使用布尿布，則是在前面反折增加厚度，如果是女孩子，就將厚的那一面移到背後即可。

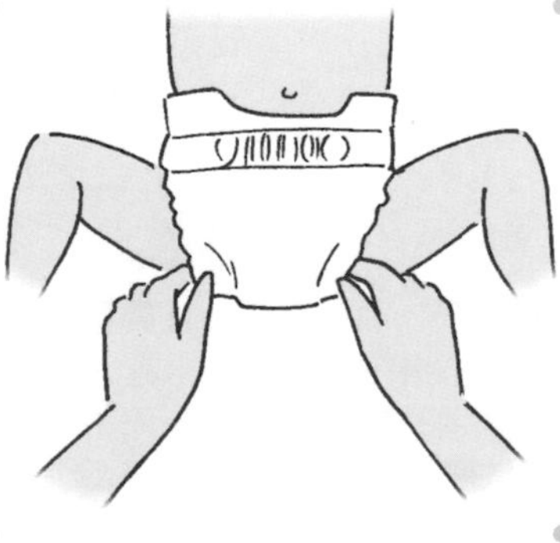

3 固定膠條，但是要注意不要束得太緊，至少要留下可容納兩指的空間。雙腳只要能以M字形自由活動就OK。此外還要注意大腿周圍的皺摺處不可以向內折。如果皺摺處沒有正確展開，寶寶的糞便極有可能會漏出來。

育兒

照顧寶寶

身體保養

想到時就進行身體保養

身體保養要在沐浴、更衣、或是換尿布的時候進行，也就是一旦想到就馬上進行。因為寶寶的身體容易出現汙垢，皮膚也非常容易乾裂，因此請務必隨時注意保持清潔。

眼睛
幫寶寶除去眼屎時，必須使用沾濕的紗布，從眼頭輕輕地擦到眼角。如果眼屎量過多，請到眼科檢查。

耳朵
撐住寶寶的頭部，利用棉花棒將耳孔附近清理乾淨。棉花棒頭沾取少許嬰兒乳液，可讓清理過程更輕鬆。切記絕對不可以過於深入。

鼻子
和清理耳朵的要領相同，先撐住寶寶的頭部，再利用棉花棒輕輕擦拭鼻孔周圍。若太用力可能會造成皮膚受傷，因此一定要小心。

指甲
由於寶寶很容易抓傷自己，所以一定要頻繁地幫他剪指甲。將寶寶放在膝蓋上抱好，接著再將指甲剪成圓弧形。沐浴之後指甲會變得比較柔軟，很容易剪得太深，請務必小心。

肚臍
臍帶脫落之後，還會持續滲出液體一小段時間。請用棉花棒沾取酒精消毒液輕輕擦拭。

頭髮
請用紗布或是毛巾輕輕擦拭，再用梳子梳開。不需使用吹風機。

皮膚
小心確認下巴底下還有腋下等容易藏汙納垢的地方是否出現濕疹。如果出現發炎症狀，請用溫水清洗。如果皮膚過於乾燥則必須塗抹嬰兒乳液。乳液和爽身粉不需要每天塗抹。有時塗抹兩種以上的保濕用品，反而會成為引發濕疹的原因。

1～2個月的寶寶

身體長大，表情也豐富起來

這個時期的寶寶逐漸習慣了這個新世界。體內調節也告一段落，開始邁入成長階段。身體開始圓潤起來，表情變得比新生兒更為豐富，也變得更能靈巧地吸吮奶水。這個時期的寶寶，體重大概每個月會增加1公斤。

即使分泌不出母乳也不必太擔心

這時，餵奶的時間漸漸規律起來，一次喝的量也變得比較多。到了2個月左右，餵奶次數大概是1天7～8次。對自己分泌不出母乳而感到擔心的媽媽，請趁健康檢查時和醫師討論，看看是否需要改成

規律的餵奶時間形成。2個月大的寶寶約為1天7～8次左右。配合母乳的分泌量，可任意變化餵食母乳、牛奶、或是混合營養。

正是身體成長的時候。寶寶開始大口大口地喝奶，體重每個月約增加1公斤。

開始可以發出「啊—」「嗚—」等呢喃，媽媽要能回應他，因為這是非常重要的交流。

這個時候的寶寶還不會調節自己的體溫。請注意外界氣溫的變化，協助寶寶調節溫度。

寶寶的數據資料（1～2個月）		男孩	女孩
	體　重	3.5～7.0 kg	3.2～6.5 kg
	身　高	51～63 cm	50～62 cm

牛奶，或是將母乳和牛奶混合餵養，可配合實際情況加以變化。只要媽媽有心幫忙輔助，對於現在的牛奶成分其實不必過度擔心。

和寶寶的交流

和新生兒時期相比，寶寶身體的反應明顯變得比較活潑。手腳開始動來動去，視線開始追著會動的事物移動，也開始對發出聲響的玩具出現反應。此外，寶寶還能發出「啊—」之類的喃語（寶寶發出的無意義聲音），逗弄他的時候也會發出笑聲。更會開始緊緊盯著自己的爸爸媽媽。當寶寶說出「啊—」的時候，建議媽媽也要發出聲音回應。面對笑容就用笑容以對，同時不要忘記保持肌膚接觸。和爸爸、媽媽之間的交流，可是對寶寶的身心發展有著極為重要的意義。

為寶寶創造一個舒適的環境

創造一個讓寶寶能夠安心、愉快地生活的環境吧！

- 注意冷氣的溫度，調整在26度左右最為理想。並將嬰兒床放置在遠離出風口的地方。
- 灰塵、塵蟎以及室內的塵土都會導致嬰兒出現過敏症狀。請隨時動手打掃，不要忘記常曬棉被。
- 電視、電腦、音響等家電用品請盡量遠離嬰兒床。同時要注意音量大小。
- 由於寶寶對溫度變化相當敏感，因此請把嬰兒床放在離牆壁10公分遠的位置。此外，不要在嬰兒床附近擺放照明器具和容易倒下的物品，例如花瓶。
- 家中若有飼養寵物，建議最好不要讓動物進入嬰兒房。

育兒期間的注意事項 Q&A

Q 總覺得寶寶的反應有點遲鈍……。我們真的有把他帶好嗎？

A 一般來說，寶寶看起來雖然像是在發呆，但其實他都將我們的一切行為看在眼裡。等到寶寶到了3～6個月左右時，反應應該就會變得比較明顯。

Q 體重增加的不如預期……。

A 您的母乳分泌量是否足夠？如果每次餵奶時都流不出足夠的量，建議您換成牛奶餵養。母乳的分泌量通常因人而異，媽媽大可不必為了分泌不足而難過。此外，即使寶寶的體重不到平均值，只要寶寶看起來已經吃飽了就不需要擔心。如果每次都有好好餵奶，但是體重卻不見增加時，再向醫師或是地區衛生中心諮詢。

Q 寶寶在吸奶的時候睡著了，這樣會有影響嗎？

A 有很多寶寶都會在餵奶過程中睡著。這時，請用手指輕觸他的臉頰叫醒他。如果還是不醒，就將乳頭抽離他的嘴巴，讓他好好睡覺。在這種情況下，通常寶寶很快就會想喝下一次的奶，請在他想喝的時候再餵給他。

Q 喝完奶之後，寶寶有時會嘔吐。這是因為生病嗎？

A 寶寶在喝完奶之後嘔吐，其實還算挺常見的。請在餵奶之前先把換洗衣物和毛巾等物品準備好放在旁邊。尤其是餵牛奶的時候，在寶寶喝完後輕拍他的背部，讓他打出飽嗝是非常重要的。等到寶寶逐漸習慣喝奶之後，吐奶的狀況應該就會減少。

3～4個月的寶寶

身體逐漸發育，脖子也穩定了

出生後3～4個月的寶寶，身高大約增加10公分，體重大概是出生時的兩倍。

身體明顯發育的時期也告一段落，對爸爸和媽媽來說算是比較平穩的一段時間。

4個月大之後，體重增加的速度大概是每個月500～600公克。

隨著身體的發育，寶寶原本軟綿綿的脖子也變得安定而有力，開始能夠自行支撐頭部，也可以轉動脖子東張西望，或是趴在地上自己抬起頭來。即使直抱寶寶也能維持安定。

夜間哺乳變得輕鬆許多

寶寶的睡眠時間逐漸出現

身體顯著成長的時期。身高大約增加10公分，體重每月增加1公斤。等到4個月大之後，體重則是每個月增加500～600公克。

寶寶的脖子變得較為有力，開始能夠自己支撐頭部。不管是後背還是直抱都可以穩定地進行。

出現規律的睡眠時間，晚上也不再頻繁地要喝奶。哺乳的間隔時間大約是4小時。

隨著大腦發育，手和腳都變得較為靈活。手腳會不斷地動來動去，受人逗弄也會開始發笑。周圍的所有東西都會舔過一次，視線也會追著移動的物體左右游移。發出喃語的次數也越來越多。

寶寶的數據資料（3～4個月）	男孩	女孩
體重	5.8～8.5 kg	5.4～7.8 kg
身高	61～71 cm	59～68 cm

規律性，開始能夠區別白天和黑夜，並在夜裡集中睡眠數小時。

哺乳的間隔時間變成4小時1次，比起0～2個月大的時候要輕鬆許多。

手腳會動來動去，也會舔手指。請留心看護

這段時間的寶寶感官日趨發達，好奇心非常旺盛。比以前更喜歡去追逐會動的事物。

手腳能夠依照自己的意思揮舞，不但會把手放進自己的嘴裡舔個不停，還會動手抓住周圍的物品。這些都是非常自然的現象，無須擔心。

請在寶寶的成長過程當中，一邊和寶寶交流一邊溫暖地守護他吧！

接受預防接種

從媽媽身上獲得的免疫能力，會在3個月大的時候開始逐漸減少。

為了防止細菌和病毒的入侵，必須讓寶寶接受預防接種。詳細內容請參照之後的說明（P234）。

媽媽可以先和小兒科醫師討論，事先了解往後接受預防接種的流程。

確認寶寶的發育情況

讓寶寶趴在地上，看看他能不能自行抬起頭來。或是讓寶寶躺下，確認他坐起上半身時，脖子是否能夠不再晃動，而是穩定地隨著身體移動而動作。此外，可以在寶寶面前拿著玩具緩緩移動，觀察他的視線會不會跟著移動；還有逗弄他的時候會不會發笑等，這些都是確認寶寶發育情況的重點。

育兒期間的注意事項Q&A

Q 所謂和寶寶的交流，到底應該怎麼做才好呢？

A 這個時候的寶寶會發出「嗚—」「啊—」等毫無意義的聲音，此稱為喃語。爸爸和媽媽可以自行想像寶寶想要表達些什麼，然後做出回應即可。此外，當寶寶做出任何行動時，都要稱讚他「做得好棒～」「好孩子！好孩子」「好厲害喔～」等。有時搔癢也能成為一種有效交流的方法。

Q 給寶寶什麼樣的玩具比較理想呢？

A 光是原色的玩具就能夠輕易吸引寶寶的目光了。可以觀察寶寶的表情，挑選他有興趣的玩具。

Q 寶寶似乎不太想要喝奶……。該怎麼辦好呢？

A 寶寶只會在自己想要的時候，才會用哭鬧表達訴求。所以當他不會哭著要求「我想要喝奶！」的時候，最有可能的原因就是寶寶其實並不餓。不可以因為時間到了就硬是要求寶寶喝下去。寶寶的身體狀況可以藉由體重是否順利增加來衡量。當寶寶不願意喝奶，而體重又沒有增加時，請在健康檢查的時候向醫師提出。

5～6個月的寶寶

餵食離乳食必須循序漸進

這個時候已經可以開始餵給寶寶離乳食。因為光喝牛奶無法讓寶寶咀嚼的能力自然發展；而且在5個月大之後，寶寶也開始需要一些母乳當中不足的營養，例如鐵質。因此這個階段可說是在寶寶的成長過程中不可或缺的步驟。媽媽不妨試著在寶寶心情較好的時候，例如上午時段，餵給寶寶離乳食。

剛開始，請給寶寶一湯匙的麥茶、烘焙茶、冷開水、蔬菜湯等液態食物。雖然已經開始餵給寶寶離乳食，但是主要的營養依舊來自母乳或牛奶。請不要心急，讓寶寶慢慢習慣即可。

有人說喝母乳的寶寶，咀嚼能力是喝牛奶的寶寶的5倍。有些寶寶甚至可以直接從媽媽的飲食當中挑選部分食物餵食。

翻身也是一種遊戲。小心不要受傷

寶寶的肌肉開始發達，逐漸能夠靠自己的力量翻身。有時會趁媽媽不注意的時候翻到另一面去；有時則會因為不斷地翻身，結果自己一個人滾到遠處。甚至還會因為翻轉身體，而讓自己的手臂被壓到自己的身體底下。這段期間請務必隨時注意寶寶的情況，確保他安全無虞。

也有一些寶寶不喜歡翻身。其實就算不翻身，寶寶的成長發育也不會有任何問題。此外，這個時候的寶寶也能藉著媽媽的支撐坐起身子。

在智能發展上，已能夠記住別人的長相。媽媽的臉應該是第一個記住的。

喃語變得更加發達，會發出「噠—」「叭—」「噗—」等聲音。

逐漸能夠自行翻身。不過因為還不習慣，常常會失敗。請媽媽隨時注意寶寶的情況。

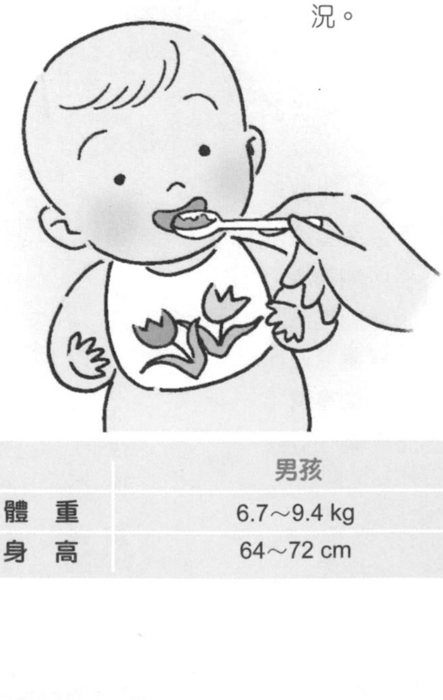

有些寶寶會有意識地以哭泣、夜哭、暴躁易怒等方式來表現自己。這時請伸手抱抱他，或是唱歌給他聽，好好地安撫他。

可以開始餵他離乳食。剛開始請餵給寶寶一湯匙的冷水即可。千萬不要急躁，讓寶寶循序漸進地習慣才是最重要的。

寶寶的數據資料（5～6個月）		男孩	女孩
	體重	6.7～9.4 kg	6.3～8.7 kg
	身高	64～72 cm	62～70 cm

育兒期間的注意事項 Q&A

Q 掌握不到餵食離乳食的時機。

A 這其實並沒有嚴格的規律可循。因為這必須依照寶寶的消化能力和咀嚼能力的發展才能決定何時開始。5個月大只是比較可靠的參考時間。而且這個時候的寶寶開始減少母乳的攝取量，可能就是因為如此，才被認為是開始餵食離乳食的最佳時機吧！

Q 寶寶就是不吃離乳食，讓人傷透腦筋。

A 您是不是給寶寶吃了固體的、或是接近固體的食物呢？牙齒尚未發育完全的寶寶，是沒有辦法好好咀嚼的。請依照寶寶的月齡，逐步餵給寶寶接近固體的食物吧！先用液體讓寶寶學會「吞下去」這個動作，再進行下一個步驟。

Q 我想帶著寶寶一起外出，請問可行嗎？

A 其實在產後1個月左右，就可以帶著寶寶到住家附近散步了。5～6個月大之後，到稍微遠一點的地方也無妨。這個年紀的寶寶，不管去哪裡都不會有太大的反應，還是把外出這件事當成是爸爸媽媽的紓解壓力之旅會比較好。
外出時，必須採用「不會給寶寶帶來負擔」的移動方式，而且必須帶齊「衣物、離乳食、牛奶、尿片」等必備物品。地點盡量選在「有嬰兒床等幼兒設備完善」的地方。若是把寶寶帶在身邊，有時可以享受一些優惠措施。例如提早登機或是提早搭乘遊樂設施等。

比手畫腳和喃語，看起來相當開心

手腳變得相當靈活，會伸手抓取附近的玩具。好奇心非常旺盛，不管看到什麼東西都想摸摸看或是往嘴裡放，有時還會把面紙抽得到處都是。這個時候就請對他寬容些吧！

喃語也變得比以前更加發達。不只是「啊—」「嗚—」，現在還發得出「噠—」「叭—」「噗—」等其他聲音。

同時現在也是智能明顯發展的時候，此時馬上就能記住物品或是人的外貌。

開始會有意識地哭泣，會用哭泣來表達自己的不滿之情。有些寶寶在夜晚哭泣以及情緒起伏的狀況，甚至比0～4個月的時候還嚴重。

翻身

離乳食的做法

第一個目標，是要讓寶寶學會「一口吞下去」。可以餵給他一湯匙的冷開水、麥茶、烘焙茶等液體，讓寶寶逐漸習慣。綠茶和烏龍茶裡含有咖啡因，最好不要餵給寶寶。黃豆粉、豆腐、白身魚等則是優質蛋白質的來源。

適合做成離乳食的蔬菜有紅蘿蔔、南瓜、波菜、花椰菜、白菜，以及高麗菜的葉子。此外，蘋果和香蕉也是寶寶喜歡的食物，可以灑上一點黃豆粉餵給寶寶吃。盡量避免酸味或辣味過強的蔬菜。番茄必須去皮去籽。馬鈴薯、蕃薯等根莖類請先搗成泥狀再餵給寶寶。

- 粥…水量必須比大人食用的粥更多。剛開始餵食時，可以把粥濾過一次之後再餵給寶寶。

- 蔬菜湯…將紅蘿蔔、白蘿蔔、高麗菜、昆布等蔬菜熬煮成一鍋，加以過濾之後即可食用。煮透的蔬菜加以過濾之後，也可以當成離乳食。

育兒

7～8個月的寶寶

學會「坐穩」「匍匐前進」「爬行」

月齡7個月大之後，寶寶的坐姿變得更加穩定。這是因為背後、腹部、腰側的肌肉和神經都變得更加發達，背部也能保持挺直了。

這個時期的寶寶已經可以靈活翻滾，並且學會在俯臥時藉由手腕的力量「匍匐前進」。

一開始無法順利前進，有時甚至還會後退。但是等到寶寶習慣匍匐前進之後，總算可以用手和膝蓋撐住地板，學會「爬行」。

學會如何移動的寶寶會到處爬來爬去。媽媽最好購買一些可以和寶寶共同互動的玩具。

確保環境的安全無虞後，就讓寶寶隨意爬行吧！

抓住東西換手拿取，手指越來越靈活

寶寶的手指變得越來越靈活，可以進行一些非常複雜的手部動作，還可以抓住細小的東西，或是將手中的玩具換到另一隻手上。

若媽媽有時間，記得幫寶寶添購一些較為益智類的玩具，例如積木。

牙齒長出來了！離乳食可以進入下一個步驟

寶寶開始長出乳牙。許多寶寶都是先長出下排門牙，不過也有先長出上排門牙的寶寶。

由於每個寶寶長牙齒的

背部可以自行打直，也可以自己一個人坐穩了。

這個時期開始長出第一顆乳牙。由於生長方式以及生長時期因人而異，即使和周遭的寶寶不同也無須擔心。

手腕也變得比較有力，能夠進行「匍匐前進」。月齡成長之後就能進一步學會「爬行」。學會如何移動的寶寶會開始到處爬來爬去。

手指變得非常靈活，可以抓起小東西。

寶寶的數據資料（7～8個月）		男孩	女孩
	體重	6.3～9.9 kg	6.8～9.2 kg
	身高	66～74 cm	64～72 cm

方式和開始長牙的時間都不一樣，即使和周遭的寶寶不同，也沒什麼好擔心的。

即使乳牙的生長方式不同，一般來說也不需要治療。乳牙長出來之後，寶寶吃完離乳食就必須刷牙。不過請注意寶寶的牙齒相當柔軟，只要輕輕地刷過即可。

寶寶怕生是因為智力逐漸發達的緣故

寶寶開始明顯地怕生，意我意識開始萌芽，可以清楚分辨能夠讓他感到安心的對象和必須警戒的對象。怕生證明了寶寶智力的增長。

有些寶寶非常怕生，但是也有些寶寶一點也不怕。寶寶怕生並不代表將來會不擅長與人相處，不必擔心。

7～8個月大的離乳食

寶寶長出乳牙後，開始懂得用舌頭壓碎食物進食。食物可以從黏稠稠的液體食物換成小顆粒的固體食物。1天2次，在固定的時間餵寶寶會比較好。讓他習慣各種食物的味道，以預防長大後偏食。不久之後寶寶自然會知道吃東西的樂趣。

對於忙碌的媽媽來說，市面上販賣的嬰兒食品是最為方便有力的好幫手。和親手製作的離乳食搭配使用，準備食物頓時變得輕鬆許多。這個時期的寶寶在吃完離乳食之後仍然需要餵奶，請餵給他母乳或牛奶吧！

育兒期間的注意事項Q&A

Q 寶寶好像總是玩不夠。請問和他玩什麼遊戲會比較好呢？

A 寶寶的智力增長之後，也學會了辨認人的長相。用手蓋住臉再移開雙手，若再搭配說話聲就會讓寶寶感到相當開心。此外，由於背部肌肉開始發達，即使將他高舉也無須擔心。請多加嘗試可能會讓寶寶開心的遊戲吧！

Q 寶寶在夜裡哭得越來越厲害，幾乎讓我們沒辦法睡覺……。

A 可能是因為寶寶感到不安。這個時候請溫柔地將他抱起來，告訴他「不要緊」來安撫他。也可能是因為白天接收了過多的刺激，大腦無法好好處理。晚上睡覺前不要和他玩刺激的遊戲、睡覺前先調暗房間的光線、睡前讓他泡個溫水澡等，這些方法都很有效。如果寶寶是邊睡邊哭，最好先把他完全叫醒，再讓他好好睡著。

Q 應該怎麼幫寶寶刷牙？另外刷牙應該在什麼時候開始比較好？

A 寶寶在長出第一顆乳牙後就必須開始幫他刷牙。先讓寶寶仰躺，頭部放在媽媽的膝蓋上，再小心輕柔地刷牙。刷完後餵他一點冷開水，再用濕紗布擦拭一下。等到寶寶習慣刷牙後，就可以帶著他的手練習如何刷牙，慢慢讓他養成習慣。寶寶不喜歡刷牙的時候就不要勉強，只要用紗布稍微擦拭牙齒即可。耐心和毅力才是關鍵。

育兒

9～10個月的寶寶

抓住東西站立，扶著牆邊走路，行動範圍越來越大

9個月大的時候，有許多寶寶都能抓著東西站立了。一旦寶寶學會「爬行↓坐下↓抓住東西站立」之後，行動範圍就會瞬間擴張。到了10～11個月，有些寶寶不但可以抓住東西站立，甚至可以扶著牆邊走路。不過還走得相當不穩，經常會跌倒。還有從樓梯或沙發上摔下去的危險。因此當寶寶學會沿著牆邊走路時，媽媽一定要多加小心。

用手和嘴探索新事物

手指的肌肉及神經都變得更加發達，可以使用拇指和食指把東西捏起來。甚至可以抓住把手拉開抽屜。同時，像是握拳、拍打、抓取等這類用手玩的遊戲，寶寶似乎也非常熱中。此外，不管什麼東西他都會抓起來放進嘴裡。這些探索活動對於身心的發展上都是非常重要的，但請媽媽一定要注意寶寶的安全。

反覆模仿大人的動作

此時寶寶會開始模仿爸爸媽媽的動作。如果拍手稱讚他「好棒喔～」寶寶也會模仿著拍手。如果和他說「掰掰一」，他也會跟著揮手。寶寶最喜歡重複做相同的動作。可以讓他在模仿動作的遊戲當中學會打招呼等生活習慣。寶寶會不斷地反

手指變得更加靈活，喜歡動手碰觸確認。此外，不管什麼東西都會往嘴裡放。請小心注意不要讓他吞下異物。
活動範圍變大。可以抓著東西站立，甚至有些寶寶可以扶著牆壁前進。
喜歡模仿遊戲，而且會不斷重複同樣的動作。
會在媽媽的後面跟上跟下。跟過來時，媽媽可以把他抱起來安撫一下。

寶寶的數據資料（9～10個月）		男孩	女孩
	體　重	7.8～10.5 kg	7.2～9.5 kg
	身　高	69～75 cm	67～73 cm

覆同樣的動作，請媽媽盡可能發揮耐心陪伴他。

會因為媽媽不在而焦慮

寶寶開始在媽媽的身後跟上跟下。他不知道媽媽即使離開也會立刻回來，因為感受到不安才會跟在媽媽身後。媽媽可以摸摸他的頭，或是抱起來安撫他一下，讓他放心。如果必須到寶寶鄰近的房間工作時，開口唱歌也能有很大的效果。

育兒期間的注意事項 Q&A

Q 10個月大的寶寶，該給他什麼樣的玩具好呢？

A 積木、拼圖等可以使用手指組合的玩具，或是木琴、鐵琴、小型鋼琴也非常適合這個時期的寶寶。會動的布娃娃也不錯。一般玩具的包裝上都會標示適合幾個月或幾歲大的寶寶。父母們可以親自走一趟玩具店，挑選喜歡的玩具。

Q 寶寶不小心把保特瓶蓋吞下去了！該怎麼辦？

A 必須進行緊急處理。如果誤入氣管將會引起窒息。首先抓住寶寶的雙腳將他倒吊起來，接著拍打他的背部。如果卡住的東西還是沒有吐出來，就要趕快叫救護車。

寶寶的意外事故第一名就是誤食異物

如果寶寶誤食了香菸、洗潔劑、藥品等東西，就要馬上叫救護車，並聽從醫護人員的指示。媽媽一定會非常慌張，不過這時還是要盡可能地冷靜對應。

首先必須著重預防。掉到地板上的東西、電線、廚房四周等地方，都要配合寶寶的視野高度確認安全。

Q 可能是帶孩子太辛苦了，整個身體都變得懶洋洋的。有什麼恢復體力的好方法嗎？

A 媽媽要配合寶寶的作息，適應起來相當不容易。而且育兒工作才剛起步，適度地放鬆也是非常重要的。可以和爸爸或是雙親商量一下。即使只是外出放鬆一天，說不定也可以讓心情徹底清爽起來。

餵母乳的媽媽，是不是勉強自己吃很多呢？注重飲食生活固然重要，但如果吃得太多只會讓體重增加，加速疲勞而已。媽媽在飲食當中多注意營養均衡即可。多吃小魚乾補充鈣質，多吃花生以攝取蛋白質，據說對消除疲勞有不錯的效果。伸展體操也很有效。如果真的負荷不了，可以考慮換成餵牛奶，或是將牛奶和母乳混合餵食。

9～10個月的離乳食

月齡9～10個月時，寶寶已經可以咬合牙齒來咀嚼食物了。當寶寶能夠咀嚼不同的食物並吞下去時，就要為他訂好規律的吃飯時間，1天3餐。偶爾也能讓他和爸爸媽媽同桌吃飯，一同享受愉快的吃飯時光。

逐漸增加離乳食的量，並減少事後的哺乳量。此時寶寶會開始表現出他對於不同食物的喜好，自我意識也開始萌芽，現在只要給他他能吃的東西即可。

育兒

11～12個月的寶寶

此時可以考慮斷奶，逐步轉換成幼兒食品

寶寶出生之後好不容易經過了一年，此時是正式開始考慮斷奶的時候。所謂斷奶，顧名思義，就是不再哺育母乳或牛奶，將飲食全數改為斷奶食物。不過，這畢竟只是預估時期，並沒有強制規定寶寶絕對不可以繼續喝奶。只要依照寶寶的情況，逐步停止餵奶即可。

學會用杯子喝水

感情面發達，可以開始讓寶寶看繪本了

感情面變得更加發達。情緒起伏劇烈，常會在開心的時候突然大哭。只要看到媽媽的身影就會馬上追上去，甚至哭出來。

由此證明寶寶已經可以預測別人的行動。自我意識增強，對別人說的話也有更多反應。

心理和認知能力都有相當程度的發展。這時請一定要讓寶寶看繪本。寶寶雖然還不理解書中的內容，但是繪本其實是一種非常棒的、和寶寶的交流工具。

此時可以透過唸書給他聽，讓他學習運用語言表情達意的意願。儘量選擇一些使用原色描繪、適合寶寶閱讀的簡單內容與畫風的繪本。繪本的數量不需要太多。

情緒起伏劇烈。證明內心已充分發展。可以讓他看繪本，激起他想要與人溝通的意願。

有時會做一些危險的調皮行為，這時候就要用清晰的語調責備他。不過責備之後的安撫也是很重要的。

逐步進行斷奶作業。一旦斷奶，就將離乳食品改為幼兒食品。要讓寶寶攝取充分的鐵質與鈣質。

寶寶的數據資料（11～12個月）		男孩	女孩
	體　重	8.2～11.0 kg	7.6～10.0 kg
	身　高	71～77 cm	70～76 cm

寶寶出現危險行為時必須用強烈的口氣告訴他「不可以！」

由於寶寶的活動範圍擴大，手指也變得更加靈巧，調皮搗蛋的行為也會相對增加。這個時候的寶寶還不懂得區別安全和危險的事物。

例如他可能會在媽媽燙衣服的時候伸手碰觸熨斗，或是把危險的東西放進嘴巴裡。

這時一定要用強烈的口氣告訴他「不可以」。但是在罵過之後，一定要抱緊寶寶，對他傳達出「媽媽愛你」的感情。

如果寶寶停止調皮搗蛋，一定要讚美他「真是乖孩子」。

久而久之，寶寶就會知道做什麼事情會被罵。請媽媽務必耐心管教。

育兒期間的注意事項Q&A

Q 寶寶遲遲不願意斷奶。請問該怎麼做才能成功斷奶呢？

A 對寶寶來說，奶水只要一吸就會出來，非常方便，所以他絕對不會輕易放棄。如果媽媽不夠堅決，那麼斷奶這件事就會一直沒完沒了，所以請逐漸減少哺乳的次數吧！如果他在夜裡還會為了想要喝奶而不斷哭泣，就乾脆徹底停止餵奶這個動作。不過鐵質之類的營養可能會因為斷奶而攝取不足，所以要餵給寶寶一些瘦肉或魚肉來補充不足的鐵質。

Q 我現在正在育兒假期間。差不多該是回到職場的時候了，但是考慮到寶寶，讓我猶豫是否應該辭職。

A 第一個孩子誕生之後，媽媽在放育兒假的期間直接辭職，類似的案例其實時有所聞。這屬於個人的家庭問題，所以有關哪一種選擇較好，我無法一概而論。請好好考慮收入的問題、自己的事業、育兒設施（請參照下列「育兒支援機構」）、育兒和工作並行的困難度等，和丈夫仔細討論之後再做出決定。不過，最重要的還是您自己的意願為何。

11～12個月的離乳食

這個時期的營養主要透過食物攝取，所以停止喝奶也不會對寶寶造成影響。寶寶也會習慣1天3餐，並吃下許多不同種類的、成年人吃的食物。不過要記得將食物切細，還要煮得夠爛。

趁這個時候漸漸讓他改吃幼兒食品吧！由於寶寶不再攝取母乳、牛奶，所以容易營養不均衡。隨著寶寶的發育，開始能夠自己動手進食。而且也開始會使用杯子了。

嬰幼兒的照護

【托嬰中心】 主要在照顧0～2歲的嬰幼兒。政府對托嬰中心有許多相關規定與限制，包括了活動空間、設備、安全標準、教師資格等。且政府對立案的托嬰中心每三年會進行一次評鑑以及平時稽查，爸媽們可上各縣市政府社會局的網站查詢正式立案的機構名單，以茲利用。

【托兒所】 托兒所屬於學齡前兒童的保育機構，主要在看護照顧2～6歲幼兒，可分為半日托、日托與全托。另有由各縣市政府設立的公立托兒所以及由私人所開辦的私立托兒所。

台灣在2012年1月1日開始實施幼托合一，也就是將「托兒所」與教育幼兒的「幼稚園」二者合併統一為「幼兒園」。

【褓母】 可到自家來照顧孩子的人。由於金額較高，所以基本上只有在經濟較寬裕或緊急時才會請褓母。

在台灣，有不少雙薪家庭會聘請褓母來照顧孩子，但也多是鐘點性質，較少有留宿的專職褓母。

關於聘請褓母的部分，爸媽可上「內政部兒童局全國保母資訊網」去查詢合格的褓母。

＊請參照P211。

嬰幼兒的健康檢查

接受嬰幼兒健康檢查

嬰幼兒健康檢查可以預防以及早期發現寶寶的疾病，同時檢查他的成長發育情況是否良好，是非常重要的檢查。關於幼兒發育情況的檢查，不再只是抱著他測量體重，而是有確實的數值可供參考。

在做健康檢查時，爸爸媽媽可將平常陪伴小孩的過程中所產生的疑問，還有一些沒有機會向人傾訴的焦慮告訴醫師。進行健康檢查的地方也是和其他寶寶的父母們交流的地方，所以請靈活運用。

嬰幼兒的健康檢查

在台灣，全民健康保險提供未滿四歲的兒童六次免費健康檢查，檢查地點則為各區的衛生所（健診門診時間為每週一、三、五的上午九時至十一時），以及各健保特約醫療院所。

一般的簡康檢查時期

1 個月健康檢查

【檢查重點】
- 母乳或牛奶的餵食情況
- 對光線和聲音是否有反應
- 有無先天性疾病　等

3 ～ 4 個月健康檢查

【檢查重點】
- 全身狀態
- 聽覺、視覺是否正常運作
- 脖子的挺直度　等

6 ～ 7 個月健康檢查

【檢查重點】
- 能否自行翻身和坐直
- 能不能靈活使用手指
- 能否對媽媽的呼喊做出反應　等

9 ～ 10 個月健康檢查

【檢查重點】
- 有無降落傘反射（當我們讓寶寶的頭部往下墜時，他的手一定會伸出來並張開手掌，採取支撐身體的姿勢）
- 能不能抓住東西站立
- 肌肉、神經是否健全發展

1 歲 6 個月健康檢查

【檢查重點】
- 能否自行走動
- 會不會用積木和蠟筆玩耍
- 語言的理解程度　等

3 歲幼兒健康檢查

【檢查重點】
- 能否說出自己的名字和年齡
- 確認跳躍以及單腳站立等運動能力
- 檢視溝通能力　等

※這個時候，寶寶的成長其實相當顯著，不過不必為了自己的寶寶和其他寶寶或是平均值不同而過度緊張。

育兒

提供給全職媽媽的資訊

利用支援機構

近年來，希望一邊扶養孩子一邊工作的媽媽越來越多。不過要想兼顧育兒和工作是一件非常困難的事。作為少子化的因應對策，最近增加了不少支援全職媽媽的設施，可以調查看看。能夠靈活運用適合自己生活型態的支援機構，就是最重要的第一步。

幼稚園

幼稚園歸教育局管轄，基本上收受年滿3歲以上的孩童。也有暑假和寒假，但假期不如小學長。

幼稚園的種類可分為3歲起入園，為期3年的3年教育；以及4歲起入園，為期2年的2年教育。此外，有些幼稚園可以在上課時間前後，以付費方式延長托付孩童的時間。

托兒所也有許多種類

托兒所屬於內政部管轄。多是收受2～6歲的寶寶為主。假日也能托育孩子，托育時間可以從早上一直到晚上，相對來說時間較長。

對家長們來說，首先最想將孩子送去的應該是公立托兒所吧！不管是設施的面積和幼保師的人數，公立托兒所都合乎政府制定的設立基準，是國家認可的機構。費用會依地區不同而不一。有些地區的公立托兒所的名額非常搶手，時常因為人數爆滿而必須等候。所以最好能夠盡早確認招生時期和報名方法。

除了公立托兒所外還有私立的托兒所；企業為了員工而設置的公司內部托兒所；以鐘點計費的暫時性托兒所等，各種種類都有。然而不管哪一種都必須符合政府規定的設立基準，只是在環境和設備上會有些許差異。

收集情報

首先可向各縣市政府的社會局或社會處以及居所附近的前輩媽媽們請教，收集有用的情報。可以在下決定之前先參觀設施，除了最重要的費用之外，還要連同整體的氣氛、孩子的喜好，以及幼保人員對待孩子的態度等一併確認。

其他育兒支援機構

個人褓母。

➡這類服務能夠直接到家裡幫忙，托兒時間的彈性也較大。

托給家人或是朋友

扶養過孩子的人或是曾在幼稚園或托兒所工作的朋友等。

➡能在私底下聯絡。請注意禮貌，避免造成彼此的心理負擔。

新的人際關係

以寶寶為拓展人際關係的橋梁

寶寶誕生後，媽媽的生活方式會出現巨大的改變，其中一項變化就是新的人際關係的拓展。

不只是親朋好友或是附近的鄰居媽媽們，走在街上散步的時候，也有可能被人叫住說：「寶寶真可愛，現在多大了？」從此世界變得越來越廣闊。不必刻意想著「一定要結交同為媽媽的朋友」，就按照自己的步調慢慢來吧！

從打招呼開始

可以在有寶寶聚會的地方積極地和人打招呼，例如「早安」或是「謝謝」。把話說出口是非常重要的事。如果媽媽希望把孩子培養成「看到人就會好好打招呼」，為了以身作則，自己也要稍微鼓起一點勇氣才行。說不定能夠藉此認識志同道合、意氣相投的朋友。

在托兒所的人際關係

托兒所和幼稚園是在往後的育兒活動中，邁向團體生活的第一步，大家其實都是「初學者」。之後可能會發生許多快樂或是辛苦的事，請盡量抱著從容的態度，平靜以對。

和其他媽媽間的人際關際

應該有不少媽媽都是從托兒所開始真正和其他媽媽開口交談的吧！剛開始的時候，不妨以「還有其他的媽媽們正在扶養同樣年紀的孩子」的平常心，好好期待即可。可以和她們一起分享育兒的喜悅與煩惱，來化解彼此之間的隔閡。當然也可以討論一下當日的晚餐內容或是電視節目等比較無關痛癢的話題。畢竟大家都把孩子托在同一家托兒所，想要結交能夠共同分享孩子成長的喜悅的朋友也是無可厚非的。

孩子們之間的人際關係

周遭全是和自己差不多年紀的人，這種環境對孩子來說是相當稀奇的。孩子們會開始怕生，而且要讓他們真正習慣團體生活也要花上好一段時間。請媽媽不要著急，耐心地守護他們即可。

等到孩子習慣托兒所的氣氛，開始玩耍時，玩耍的方式也是千奇百怪。有些孩子喜歡自己一個人玩，有些孩子會和朋友打架。這時候，媽媽必須切記不要過度干涉孩子的行動。因為維持適當的距離，對於培養孩子的社會協調性是非常重要的。每個孩子一定都會慢慢長大，請不要和其他孩子過度比較，用長遠的眼光來守護他們吧！

省錢育兒術

媽媽在習慣和寶寶一起生活之後，應該就可以開始考慮如何省錢了。為了將來而儲存的積蓄，必須從每天的節約做起。首先先從可以輕鬆做到的省錢術開始吧！

食物和菜餚

分裝冷凍

因為要帶孩子，媽媽幾乎沒有時間可以出門購物。於是集中購買、集中調理便成為非常理想的方法。只要依照人數來做保存，就能節省開支和時間。

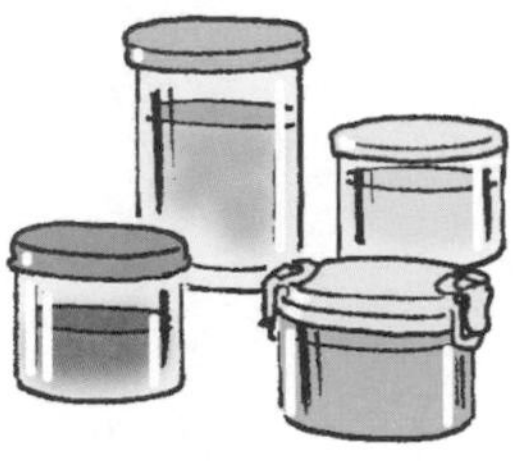

有慶祝活動時自己動手做蛋糕

慶祝活動少不了蛋糕。但是市面上販售的蛋糕相當昂貴，不如購買一個海綿蛋糕，和孩子一起動手裝飾，親手完成蛋糕吧！而且準備過程也相當愉快，可說是一石二鳥。

日用品

以物易物

寶寶一眨眼就會長大。無論誰家的孩子都是迅速地長高長壯。因此許多家庭都會捨不得丟掉這些再也穿不下的衣服，而將之收在衣櫃的角落。如果您需要一些物品，不妨向朋友詢問看看。可能他們所擁有的東西中剛好有符合您需要的東西。在購買之前，先想想能不能從什麼地方拿到。同理，自己不需要的嬰兒用品，可能正是某個家庭所需要的。

活用跳蚤市場

跳蚤市場裡有非常多的嬰幼兒用品。有時還能便宜買到一些名牌嬰兒服或是罕見的玩具。不妨將下次外出的目的地改成跳蚤市場吧！

善用信用卡

衣服、玩具、奶粉錢……扶養孩子所需的物品實在太多了。平時的購物也可以利用信用卡結帳，應該可以累積不少紅利點數。當然必須注意不可以透支，請善加利用吧！

遊玩

各種活動的特惠

小孩子能夠享受各種活動特惠。例如未滿〇歲得免費入場的設施、提供小孩子禮物和贈品的活動等。和孩子一起體驗各種不同的事物，說不定可以找到什麼新發現喔！

水電瓦斯費

集中時間泡澡

洗澡時間不要錯開，一個接著一個洗。

蠟燭・放鬆

在餐桌上或泡澡時使用蠟燭來照明如何呢？因為氣氛很不一樣，所以說不定會頗有趣呢！只是要注意火燭喔！

育兒

1歲～1歲6個月的寶寶

出生後1年。第一個生日

既漫長又短暫，波濤洶湧的一年過去了。這一年對於寶寶還有爸爸媽媽來說，都是不斷出現新體驗、極有意義的一年。不過，育兒工作當然還要繼續。

到了1歲，寶寶的身高是出生時的1・5倍，體重大約是3倍。看著自己千辛萬苦生下來的寶寶，媽媽想必也是百感交集吧！寶寶已經不再是寶寶（＝嬰兒），年滿1歲之後，就改稱為幼兒了。

他會叫媽媽了！

「媽—媽—」「這個」「噗—噗—」等，寶寶開始會說一些有意義的話。

出現降落傘反射之後，有些孩子會就此開始自行站立和行走。這時媽媽要多加注意周遭環境的安全。

懂得控制手指的力道。學會以不熟練的動作操作積木和蠟筆。模仿大人使用湯匙和叉子。

1歲之後，身高是出生時的1・5倍，體重大約是3倍。儘管數字稍有出入，只要寶寶身體健康就沒有問題。

開始說出「媽媽」「噗—噗—」等具有意義的單字。每個孩子開始說話的時期會有很大的個人差異。

寶寶的數據資料（1歲～1歲6個月）		男孩	女孩
	體重	8.3～12.1 kg	7.7～11.5 kg
	身高	72～85 cm	70～84 cm

每個孩子開始說話的時期有很大的個人差異，無法一概而論。

大部分的孩子會在1歲半左右說出第一句話。其中也有遲遲不開口的孩子，不過這也算是一種個人特質。不需要和其他孩子比較而搞得自己悶悶不樂。

請珍惜孩子的個人特質，巧妙地引導他前進吧！

「自行站立」「自行行走」活動範圍進一步擴大

滿一歲後，寶寶的活動範圍會進一步擴大。一旦出現降落傘反射之後，不少寶寶會開始自行站立和自行行走。

降落傘反射通常是在寶寶月齡10個月之後出現，這種反射的表現，是當身體快要往前倒下時，手會下意識地張開，做出支撐身體的動作。

其中也有猶豫不敢開始走路的孩子。媽媽可以在稍微遠一點的地方張開雙手，讓他嘗試獨自走上幾步。

這時候有些孩子可能會爬到高處，請一定要注意窗戶和陽台附近。

手指功能快速發展，能夠使用積木和蠟筆了

開始懂得如何在手指上用力。能夠拿著蠟筆畫出線條和圓圈，也可以抓起積木隨便亂堆。還會試圖模仿大人使用湯匙或叉子吃飯；還有刷牙等動作。生活習慣就此逐漸形成。

育兒期間的注意事項Q&A

Q 孩子已經滿1歲6個月了，但是還沒有開口說話。請問是不是有什麼問題？

A 每個孩子開口說話的時期都不一樣，所以我無法確定孩子為什麼不開口。但是個性謹慎的孩子，開口說話的時期會比較晚一點。如果感覺他像是聽得懂媽媽說的話，就不必太過擔心。畢竟在這個時期，和其他孩子比較發育程度是沒有任何意義的。請耐心守護孩子的成長吧！

Q 心情實在很煩躁，有時會忍不住出手打孩子。雖然心裡很清楚這樣不妥，但是……。

A 扶養孩子是很累人的事，所以有很多媽媽都有著同樣的感覺。請意識到孩子「現在在這裡」，即使一時控制不住打了他，之後也要馬上緊緊抱住孩子，表達出「媽媽愛你」的感情。最好能加上一句「對不起，媽媽不應該因為心情不好打你」。

如果自己因為養育孩子而精疲力盡時，請試著和爸爸或是自己的父母親商量一下。媽媽也應該多愛惜自己一點，要求周遭的人一起幫忙吧！畢竟要先能滿足自己的生活，才會有餘力思考其他的事。

Q 孩子的糞便裡經常混有血絲。每次看到他一邊大便一邊痛得大哭的樣子，就讓我覺得好心疼。如果有解決的辦法請務必告訴我。

A 嬰幼兒會因為各式各樣的原因排出血便。偏黑色的糞便，明顯帶著紅色的糞便，根據糞便的狀態不同，病因也各自迥異。偏黑色或是混著血絲的糞便可能是由於潰瘍性或是細菌性的大腸炎所引起的，必須請專門醫師治療。快點帶孩子去醫院吧！

育兒

1歲7個月～2歲的寶寶

成長差異拉大的時期。有些孩子甚至可以小跑步

隨著開始走路的時期早晚不同，走路能力的進展也有所不同。如果是未滿1歲就能走路的孩子，這個時期應該就可以小跑步、倒退、還有上下樓梯了。

到1歲6個月前後才開始走路的孩子還是會一屁股坐倒或是跌倒，不過仍能慢慢地穩定走路。

學會自行行走的孩子，偶爾會做出一些出乎意料的事情。例如被自動門夾到、掉到電車與月台之間的縫隙中，晚上父母不在家的時候獨自一人跑出去等。請盡量不要讓孩子離開自己的視線，避免讓他一個人落單。

牙齒幾乎長全，幼兒食完全取代離乳食

這個時候，幼兒食已經可以完全取代離乳食了。1歲的幼兒平均會長出16顆乳牙。以往咀嚼食物可能有點吃力，不過現在已經可以經鬆咀嚼多種食物了。不過，由於臼齒還沒有長齊，所以還不能像成年人一樣咀嚼肉類。讓他吃肉的時

這段時期，幼兒食完全取代了離乳食。平均會長出16顆乳牙。

較早學會走路的孩子，已經可以小跑步、倒退、還有上下樓梯。因此會產生父母意料之外的危險。

語言能力更加發達，從一個單字進步到可以使用兩個單字以組合成句。對於較慢開口說話的孩子，媽媽也要好好地傾聽他所發出的聲音。

寶寶的數據資料（1歲7個月～2歲）		男孩	女孩
	體　重	9.4～13.1 kg	8.9～12.6 kg
	身　高	78～90 cm	77～88 cm

候要記得切碎。

幼兒食是在離乳食階段結束後，餵給孩子吃的食物。幼兒食並沒有任何嚴格的規定，只要把成年人的食物煮的更軟更爛，就可以給孩子吃。但是必須避免鹽分、糖分、脂肪過多的食物。此外，麻糬等容易噎住的食物也最好不要給他。點心要在固定的時間適量地提供，如此就能夠發揮補充營養的效果。

有些孩子可以說出兩個單字了

語言能力變得發達，孩子開始不斷學習新的常用單字。可以從使用一個單字進化到使用兩個單字，到了兩歲左右，已經有不少孩子能夠用兩個單字拼湊成一句話。例如「媽媽、喜歡」「爸爸、掰掰」等。

說話需要同時具備「發音、聽力、智能發展、開口說話的意圖」等條件。如果孩子一直沒有開口說話，為了以防萬一，請再次確認上述條件。

媽媽必須用心傾聽孩子說出的每一句話。不要事先揣測孩子想要表達什麼，專心聆聽即可。

當孩子發脾氣的時候，可以猜測他的心情，試著詢問「是不是想要○○？」「很寂寞嗎？」久而久之，孩子就會記住應該如何表達自己的心情。

育兒期間的注意事項Q&A

Q 孩子都已經滿2歲了，可是還是非常怕生，而且說話、走路似乎也比周圍的孩子慢……。

A 您的孩子似乎是個性比較謹慎老實的孩子呢！孩子的個性是由先天具備或是後天成長過程所培育出來的。只要在定期健診的時候確定發育程度「沒有問題」，就不必擔心。

「老實」這個特質，換個角度來看也可以解釋成「溫柔」。容易怕生、較慢學會說話和走路，應該都是因為個性使然。即使剛開始說話和走路的發育速度較慢，絕大多數的孩子到後來還是會趕上其他人而開始說話和站立行走。至於怕生，也有相當多的案例顯示孩子的怕生會在上小學之後自動消失。請肯定孩子的個性，耐心守候他的成長吧！

Q 孩子染上了新型流感！該怎麼辦才好？

A 並不是所有的孩子都會惡化成重症，絕大多數的病例都是僅止於輕微的症狀而已。新型流感或是B型流感的治療方法基本上一樣，並不會因為是新型的而增加危險性。但是話說回來，流行性感冒對孩子來說是不可小覷的疾病。請盡快帶孩子去醫院吧！

需要注意的時期是發病後1～2天以及退燒之後。發病後1～2天，不管有沒有服用克流感或瑞樂沙等抗流感藥物，都必須注意孩子的呼吸狀況以及行為是否異常。退燒後，如果孩子仍然持續咳嗽並有痰，就算沒有發燒也還是要接受治療。因為偶爾會出現流行性感冒痊癒後併發肺炎而住院的病例，所以請父母一定要多加小心。

育兒

2歲幼兒

帶孩子出門

迎接第2次生日。滿2歲之後，孩子在步行、跑步方面都逐漸穩定。由於經常走路跑步，腳底逐漸出現足弓。請盡量帶他到可以進行玩耍的地方吧！小孩子最喜歡公園了，因為裡面有溜滑梯、鞦韆、沙坑等遊樂設施，也可以試著讓他騎三輪車。

教導他社會規範

經常可以看到一群小孩子互相搶玩具的光景吧？這個時候，能夠說出自己名字的孩子漸漸增加，自我意識也開始萌芽，會堅持掌握自己的東西，對於外借玩具給朋友表現出抵抗，這是因為他們還不了解出借的概念。父母可以在玩扮家家酒的時候，進行「借入、借出」的遊戲，教導孩子出借的概念。

其他還有許多規則必須教給孩子，例如「在商店裡必須用錢換取商品」「不可以亂拿其他人的東西占為己有」「看到人要打招呼」等，這些基本規則必須反覆指導，直到他理解為止。

一個勁地搖頭大喊「不要、不要」

這個時期，孩子的感情起伏相當激烈。不管媽媽說什麼都只會一個勁地搖頭大喊「不要、不要」。

其實這就是孩子自我意識的萌芽。由於語言的運用還不足以表達他的心情和想法，他只能用「不要」來表達意見。

有些孩子能夠用3個單字組成1句話，也開始會以想像和聯想來進行遊戲。

走路變得穩定許多。愛走、愛跑、愛到處玩鬧。最喜歡到公園玩。

自我意識開始萌芽，非常有自我意見。愛用「不要」來表達自己也是因為自我意識萌芽的關係。不過偶爾還是會愛撒嬌。

體重超過10公斤，身高也長到將近1公尺。體型變得比以前略為修長。

寶寶的數據資料（2歲）	男孩	女孩
體重	10.5～15 kg	10～14.6 kg
身高	83～96 cm	82～94 cm

此時常常被誤認為是反抗（叛逆）期，不過其實他只是想要靠自己決定而已。請媽媽耐心等待孩子的情緒平靜下來。

同時出現自立和撒嬌

有時孩子才剛剛堅持說著「不要、不要」，但是下一秒又突然對媽媽撒嬌說「媽媽、幫我——」。這是因為孩子對於自立還有著些許不安。既然他對自己撒嬌，就任憑他撒嬌吧！同時出現自立和撒嬌是2歲幼兒的特徵。

語言進化到更高級的3個單字

隨著孩子即將滿3歲，原本使用2個單字會進化成「紅紅的、車車、來」這樣的三個單字合成句。

此外，他也會開始玩起延伸聯想的遊戲，會對於某件事物或話語產生大量聯想，說出種種天馬行空的話。

這時請媽媽不要打斷他的想像，認真傾聽即可。偶爾他也會提出一些奇怪的問題，請不要覺得厭煩，每個問題都要好好回答。

育兒期間的注意事項Q&A

Q 我覺得自己似乎沒能和孩子充分交流。請問應該如何和他溝通呢？

A 這個時期的孩子照顧起來的確比較費工夫。因為他的智力比過去更為發達，同時也開始會自我行動。不要只是隨意敷衍他，而要在孩子做錯事時加以責罵，並且溫柔地教導他社會規範，誠懇地面對孩子才是最重要的。

這個時期的孩子會非常想要表達自己的意見。請媽媽貫徹自己聆聽的角色，每一次不懂的時候都要和孩子一起思索。比起「育兒」，「教育」的要素逐漸增強。辛勞應該還會持續好一段時間，請媽媽繼續加油。

Q 丈夫都不幫忙帶孩子，讓我很傷腦筋。剛開始至少還會幫忙洗澡之類的，現在則是完全漠不關心。夫妻之間的感情似乎也轉淡了。考慮到經濟層面的問題，離婚也不是辦法。到底該怎麼做才好呢？

A 其實有很多媽媽都有類似的煩惱。這是因為爸爸媽媽和孩子之間的距離感不同的關係。當然，爸爸也一定希望能夠積極參與育兒活動，但是應該沒有辦法真的做到兩人平均分攤。

在外面辛苦工作的爸爸，要是在家裡始終沒事可做，應該多少會有些不高興。不過，爸爸若是一直被當成無關的第三者看待，內心可能也會受到傷害。媽媽不妨試著自己開口要求爸爸幫忙吧！

不管哪一對夫妻，一定都想過離婚這件事。孩子誕生，開始育兒，婚姻生活也面臨了和以往不同的局面。就像自己試著了解孩子的心情一樣，媽媽也應該試著了解爸爸的心情，如此一來說不定就可以消除自己內心的煩躁。如果夫妻之間存在著非常深刻的問題，可以和同樣有小孩的朋友，或是值得信賴的人商量一下。

3歲幼兒

媽媽不在身邊不會害怕，也交到朋友了

滿3歲後，孩子擁有相當程度的智力與體力，身心都逐漸由嬰兒轉變為幼兒。就算從媽媽身邊離開也比較不會不安了。

同時也會慢慢在托兒所或是附近結交特定的朋友，能夠感情融洽地玩鬧。

此外，身體的敏捷度也快速增加，可以做出前滾翻之類的動作，或是直接跳下幾個階梯。

這是因為孩子逐漸能夠掌握身體平衡再做出動作的關係。身體構造已經幾乎和成年人相同。

不過為了日後的發育，骨骼還很柔軟，必須小心骨折。

開始理解空間的概念

3～4歲這段期間，孩子大概可以說出1000個左右的單字，用語言進行思考的能力也比2歲幼兒更加發達，同時也能表達自己的狀態，例如「冷、熱、肚子餓」等。

智力已經發展到足以理解抽象事物，也逐漸理解上下、左右、高低等空間概念。

由於孩子已經可以了解簡短的故事，所以請媽媽挑選幾本故事單純的繪本，在孩子睡前念給他聽吧！

身心都由嬰兒轉變為幼兒。身體長出肌肉，體型逐漸變修長，動作也變得更敏捷。由於骨骼還相當柔軟，必須慎防骨折。

教導他一些生活習慣以及社會規範吧！這個時期的孩子，幾乎所有生活起居方面的事情都可以自理。如果照顧得過度周到，會影響其自主性的發展，所以請適度照顧他即可。

能夠說出許多詞彙，也能理解空間等概念，此外還能理解簡單的故事，所以請媽媽多唸一些故事書給孩子聽吧！

讓孩子幫忙做家事是一種培養孩子生活智慧和體貼之心的優秀教育法。盡量讓他參與幫忙，結束後不要忘了對他說聲「謝謝」。

寶寶的數據資料（3歲）	男孩	女孩
體重	12.2～17.4 kg	11.7～17 kg
身高	90～104 cm	89～103 cm

能夠進行精細工作。可以試著拜託孩子幫忙做家事

神經系統發達，能夠利用雙手進行精細作業，例如拿剪刀剪紙。

這個時候的孩子已經成長到足以幫忙爸爸媽媽做家事了。舉凡幫忙擺碗筷、洗碗、一起種花等，3歲小孩可以幫忙做的事情多不勝數。

透過幫忙做事，孩子能漸漸學會家事的做法。剛開始可能需要多費一點功夫，請一定要緩慢地、溫柔地教導他。幫忙做家事能讓孩子實際體會「自己有幫上忙」的感覺，是一種非常優秀的教育法。事情做完後，記得對孩子說「謝謝，真是幫了大忙」，好好讚美他一番。

以身作則，教導規矩

由於智力有了相當程度的發展，說話也變得比較流利，差不多可以開始教導他生活習慣和社會規範了。過了3歲，吃飯、穿衣服還有刷牙等生活起居，孩子幾乎可以完全自理。如果照顧得過度周到，會影響其自主性的發展。頂多是在他穿衣服穿不起來手忙腳亂的時候，不著痕跡地幫他一點忙就好。

俗話說孩子是看著父母的背影長大的，也就是說他們總是在觀察父母的一舉一動。所以爸爸媽媽最好能夠維持打招呼或早睡早起等良好的生活習慣，努力成為孩子的好榜樣。

爸爸和媽媽必須一起討論教育方針

年滿3歲，男孩女孩的養育方式將會出現變化。同時也必須決定是否要將孩子送到幼稚園、是否開始學習才藝等未來的教育方針。這個時候，夫妻倆一定要找一個時間好好討論才行。

育兒期間的注意事項 Q&A

Q 我的孩子常會和其他小孩打架。為了讓他們感情融洽一點，我想教他一點規矩和道德規範，請問該怎麼做比較好？

A 其實只要讓孩子知道和朋友開心玩在一起會比打架有趣就可以了。這可能不是最好的方法，不過可以拿繪本來告訴孩子，能和朋友開心玩在一起所需要的規矩和道德規範為何。

繪本不僅能夠增加孩子的語彙能力，還能培養孩子有一顆充滿想像力與感動的心。請一定要在睡前念給孩子聽。

Q 我的孩子現在還在包尿布。要到什麼時候才可以不再包尿布呢？

A 滿3歲後，孩子應該感覺得到膀胱裡有尿，「好像快要尿出來」的感覺。一般來說3歲左右就可以不必再包尿布了。不過，學會上廁所的時期則是每個孩子都不一樣。有些孩子在2～3歲為止就可以學會上廁所而不必包尿布。也有孩子到了5歲仍然需要包尿布。由於這件事並不是越快學會越好，所以請媽媽不要心急，一步一步慢慢來。總之，等到孩子學會上廁所之後，白天就可以不用包尿布，僅在晚上使用即可。本書中也介紹了不使用尿片的育兒法，可以參考看看。

令人擔心的症狀及其照顧方法

請將「小嬰兒很容易生病」這一點銘記於心。隨著逐漸成長，寶寶也會得到各式各樣的疾病。其中有些病痛會出現高燒不退，或是氣色變差等症狀。這時媽媽千萬不可驚慌，只要冷靜應對就不會有事。為了在面對寶寶突然出現的病痛時也能確實應對，平日就必須仔細觀察寶寶，以隨時掌握寶寶的健康狀況。

掌握好寶寶的正常體溫

若能掌握寶寶的健康狀態，就更能在生病時提早應對。平時應定期測量寶寶的體溫。一旦掌握正常體溫，就能立刻得知寶寶的體溫是否比平常要高。

另外，若是每天都會抱著寶寶進行肌膚接觸的媽媽，甚至可以用皮膚來感覺寶寶體溫的細微變化。在醫院裡，媽媽也常常會被醫師問到寶寶的正常體溫，因此在寶寶健康時也要定期量體溫。

平常就能做好的健康檢查

為了提早發現寶寶的健康狀態不佳，媽媽的細心觀察是非常重要的。先確認寶寶在有精神的時候是什麼樣子吧！

□是否有食欲
□便便的狀態
□氣色好不好
□心情好不好

各種症狀

●會出現發燒症狀的疾病

感冒、流行性感冒、尿道感染、小兒急疹、中耳炎等。

居家療養

頻繁地幫寶寶換衣服，並盡量避免洗澡。充分補給水分。必須依照醫師指示服用退燒藥。

●會出現咳嗽症狀的疾病

肺炎、支氣管炎、細支氣管炎、咽喉炎、百日咳等。

居家療養

維持家中舒適的濕度。讓寶寶採取比較容易咳出來的姿勢，例如打直地抱寶寶。另外還要注意灰塵。

●會出現嘔吐症狀的疾病

嬰兒嘔吐腹瀉症、腸胃炎、肥厚性幽門狹窄症、腸套疊症等。

居家療養

餵寶寶吃比較容易消化的東西。同時為了避免寶寶被吐出來的東西嗆到，必須讓寶寶的臉朝向側面。為寶寶補充足夠的水分。

●會起疹子的疾病

麻疹、水痘、德國麻疹、小兒急疹等。

居家療養

把指甲剪短，以避免寶寶搔抓到疹子。替寶寶換穿乾淨的衣服。盡可能不要緊密地接觸到肌膚。

發燒時

由於嬰兒無法順利調節自身體溫，所以就算是一點小問題也會發燒。在寶寶很有精神時，有時就算發燒也無須擔心。逐漸習慣寶寶平常的樣子吧！若是寶寶的體溫始終不退、與平常的樣子迥異、或是高燒超過38度時，務必立刻送醫。

主要疾病

感冒症候群

包含鼻感冒、咽喉感冒等眾多類型，症狀也相當多變。主要病因為病毒感染，爾後也會因感冒而出現其他病狀。症狀包括發燒、咳嗽、流鼻水、喉嚨痛、腹瀉、發冷、嘔吐等各種症狀。感冒的潛伏期平均為1～5天，可從寶寶突然變得沒有精神，或是心情變差等徵兆來提早發現。

預防與治療

由於感冒是最容易罹患的疾病，因此平日的健康飲食生活和預防感冒有著直接的關聯。注意生活規律，萬一不幸感染時請安靜休養。症狀嚴重時，幫寶寶洗澡會消耗他的體力，因此在退燒之前最好盡量避免洗澡。不要天真地以為只是小感冒，一旦出現任何異常症狀，就要立刻就醫。

腮腺炎

正式名稱為流行性耳下腺炎，主要症狀有疼痛或發燒、耳下或下巴以下部位腫脹等等。腫脹大概會持續1～2週。耳下腺腫起來時會引發疼痛，難以進食，因此寶寶的食慾也會跟著下降。

預防與治療

安靜休養是首要之務。降低腫脹患部的溫度可以有效緩和疼痛，可用痠痛貼布或是擰乾的冰毛巾幫忙冷敷。進食的時候請盡量給予寶寶容易吞嚥的食物，並充分補充水分。由於腮腺炎的傳染性高，所以在進入幼稚園等團體生活之前最好先接受預防接種。

流行性感冒

因感染流行性感冒病毒而得病。和感冒症狀的相異之處在於它不只發燒，主要特徵為同時引起流鼻涕、咳嗽等呼吸道症狀，以及腹痛、腹瀉、嘔吐等消化道症狀。甚至可能併發腦炎、腦部病變或是其他併發症，因此病後療養相當重要。

預防與治療

寶寶6個月之後即可接種疫苗。在日常生活中，應隨時注意，非必要時絕不前往人潮眾多的地方、洗手漱口、室內適度的加溫、保持生活規律等等，以預防感染流行性感冒。

麻疹

因感染麻疹病毒而得病。傳染途徑相當多樣，空氣、飛沫和直接接觸皆有可能傳染。除了發燒、打噴嚏、流鼻水等類似感冒的症狀之外，身上會出現紅色的疹子，以及口內炎和眼睛充血等症狀。此外，發病2～3日之後，臉頰內側會出現麻疹特有的症狀「柯氏斑點」。

預防與治療

1～2歲，以及進入小學的前一年，都可以接種疫苗。若在接觸麻疹病患後的72小時之內接種疫苗，即可成功預防感染。若不幸出現症狀，請在家安靜休養。受到感染時，口腔內的狀況會變得很糟糕，請盡量餵孩子湯汁類的食物，以降低對口腔的刺激性。

育兒

嘔吐

由於寶寶的胃部尚未發育完全，所以喝完奶就吐奶的現象其實經常發生。但是，如果寶寶出現發燒而心情不好，或是不停地嘔吐，連水都喝不下去的時候，請立刻就醫。另外，寶寶體重不見增加的時候，也必須請醫師檢查。

主要疾病

感染性腸胃炎

主要病因是由於感染細菌或病毒。會出現鼻涕、咳嗽、發燒等多種症狀，從嬰兒時期開始就是非常容易得到的一種疾病。糞便會出現白色、黃白色、黃色等顏色，有時也稱做白痢、冬季腹瀉症、嬰兒嘔吐腹瀉症等。

預防與治療

冬天時要特別注意不能讓寶寶的腹部受寒。當嘔吐或腹瀉症狀嚴重時，可以視情況餵食寶寶開水或較稀的牛奶。等到情況稍微好轉時，就給他吃一點比較容易消化的東西，例如稀粥。由於腹瀉期間寶寶的屁股容易出現潰爛，請密集地幫他更換衣物尿布，以保持清潔。

嬰兒嘔吐腹瀉症

屬於感染性腸胃炎的一種。為了和輪狀病毒引起的疾病做出區隔，故稱為嬰兒嘔吐腹瀉症。幾乎所有不滿2歲的幼兒都會發病，其特徵為突發性嘔吐、腹瀉、發燒，糞便顏色偏白等。

預防與治療

這種病是由糞便或呼吸道的排泄物、體液等引起感染。由於寶寶會把所有東西都放進嘴哩，所以請小心提防寶寶拿到不乾淨的東西。治療時需要注意的是脫水症狀。為了不讓寶寶出現脫水症狀，請充分地補充水分。此外，當嘔吐、腹瀉症狀嚴重時，請送往醫院治療。

丙酮血性中毒症

又稱為自家中毒症。主要是指寶寶的身體狀況不佳、疲勞或壓力、緊張等原因所造成的嘔吐症狀。是血液中的丙酮增加而引起的中毒症狀，此病會妨害寶寶體內的新陳代謝。

預防與治療

發生和平常不一樣的事情時，這種病尤其容易發作。例如旅行歸來後的第二天，或是舉行某些活動的日子。在特別的日子結束後，請和寶寶好好溝通，協助他紓解壓力。一旦寶寶開始嘔吐，就必須充分補給水分以避免脫水症狀。

暈動症

指的是乘坐交通工具時出現的各種症狀。發生在寶寶身上時，可能不只是於乘坐交通工具時發作，甚至在離開之後仍會繼續嘔吐。此外還有在乘坐時沒有出現異狀，卻在下車後不久開始嘔吐的案例，還請媽媽多多注意。

預防與治療

如果事先知道需要長時間乘坐交通工具時，請在前一天先讓寶寶攝取充足的食物與睡眠。出發當天一定要吃早餐。如果症狀過於嚴重，可以請醫師開立暈車藥服用。

腹瀉

當寶寶的糞便和平常不一樣時，媽媽就必須多加留意。請密集地幫寶寶補充水分，以避免脫水症狀。當寶寶連水都喝不下去的時候，請盡速就醫。

主要疾病

肥厚性幽門狹窄症

從胃部通往十二指腸的部位，稱為幽門。由於該處變厚，導致母乳或牛奶難以通過而全部累積在胃部，即引發肥厚性幽門狹窄症。得到幽門狹窄症的寶寶，在產後2～3週於每次喝奶後都會嘔吐。其最大的特徵就是嘔吐時會像噴泉一樣噴出來。

預防與治療

因為牛奶一喝下去就會吐出來，根本無法吸收，所以寶寶也不會排便。一旦發現體重沒有增加、嘔吐時像噴泉一樣等症狀時，請盡快與醫師討論。醫院方面會進行幽門肥厚部位的切除手術，以拓寬幽門。

腸套疊症

部分小腸套進大腸，造成血液循環不良或阻礙血流通過。好發於6個月～3歲的寶寶身上，症狀為嘔吐以及排出如同草莓果醬般的軟爛血便。每隔一段時間，疼痛感會依強↓弱↓強的頻率出現。

預防與治療

由於症狀是突如其來的，所以這種病很難預防，而且也很難在家治療。一旦發現可能發病，請立刻就醫。院方會根據X光來診斷大小腸的狀況，並決定是要採取灌腸或是注入鋇劑等方式治療。

腸躁症

主要病因為壓力，所以成年人也很容易罹患。這種病會慢性持續腹瀉與便秘症狀，所以大部分腸胃不好的人其實都是因為患有腸躁症。

根據症狀不同，可分為便秘型、腹瀉型，以及便秘腹瀉型三種。

男孩子主要是腹瀉型，而女孩子則主要是便秘型。

預防與治療

為了不讓慢性便秘或是腹瀉發生，盡早除去腸躁症的原因是最重要的一件事。除了不要讓寶寶累積過多壓力，還要注意寶寶的身體尚在成長發育階段，必須盡可能地避免任何刺激物。

二次性乳糖不耐症

寶寶在感染細菌、病毒而腹瀉之後，因為食用牛奶或乳製品而造成第二次腹瀉，即為二次性乳糖不耐症。腹瀉原因是因為病毒使腸道黏膜糜爛，造成機能下降而無法分解乳製品，最後引發腹瀉。

預防與治療

由於病因是無法分解乳製品和乳糖，所以只要避免食用乳製品，症狀自然會消失。不要餵給寶寶普通的牛奶，請盡量給他完全不含乳糖，或是含有半乳糖的特殊配方牛奶。必要時還可以請醫師開立乳糖分解酵素錠。

育兒

小兒抽筋

小兒抽筋就是短期的突發性全身痙攣，容易在發高燒的時候發作，不過幾乎不需要擔心。發作時必須避免給予寶寶過度刺激，另外為了避免嘔吐物堵塞氣管，請讓寶寶側睡。若痙攣持續5分鐘以上，或是在短期內不斷出現痙攣，請打電話叫救護車緊急送醫。

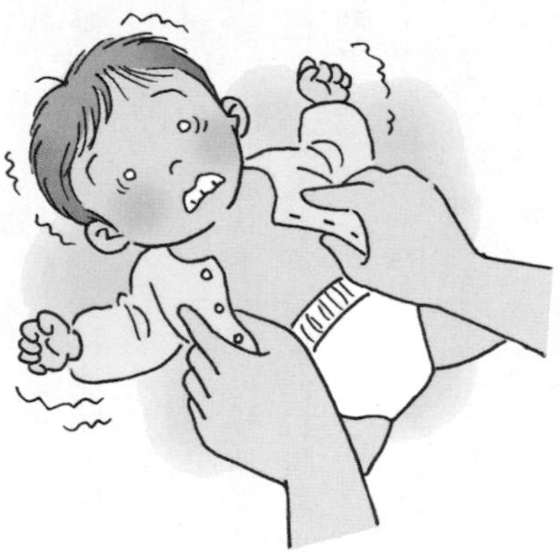

主要疾病

熱性痙攣

除了腦出血等出自於大腦的原因之外，在產後6個月～5歲之間，因痙攣發作而出現短暫的意識不清，就稱為「熱性痙攣」。此時寶寶會出現手腳不停抖動、呼吸急促、翻白眼等症狀。不過大部分都會在5分鐘以內結束。

預防與治療

痙攣發作時，媽媽一定會嚇一大跳，但是這個時候最重要的就是冷靜以對。千萬不要搖晃寶寶，以避免過度刺激。請將寶寶的衣物鬆開，讓他的身體得以放鬆。

熱性痙攣發作時會引起38～39度的高燒，這時請不要濫服藥物，先與醫師討論以避免高燒持續不退。

憤怒痙攣

當寶寶用盡全力大聲哭泣之後呼吸突然停止並出現痙攣，這種症狀稱為「憤怒痙攣」。常出現在產後3個月～3歲的寶寶身上。

預防與治療

痙攣期間和痙攣前後，寶寶的臉色和嘴唇都會發紫，手腳會不停顫抖。

不過這些症狀在幾分鐘之內就會停止。隨著年紀漸長，發作的次數會越來越少，所以也沒有什麼後遺症。

但是，如果痙攣的次數過多，或是一次痙攣的時間過長而讓媽媽感到在意時，還是請醫師看過一次比較妥當。

癲癇

突然失去意識，全身抽搐。癲癇的種類相當多，下列是經常發生在寶寶身上的癲癇症狀。

● **點頭癲癇**…又稱為韋斯特症候群。多發於產後數月～1歲左右的寶寶。手腳會突然僵直撐開，每隔5～15秒頭部會向前點一下。

● **小兒良性癲癇**…主要發生在晚上。發作時，寶寶一邊的嘴角會突然開始抽搐，手腳也會不斷揮舞。

● **小兒呵欠癲癇**…常見於5～8歲的孩童。發作時意識會突然消失，所有動作會短暫停止。

預防與治療

如果痙攣持續10分鐘以上，就必須立刻送醫。如果知道痙攣已經持續了多少分鐘，請一定要告訴醫師。絕大多數的癲癇發作都是突如其來，而且原因不明。

不過現在已經開發出抗癲癇藥，能夠有效控制癲癇發作。

鼻涕・鼻塞

剛出生不久的寶寶，雖然沒有感冒，但是鼻子卻常常阻塞。鼻塞症狀其實不需擔心，但是寶寶看起來會很難過。可用棉花棒或鼻涕吸引器吸出鼻涕，或是用熱毛巾熱敷。請經常幫寶寶清理吧。

主要疾病

鼻竇炎（鼻蓄膿症）

鼻竇炎就是位在鼻腔深處的鼻竇出現發炎症狀，膿水積在鼻腔裡的疾病。症狀有不斷出現黃色的黏稠鼻涕、長期鼻塞等。

容易在感冒之後得病，症狀輕者可在1～2週內痊癒，但是長期未癒者必須前往耳鼻喉科看診。

此外，急性鼻竇炎若是慢性化，則會轉變成慢性鼻竇炎，症狀可能會因此持續好幾個月。

預防與治療

請小心不要讓房間內部太過乾燥。寶寶如果因為鼻塞難過時，請用熱毛巾敷住鼻子。讓鼻子保持暢通是很重要的。寶寶鼻塞時連喝牛奶都會變得很困難，所以最好能夠減少單次餵食的份量，分成多次餵食。

症狀嚴重時，可用鼻涕吸引器將鼻涕吸出來。

急性鼻炎

感冒病毒和細菌引起鼻腔深處發炎。初期症狀為鼻涕、鼻塞，病情惡化時會併發高燒與頭痛。

一旦轉化成慢性病就會很難痊癒，所以寶寶要是頻繁得病時請求助醫院。

預防與治療

由於寶寶對氣溫與溼度的變化相當敏感，請經常保持環境的舒適。

寶寶鼻子裡的鼻屎如果已經變硬，請用嬰兒油沾濕棉花棒之後，再輕輕取出。此外，用棉花棒輕輕刺激鼻子，讓寶寶打噴嚏，也可以幫助鼻子暢通。

過敏性鼻炎

過敏性鼻炎是由過敏引起鼻腔黏膜發炎，造成鼻涕不斷的疾病。除了花粉等的季節性過敏，塵蟎、灰塵、室內灰塵等都會引起過敏。不只會出現鼻涕、鼻塞，有時還會出現眼睛發癢等症狀。

預防與治療

請經常開窗換氣以及打掃房間。此外平日的預防也很重要，例如回到家立刻洗手漱口，洗去身上的花粉和細菌；還有進家門之前先拍打一下外套抖落灰塵等。

根據不同的季節以及外出地點，可以戴上手套和口罩，預防效果會更佳。

咳嗽

咳嗽是將進入喉嚨的異物排出體外的一種反射動作。由於寶寶的黏膜還相當脆弱，只要一點氣溫變化也會造成咳嗽。不過只要寶寶的心情愉快就不會出現問題。請媽媽小心保持一定的室溫與溼度，注意不要製造灰塵和煙霧。然而，要是寶寶的呼吸出現「咻—咻—」的聲音，或是呼吸突然急促起來而且表情痛苦時，請盡速送醫。

主要疾病

肺炎

病菌入侵肺部，是一種感冒惡化時容易併發的疾病。

主要可分為下列三大類：寶寶容易染上的病毒性肺炎；一旦感染病情就會非常嚴重的細菌性肺炎；還有咳嗽症狀會長期持續的黴漿菌肺炎。

此時會出現難以呼吸的咳嗽、有痰的咳嗽久咳不止等症狀。

預防與治療

最重要的就是維持室內溼度。寶寶出現咳嗽症狀時，請把他的上半身立起來輕輕摩擦。一般來說，病毒性肺炎的症狀會比細菌性的輕微，黴漿菌肺炎則是很少出現在寶寶身上。寶寶一旦染上細菌性肺炎，甚至可能需要住院。

支氣管炎

連接肺部的支氣管黏膜發炎，造成發燒不退以及劇烈咳嗽。任何一點小刺激都會讓寶寶咳嗽而且還會久咳不止，容易消耗寶寶的體力，有時還會使他臥病不起。

預防與治療

有痰的咳嗽容易消耗寶寶的體力。為了讓寶寶順利把痰咳出來，可以讓他喝一點冷開水。有時在喝完水之後，寶寶就能把痰咳出來，所以請頻繁地少量餵水。

細支氣管炎

這是呼吸系統末梢的細支氣管發炎所造成的疾病。好發於冬季，屬於病毒感染的疾病。一旦染病，會引起比平常更嚴重、更多痰的咳嗽，而且容易流鼻涕。病情嚴重時可能導致呼吸困難。

預防與治療

由於症狀容易加重，所以最好能夠盡快就醫。若能幫寶寶吸出鼻涕，就能讓他的呼吸變得輕鬆一點。寶寶一定會很討厭吸鼻涕，但是媽媽還是要觀察情況反覆進行。充分維持室內的溼度，並頻繁地餵給寶寶少量的水。

百日咳

百日咳是由於細菌感染所引起的。由於寶寶無法從媽媽身上獲得抗體，因此有些寶寶在出生後不久的嬰兒期就會染上此病。最初1～2週的症狀類似感冒，到第3～6週就會不斷出現像是吹笛子聲一樣的咳嗽，這是百日咳的最大特徵。必須到第6週以後，病情才會逐漸緩和，是一種病程相當長的疾病。

預防與治療

有些寶寶在感染後會轉化成重症，因此在寶寶出生3個月後就要趕緊接受預防接種。此外咳嗽過久會消耗寶寶的體力。酸的食物、甜的食物、還有粉末狀的食物，都有可能引起咳嗽，請盡量不要餵給寶寶。

起疹子

受到病菌傳染，或是本身的皮膚問題都會讓寶寶起疹子。其中除了明顯是尿布疹以外的疹子都必須到醫院接受檢查。如果可能是感染症引起的疹子，請事先電話連絡院方之後再前往醫院。

主要疾病

尿布疹

糞便長時間接觸皮膚，或是受到糞便中的酵素刺激，寶寶被尿布包住的部位會變紅，出現濕疹，這就是所謂的尿布疹。

剛開始只會出現在被尿布包住的部位，症狀一旦惡化，小疹子就會蔓延到其他部位，有時還會造成脫皮。

預防與治療

頻繁幫寶寶更換尿布。即使尿布上沒有沾上糞便或尿液也還是要換掉。如果症狀惡化，切記不要使用市面上販賣的藥物，請醫師診斷比較好。如果能用嬰兒油塗抹寶寶的肛門四周加以保護，就比較不會發生潰爛。

手足口病

手掌、腳底、嘴巴裡、舌頭、屁股、膝蓋內側、大腿等，碰得到的地方都會長出紅色的疹子或水泡，這就是手足口病。是一種夏季常發病。

預防與治療

由於此病是經由病毒傳染，所以前往托兒所或幼稚園的孩子都必須多加小心。

因為症狀出現在許多部位上，因此每一個部位都必須分別處理。

出現在口中時，就必須給寶寶較不刺激的食物；若出現在腳或屁股上，則必須幫他換穿接觸面積較小、透氣性佳的服裝。

膿痂疹

這是當寶寶起汗疹或是被蚊蟲叮咬，或是因為過敏性皮膚炎而出現傷口時，傷口遭到細菌感染而引起的疾病。當寶寶用抓過傷口的手搔抓別處時，別的地方也會受到感染。這種病一旦感染就會像火舌一樣四處蔓延，皮膚上會長出奇癢無比的水泡，一旦搔抓就會發紅潰爛。

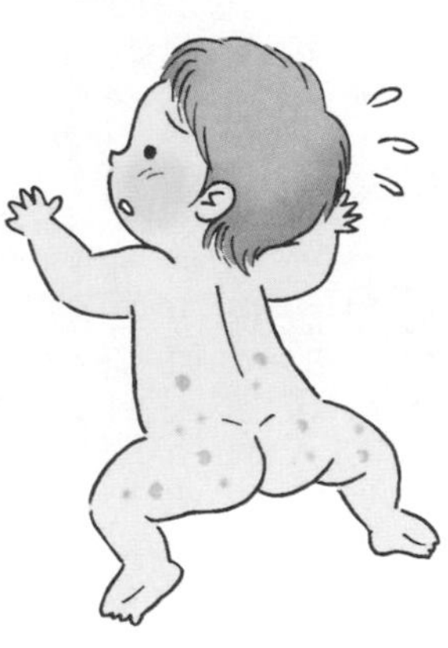

預防與治療

保持指甲與手指的清潔，即使發癢也不能讓寶寶亂抓，這就是預防感染的最佳方法。發癢症狀嚴重時，請到醫院接受治療。由於成年人也會被傳染，所以擦過寶寶身體的毛巾請千萬不要重複使用。

乳兒濕疹

主要發生在1個月～1歲左右的寶寶身上。出現在臉上、脖子周圍和身體上的濕疹，統稱為乳兒濕疹。這是由於口水或汗漬造成的髒汙，或是受到體內荷爾蒙的影響所造成的。一旦出現濕疹，皮膚會變得非常乾燥；不過偶爾也會出現濕濕黏黏的情況。

預防與治療

一旦發現汗漬或口水等就要迅速擦掉，讓皮膚保持清潔。指甲不要剪得太短，長短適度即可。同時注意觀察寶寶的狀態，如果發現他的搔癢過於嚴重時，請帶到皮膚科接受檢查。

眼睛和耳朵的清潔

當寶寶出現眼屎和耳朵流膿等髒汙時，可以用沾濕的紗布輕輕擦拭除去。使用過的紗布有可能造成感染，請媽媽在使用完畢之後立刻丟掉，並仔細洗手。當寶寶身上出現紅腫或發炎時，請用冰涼的毛巾幫忙冷卻。此外，寶寶的指甲一定要保持短而清潔。由於媽媽很容易不小心忽略眼睛和耳朵的問題，所以一旦發現異狀，請立刻和醫師連絡。

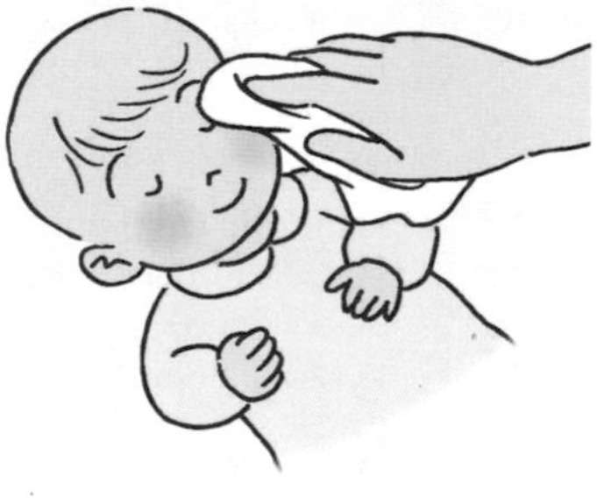

主要疾病

結膜炎

這是眼睛的結膜發炎所引起的疾病。眼睛會充血，眼屎會出現得比平常要多出許多。結膜炎主要可分為病毒性和細菌性兩種。病毒性結膜炎有傳染的可能，而細菌性結膜炎則是用不乾淨的手揉眼睛所造成的。

預防與治療

病毒性結膜炎的傳染力相當強，因此洗臉用的毛巾必須和其他毛巾有所區隔。

如果寶寶動手揉眼睛，就要立刻幫他洗手。至於眼屎，則用沾濕的棉花棒或面紙輕輕擦掉即可。

斜視

分為外斜視、內斜視、上下斜視等，表示左右兩隻眼睛分別看向不同的方向。造成原因是由於眼睛的肌肉無法平衡，長期下來會導致左右眼睛出現視差。

預防與治療

如果不對斜視進行治療，寶寶在看東西時會只用其中一隻眼睛，久而久之可能會造成弱視。斜視可以藉由手術治癒，同時也能透過平日的訓練加以矯正。請觀察症狀的嚴重度，先與醫師進行討論。

聽覺障礙

聲音聽不太清楚時，這種症狀就稱為聽覺障礙。可分為耳朵形狀、外耳道封閉、以及罹患德國麻疹等原因所產生的先天性聽覺障礙；還有中耳炎和腮腺炎所造成的後天性聽覺障礙。患有聽覺障礙的寶寶身上不會出現任何徵兆，請一定要多加留意。

預防與治療

當寶寶對於巨大的聲響或是近距離呼喚都沒有反應時，很有可能患有聽覺障礙。治療方式幾乎清一色都是配戴助聽器並加以訓練。聽覺障礙的症狀若是長期持續，可能會對開口說話造成不良影響。因此媽媽最好能夠儘早發現。

中耳炎

因細菌從鼻子或是喉嚨入侵體內，而造成該處發炎。根據症狀的嚴重程度，不只會造成聽不見聲音，甚至可能會聽到如同噪音一般的沙沙聲。

預防與治療

可以幫寶寶把鼻涕吸出來，但是要注意不可做得太頻繁。當寶寶表示耳朵痛時，請用冷毛巾冷敷耳朵後方；當耳朵出現膿水等髒汙時，則是用熱毛巾輕輕擦拭，必須依照不同的症狀來進行護理。此外，由於中耳炎非常容易轉變成慢性中耳炎，所以一旦發現症狀，請在第一時間前往醫院。

過敏

我們的身體具有免疫系統，可以杜絕異物進入我們的身體。而過敏就是我們的身體對於無害的物質產生過度反應，進而產生了造成過敏反應的物質而導致發炎或是刺激症狀。由於過敏與體質有關，因而很難真正根治。請依照醫師指示，與過敏症狀和諧相處吧！

主要症狀

食物過敏

這是對於某種特定食物產生過敏的過敏症。寶寶會對之出現過敏的食物完全因人而異，雞蛋、牛奶、蕎麥麵、黃豆、小麥、蝦子等食物都有可能。而表現出來的症狀則有蕁麻疹、嘔吐、腹瀉、呼吸困難等各種不同症狀。

預防與治療

只要不吃會引起過敏的食物，就能有效預防。另外，由於吃下不同的食物之後，偶爾會出現不同的症狀反應，建議可以寫下用餐日記，詳細紀錄吃下什麼東西會出現什麼症狀。有時食物過敏會隨著寶寶的消化器官逐漸發達而消失，變成可以吃下該食物。

異位性皮膚炎

寶寶對於引發過敏的物質過敏原產生反應而引起皮膚發炎。過敏原可能是花粉、塵蟎、甚至是灰塵，相當多樣。此外氣候或心理壓力同樣可能造成寶寶出現過敏。這時寶寶的皮膚會變得非常乾燥，並出現發癢。

預防與治療

由於寶寶的皮膚非常敏感，更容易引發異位性皮膚炎。避免食用引起過敏的食物可以有效減緩症狀。由於異位性皮膚炎容易演變成長期症狀，因此請先向醫師請教過敏的原因，確實理解之後加以治療。

支氣管哮喘

分為發作型和慢性型兩種。發作時呼吸會變得非常困難，同時伴隨有黏稠的痰。症狀嚴重時，甚至可能導致寶寶陷入呼吸困難。

預防與治療

支氣管哮喘不只是由過敏引起，氣候等環境因素亦有可能造成哮喘突然發生。由於這種疾病難以掌握病因，一旦出現症狀請盡快前往醫院。若演變成慢性病，可能會傷害到寶寶的氣管，造成病情加重。

過敏性反應

對某種特定物質產生全身性的過敏反應。除了全身上下都會出現蕁麻疹之外，還會伴隨有腹瀉、嘔吐、呼吸困難等症狀。出現症狀的時間大概是3～10分鐘，每個人都不一樣。症狀嚴重時甚至可能致死。

預防與治療

引起過敏的過敏原種類繁多，可能是食物引起，也有可能是藥物或是橡皮筋等橡膠製品，或是蚊蟲叮咬的休克反應所引起的。一旦出現症狀，請媽媽一定要避免給予寶寶任何刺激，盡快前往醫院就診。痊癒後還要徹底查明原因，避免再次發生。

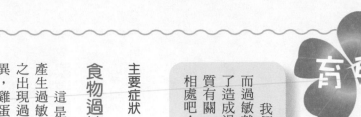

育兒

嬰幼兒的常見疾病

除了之前Ｐ２２２～２３１當中所介紹過的各種疾病以外，此處將介紹嬰幼兒容易罹患的疾病。如果出現任何令人擔心的症狀，請接受醫師治療。

尿道感染

尿液的排出管道──尿道受到細菌感染後所引發的疾病。除了發燒、腹瀉、嘔吐之外，還會出現其他與尿液相關的症狀，例如尿道口疼痛、排尿困難等。

預防與治療

請頻繁更換尿布，並保持屁股與尿道附近的清潔。憋尿會導致細菌繁殖，所以請不要讓寶寶憋尿。

此病長期下來甚至可能影響腎臟功能，因此一旦發現病徵，請盡速就醫。

口內炎

意指口中黏膜產生發炎症狀。口內炎不但會引發口內紅腫，還可分為導致口內潰爛的「口瘡」，以及導致牙齦腫脹並發高燒的「單純泡疹」兩種。

預防與治療

倘若症狀輕微，此疾病會自然痊癒。由於發燒和疼痛的關係，所以讓寶寶不太容易順利攝取水分，例如牛奶等等。

不過還是請頻繁地供給寶寶溫和不刺激的飲料，以避免出現脫水狀況。

鼻淚管阻塞

眼淚是經由一條從眼睛延伸到鼻腔，名為鼻淚管的管道排出。一旦這條鼻淚管阻塞成疾，將會導致眼周泛淚，並且接連不斷地出現眼屎。偶爾也有鼻淚管先天阻塞的案例，稱為先天性鼻淚管阻塞症。

預防與治療

首先請到醫院檢查鼻淚管是否阻塞。此疾病有時能夠自然痊癒，只要用手指輕輕按壓眼頭即可促使痊癒。

然而眼周附近的肌膚特別敏感，所以按摩請在醫師的督導之下執行。

新生兒黑糞症

亦稱為維他命Ｋ缺乏症。此病是由於促進血液凝固所需的營養素維他命Ｋ不足所引發的疾病。寶寶不僅容易出血，甚至可能吐血或排出血便。

預防與治療

因為母乳當中不含維他命Ｋ，所以必須讓寶寶經由其他方法攝取。此時可以請醫師開立含有維他命Ｋ的糖漿等等。為了早期預防，現在的醫院在媽媽產後至出院的這段期間，會讓寶寶飲用維他命Ｋ糖漿，因此發病的寶寶已經逐年減少。

川崎氏症

正式名稱為皮膚黏膜淋巴結症候群。正確的發病原因至今仍然不明。除了連續５天以上的發燒和起疹子之外，嘴唇、淋巴結與手腳亦會發生腫脹。此疾病好發於出生後６個月～４歲的孩童。

預防與治療

如果出現高燒不退等疑似川崎氏症的症狀時，請立刻前往醫院。川崎氏症的治療必須住院才能進行。此外由於還有再次發作的可能，因此出院後仍要定期接受檢查，小心預防再次發病。

新生兒臍炎

簡單來說就是「凸肚臍」。由於腹直肌發育不全，導致寶寶只要大哭或大笑而對腹部施加壓力時，就會讓肚臍呈現整個凸出來的狀態。凸出物的最大直徑可達5公分。

預防與治療

一般來說幾乎不需要任何特別治療。用OK繃或繃帶來壓住凸出部位，除了會壓迫到寶寶的腹部之外還有可能引發皮膚潰爛，建議最好不要這麼做。約有9成的寶寶會在誕生後1年內痊癒。

鼠蹊部疝氣

指的是內臟的一部分掉落在大腿根部（鼠蹊部）位置所引起的疾病，也稱為脫腸。此病絕大多數都是先天造成的。此外，由於這種病與睪丸有關，所以常見於男孩身上。有時症狀僅有腿部腫脹，幾乎沒有任何疼痛感；不過亦會出現像是被緊緊掐住似的痛楚。

預防與治療

一旦發現不尋常的腫脹，就要帶寶寶到醫院檢查。治療方式是用手推回去，反覆推動數次後，有時可以順利恢復原狀。但是始終無法恢復時，就必須開刀進行治療。

臍炎・臍肉芽腫

臍帶脫落後，傷口不但沒有好轉，反而引起感染的狀態，稱為「臍炎」。至於傷口長時間未乾燥而形成腫塊的狀況，則稱為「肉芽腫」。

預防與治療

臍帶脫落後，短期內必須在沐浴之後進行消毒。不過若是出現持續不斷的出血，或是確認肉芽形成時則必須盡速就醫。症狀輕微時，僅需在患部覆蓋上一層乾淨的紗布即可。但是症狀嚴重時，就必須從根部加以切除，或是以燒灼術進行治療。

龜頭包皮炎

這是發生在男孩子身上的疾病，起因為龜頭的包皮發生細菌感染，包覆龜頭的包皮發炎所致。龜頭、陰莖都會出現紅腫與疼痛，特別是在小便時會出現劇痛。由於寶寶平常都會包尿布，小便和糞便容易弄髒龜頭和陰莖而導致細菌孳生。

預防與治療

請盡量保持陰莖和龜頭的清潔，頻繁更換尿布，避免用不乾淨的手直接接觸。龜頭的狀態可分為三種：一是包皮並未包覆龜頭的狀態；二是平時為包皮所覆蓋，但是可以用手撥開，名為假性包莖；三是無法用手撥開包皮的真性包莖。清潔時請勿強行撥開包皮，只要輕柔仔細地加以處理即可。

嚴重黃疸

當紅血球遭到破壞時，會釋放出一種叫做膽紅素的物質到血液當中。原本應該由肝臟負責處理膽紅素，但是由於寶寶的肝臟發育尚未完全，無法順利處理，最後導致血液中的膽紅素濃度上升，寶寶的皮膚便從白色逐漸轉黃。

預防與治療

一般來說誕生後2個星期就會自行消失，但是餵食母乳會比餵食牛奶的孩子更容易殘留黃疸，即使是在1個月後可能仍然相當顯眼。由於過於嚴重的黃疸有可能是疾病的徵兆，請盡速接受檢查。此外，當糞便顏色偏白時，很有可能是罹患了膽道閉鎖症，請盡速前往醫院。

關於預防接種

請接受預防接種

預防接種是以人為的方式，將弱化的病毒或細菌注入體內，促使免疫系統製造抗體。寶寶可以藉由預防接種預防重大疾病，同時也能預防其他疾病。不過預防接種也分為許多種類，施打時期與成分各自不同。接受預防接種前請務必詳細確認施打內容。

「建議施打」與「任意施打」

預防接種可分為鼓勵所有寶寶施打的「建議施打」，以及想施打的人自行接受的「任意施打」兩種。

雖然兩種都不屬於應盡義務，不過考慮到將來寶寶染病的風險，最好還是依照個人需要接受施打比較好。

「建議施打」

概要：依法規定「必須盡可能地接受預防接種」

費用：免費

注意事項：有適用年齡。

「任意施打」

概要：有意願施打者施打

費用：須付費

注意事項：根據施打種類，可能有年齡限制。

預防接種的名稱與副作用

疫苗名稱	病名	接種方式	副作用
BCG	結核	以針頭注射的方式來進行接種。	在極罕見的情況下，腋下淋巴結會出現腫塊。
口服小兒麻痺疫苗	小兒麻痺	利用注射器將疫苗直接射入口中。有時無法一次獲得所有抗體，所以必須在間隔 6 週之後接受第 2 次接種。	每 450 萬人當中會有 1 人出現麻痺症狀。
DPT（3 種混合） DT（2 種混合）	白喉（D） 百日咳（P） 破傷風（T）	經由注射接種。DPT 是在誕生後 2 個月、4 個月、6 個月及 1 歲 6 個月時接種。 2 期則是以 2 種混合的方式，在小學一年級時接種。	注射部位發紅，在極罕見的情況下會腫起來。
MMR（3 種混合）	麻疹 腮腺炎 德國麻疹	出生滿 12 個月及國小一年級時各接種一劑。	在接種後第 5 到 12 天，偶有皮疹、咳嗽、鼻炎發燒或暫時性關結疼痛。 腮腺炎——很少數的接種者，在接種 1-2 週後會發生唾液腺腫痛。 德國麻疹——七個接種者中有一人可能發生紅疹或頸部淋巴腫大，關節痛或僵直可能發生在接種 1-3 週後。
水痘	水痘	經由注射接種。	幾乎沒有。
流行性感冒	流行性感冒	經由注射接種。 每年施打，但 6 個月以下孩童不予接種	注射部位出現紅腫。 偶爾會出現發燒，但是數天之後就會復原。

產前・產後
的運動

孕婦瑜珈

- 暖身動作
- 開腳動作
- 辛斯氏體位
- 傾斜骨盆動作
- 下蹲動作
- 頭殼清醒呼吸法
- 風箱式呼吸法
- 冥想
- 保持直立扭轉身體的動作（產後）
- 半橋式動作（產後）

嬰兒按摩

exercise

孕婦瑜珈

具有什麼樣的效果？

孕婦瑜珈是一種運動。藉由刻意控制呼吸並做出動作，來促使媽媽的身心能安然迎接生產。配合和緩流暢的呼吸，有利於身體和心靈的聯繫。

在懷孕期間，由於荷爾蒙平衡出現巨大的變化，媽媽的身心都處在極為不安定的狀況下。

透過練習瑜珈放鬆心情，能讓媽媽愉快地度過懷孕期。

然而一聽到瑜珈，可能會有很多人聯想到特技表演般的高難度動作。

其實孕婦瑜珈對肚子裡的寶寶沒有任何影響，大肚子也不會造成任何負擔，只是一套簡單的動作而已。

持續練習瑜珈，身體會逐漸變得敏感起來。疼痛也不再只是疼痛而已，而是能夠精準地知道痛在何處；疼痛是以何種方式出現，進而促使自己冷靜地面對痛覺。在陣痛發生時，這種感覺非常重要。

如果能好好面對疼痛，媽媽就不會陷入恐慌，如此才能正確應對生產。

實際上，有報告指出，持續練習孕婦瑜珈的媽媽，在生產時出血量較少；產後的恢復較快；或是寶寶不會毫無來由地哭鬧等。

其中以呼吸法和冥想最能放鬆身心，讓媽媽的意識集中在肚子上，使媽媽在生產前就能和寶寶建立感情。

此外，媽媽自己的第六感也能獲得鍛鍊，因此能在不安或是煩惱時，可以靈光一閃，想出解決的辦法。

而這些都是今後即將迎接新生命、扶養寶寶長大的媽媽所必備的能力。

何時開始比較好？

從懷孕中期，肚子裡的寶寶較為安定的時候開始。如果情況允許，可以一直持續到臨盆當月。

不過呼吸法和冥想可以在初期開始也沒問題。

具體來說在什麼時候進行？

空腹的時候，或是飯後30分鐘之後，避免在洗完澡之後進行。1天只需要做1輪就會有非常好的效果。

靜不下心的時候，或是睡不著的時候，可以躺在床上反覆實行呼吸法，如此就能放鬆身心。

孕婦瑜珈

暖身動作

瑜珈的動作必須和緩，呼吸必須深沉而流暢

效果 這是用來暖身的動作。
睡不著的時候，在床上進行同樣能夠收到良好的效果

①
雙手在胸前合十，一邊反覆和緩而流暢的呼吸，一邊將意識集中在自己的身體上。盡量將頭、脖子、肩膀、腰部放鬆。如果有哪一處感到疼痛，便將注意力引導至該處。

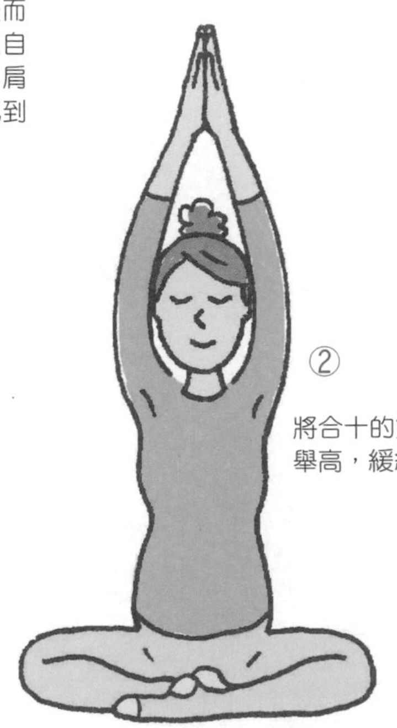

②
將合十的雙手向上舉高，緩緩吸氣。

③ 慢慢吐氣，並將手移回原位。
如果有某處出現疼痛，請想像痛覺和氣息一同吐出。
重複這個動作數次。

注意事項

進行孕婦瑜珈時有三點需要注意。

①請仔細傾聽身體發出的聲音

例如腰痛時，最好不要進行負擔過大的動作。進行瑜珈時必須自始自終將注意力放在自己的身體上。

②吐氣時一定要緩緩進行

呼吸能夠發揮將身體和心靈結合在一起的功能。請注意呼吸一定要綿長和緩，尤其是吐氣，時間必須為吸氣時的兩倍長。

③絕對不要勉強自己

覺得自己的身體狀況和往常不同，覺得有點不對勁的時候，就不要勉強進行。如果在停止瑜珈之後仍然感到疼痛，或是肚子出現緊繃感，請到醫院接受檢查。

孕婦瑜珈

開腳動作

張開到身體容許範圍，動作和呼吸都要緩慢

效果 增加股關節的柔軟度，讓寶寶更能順利通過骨盆。同時有助於改善腳部抽筋。

①
在自己身體的容許範圍之內張開雙腳，放鬆肩膀，做一次深呼吸。

重點
腳尖稍微往外。

②
一邊吐氣，一邊把手放在地上，上半身緩緩向前傾。

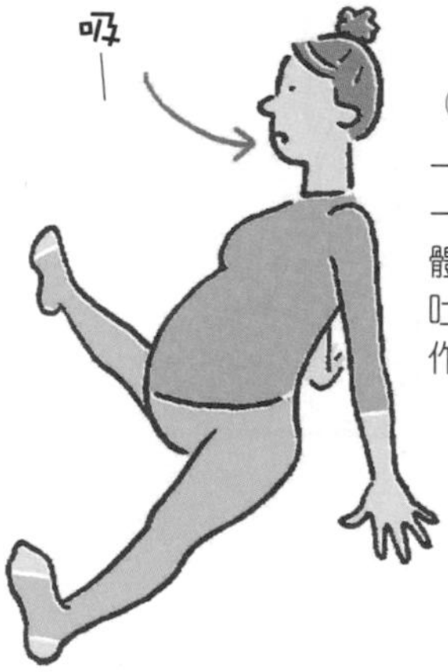

③
一次呼吸之後，一邊吸氣一邊將胸口向前挺，身體微微後仰。接著一邊吐氣，一邊回復原本的動作，再做一次深呼吸。

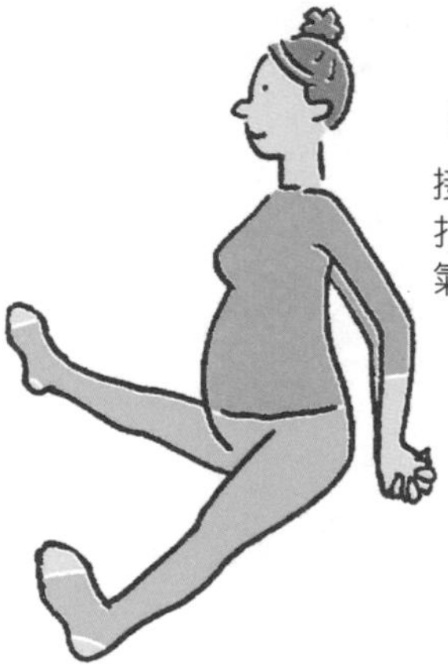

④
接下來，將雙手緊扣在背後，一邊吸氣一邊挺胸。

給雙腳無法順利張開的媽媽

可以採用輪流伸出一隻腳的動作。
先抬頭挺胸，深呼吸一次。
此時將腳掌放置在雙腿之間。
做好這個動作之後，再進行開腳動作。

⑤
緩緩吐氣，放鬆肩膀，雙手放回原位，再做一次深呼吸。

孕婦瑜珈

辛斯氏體位

放鬆全身，好好休息以恢復精力

效果

這個動作不管是對大肚子的媽媽來說，還是對肚子裡的寶寶來說，都是非常輕鬆舒適的姿勢。

不只是在做瑜珈的時候，在日常生活中，只要感到疲勞就可以採取這個姿勢休息。

只要能夠順利放鬆全身，生產時也可以發揮非常大的作用。

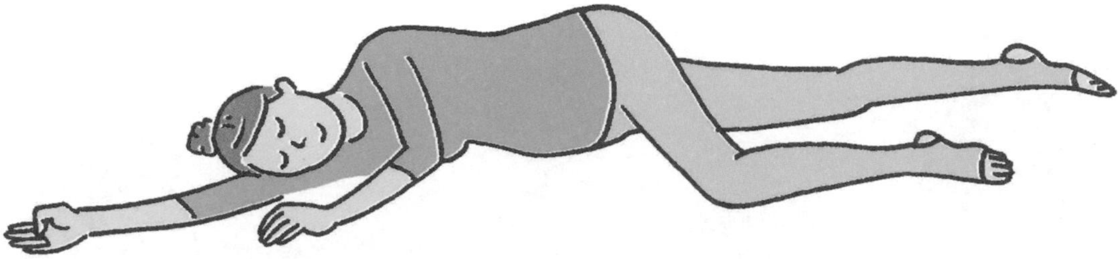

側身躺下。不管哪一側在下都無妨，請面向自己覺得比較輕鬆的那一面。
下方的腳輕輕伸直；彎起上方的腳，做出防衛腹部的動作。
全身放鬆，緩緩呼吸。以這個姿勢休息3～5分鐘。

靈活運用抱枕和枕頭

利用抱枕或枕頭，調整出最為舒適的姿勢。

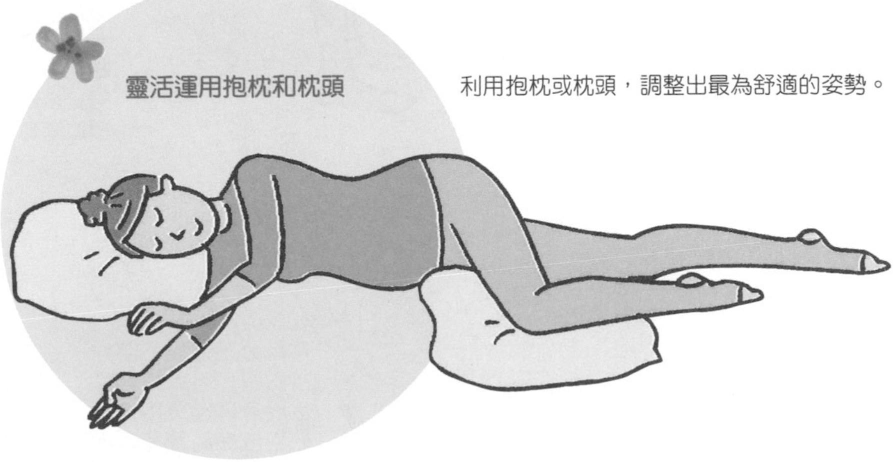

孕婦瑜珈

傾斜骨盆動作

確實意識到自己的骨盆，盡量挺直背脊。

效果 骨盆與生產息息相關。這個動作是為了讓骨盆的動作更柔軟。

用手撐住骨盆，確認它的動作。若骨盆向前傾斜，寶寶就能更順利地通過產道。此外，這個動作還能舒緩因支撐腹部重量而產生的腰部疼痛。

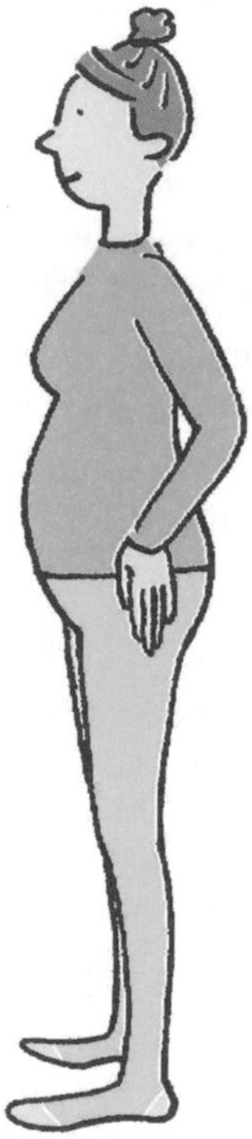

①

稍微分開雙腳。
雙手插腰，做一次深呼吸。

②

一邊吸氣，一邊試著將臀部上舉，讓腰骨緩緩向前突出。

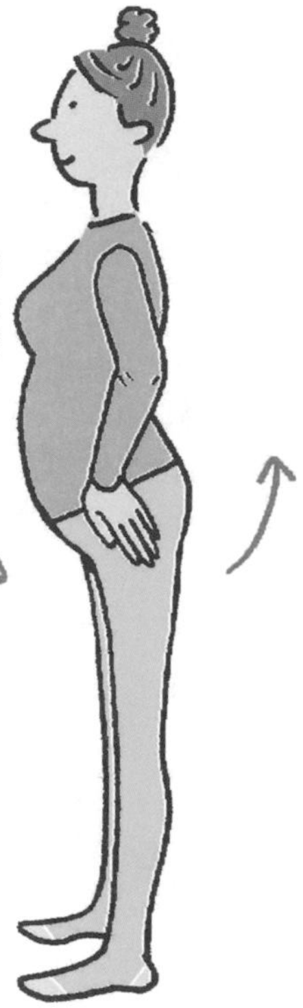

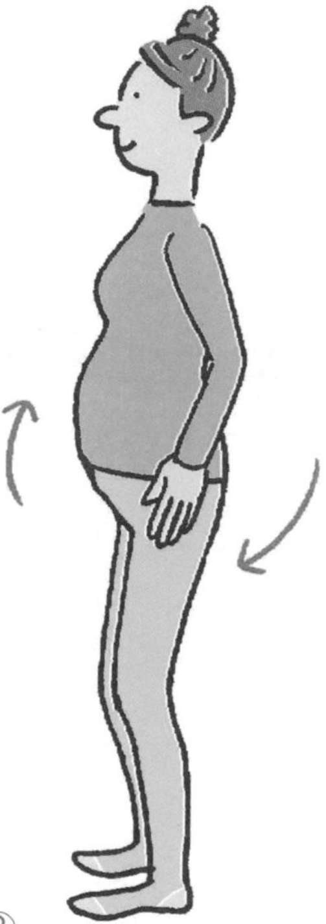

③

一邊吐氣，一邊將恥骨緩緩向前推，回復原來的姿勢之後做一次深呼吸。反覆這個動作數次。

可將雙手各自置於前後以確認動作

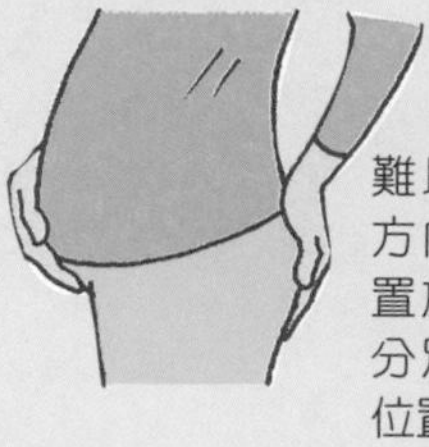

難以分辨骨盆的動作方向時，可以把雙手置於身體前後兩側，分別放在恥骨和臀部位置。

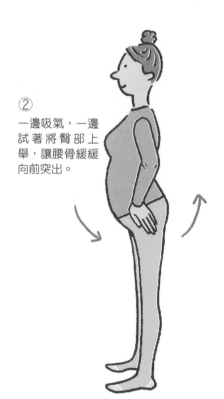

下蹲動作

效果 進行這個動作可以收到擴展骨盆底的效果，同時可以拉伸會陰，減少生產時發生裂傷的機會。為了讓寶寶能夠順利下降，臨盆當月最好每天都要進行一次。

注意！！

懷孕30週之後確定胎位不正的媽媽，在胎位矯正回來之前請避免進行這個動作。如果在35週之後寶寶的胎位依舊不正，就不可以進行這個動作。

懷孕後期請積極地下蹲吧！
如果做起來很吃力，可以墊個坐墊在屁股底下

①
張開雙腿，盡可能地維持背部挺直，往下蹲。

②
吸氣，將手肘靠在膝蓋內側，雙手合掌。

蹲不穩的時候，可以墊一個坐墊在屁股下，或是請另一半扶住自己。

③
一邊吐氣，一邊將手肘向外張，撐開膝蓋。接著一邊吸氣，一邊讓合十的雙手回到原位。接下來再緩緩吐氣，放鬆膝蓋。
反覆這套動作數次。

頭殼清醒呼吸法

讓呼吸能夠
好好地停留在肚子裡。
呼氣的次數，就算
一開始很少也不
要緊！

效果 呼吸變得更深沉，讓媽媽徹底學會腹式呼吸法。若能學會腹式呼吸，生產時就更能避開憋氣用力。此外，頭殼清醒呼吸法是一種淨化式的呼吸法，能提升體溫，並增強消化力。

①

雙手的食指和拇指互碰，成一個圓形，放在膝蓋上。
手心朝上或朝下都無妨。腹肌不發達的人，可以把意識集中在自己的肚子上。用鼻子吸入充分的空氣。

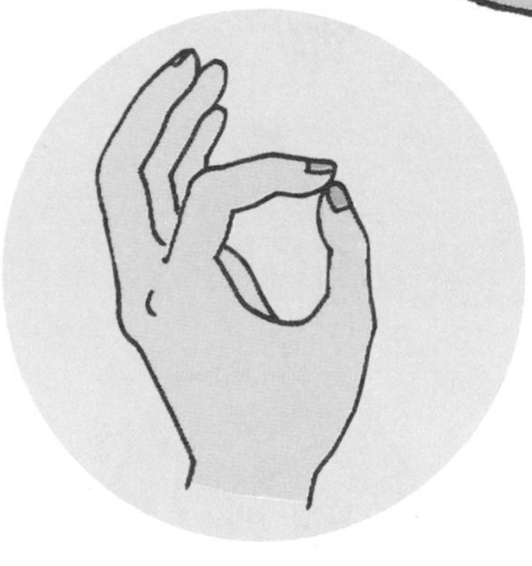

②

腹部用力，短促地、有節奏地用鼻子呼氣。習慣這種呼吸法之後，請增加呼氣的次數。請反覆練習這個動作20次。最後再以一個深呼吸作結。

風箱式呼吸法

將意識集中在呼吸上。用單邊鼻孔吸氣單邊鼻孔呼氣

效果 可集中注意力，讓腦袋徹底清醒。
可使不安感隨之消失，身心都能穩定下來。
睡不著的時候特別有效。

① 盤腿而坐，抬頭挺胸，將眼睛輕輕地閉起來。

② 左手放在膝蓋上。
右手食指抵住額頭，拇指按住右邊鼻孔，用左邊鼻孔吸氣。

③ 憋氣5秒。接著放開拇指，改用中指和無名指按住左邊鼻孔，從右邊鼻孔呼氣。

④ 維持原來的動作從右邊鼻孔吸氣，憋氣5秒。然後放開中指和無名指，再用拇指按住右邊鼻孔，從左邊鼻孔呼氣。這個動作必須反覆數次。

孕婦
瑜珈

冥想

將意識導向腹中的寶寶，試著和他說話

在地板上盤腿而坐，抬頭挺胸。輕閉上眼睛後，將雙手放在肚子上。一邊緩緩地呼吸，一邊想像肚子裡的寶寶。
寶寶是什麼樣子呢？
試著和寶寶說話，把自己的想法告訴他！

如果真的想像不出寶寶的樣子，那麼就試著想像未來寶寶誕生之後的生活吧！
寶寶出生之後會是什麼感覺呢？
這段寧靜的時間，是專屬於妳和寶寶的時間。想像一段時間（5分鐘以上）之後，再慢慢地睜開眼睛。睜開眼睛後做一個深呼吸。移動指尖後再作一個深呼吸。花一段時間讓身體動起來。

和寶寶對話吧

冥想的時間，就是媽媽和肚子裡的寶寶對話的最好時機。

根據調查胎內記憶的研究結果顯示，肚子裡的寶寶其實具有意識，能夠記得爸爸或媽媽對自己說的話。所以在此強烈建議一定要積極地和寶寶說話。

在懷孕期間，有些媽媽透過和寶寶之間的對話，可以發現自己的疏忽之處，或是得到有用的建議。

如果已經先有一個孩子，很有可能會騰不出空閒時間。

不過還是請盡量挪出冥想時間，讓自己和寶寶面對面，以度過豐富的懷孕生活吧！

肚子裡的寶寶到底在做什麼呢？
寶寶其實非常清楚媽媽的心情。
媽媽內心平靜的時候，寶寶也能獲得放鬆。
所以空出一段寧靜的時光來進行冥想，
對寶寶來說是非常非常舒服的體驗。
輕輕呼喚寶寶一聲吧！
同時全心感受自己和寶寶之間那份無形的羈絆。

孕婦瑜珈（產後）

保持直立扭轉身體的動作

意識骨盆底肌的存在，挺直背脊扭扭身體

效果 能夠收緊因懷孕生產而鬆弛的骨盆底肌。若是放任骨盆底肌鬆弛，將會造成血流不順、漏尿、以及手腳冰冷的毛病。如果產後恢復情形良好，請在產後 1 個月就開始練習。

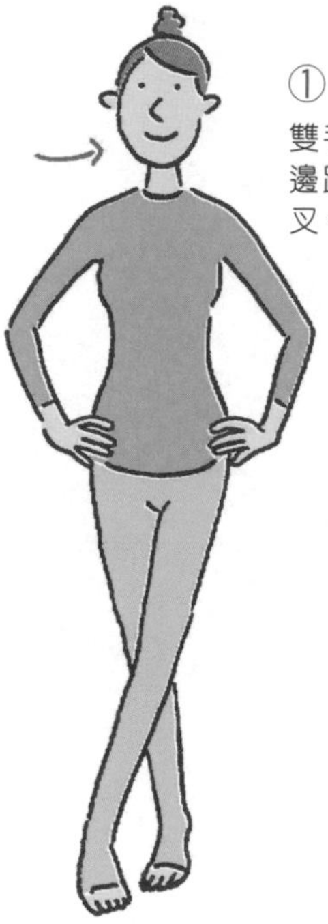

①
雙手插腰，一邊吸氣一邊踏出左腳，讓雙腳交叉。

②
一邊吐氣，一邊將上半身緩緩地扭向左邊。這時必須持續保持抬頭挺胸，小心不要讓身體向前傾。

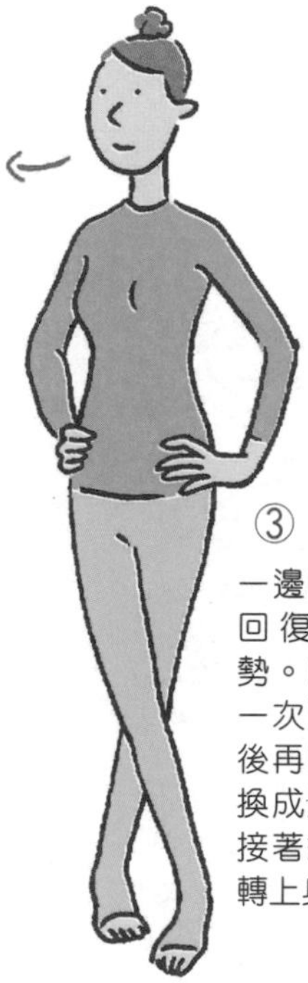

③
一邊吸氣，一邊回復原來的姿勢。回復後再做一次深呼吸。隨後再吸一口氣，換成踏出右腳。接著緩緩吐氣扭轉上身。

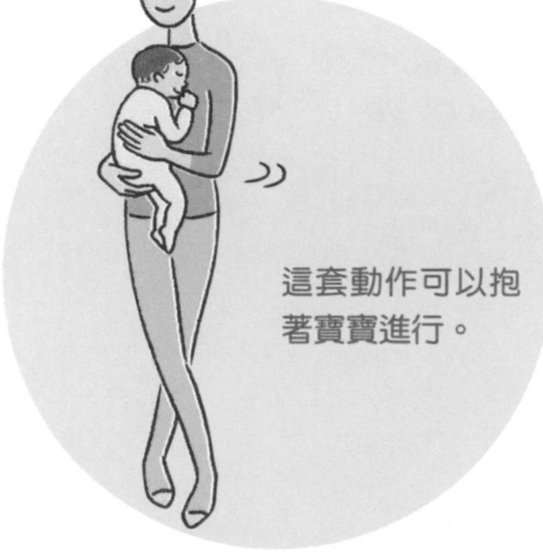

這套動作可以抱著寶寶進行。

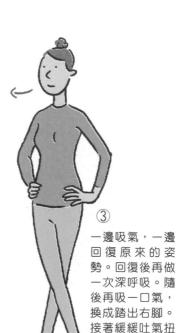

孕婦瑜珈（產後）

半橋式動作

抬高臀部，模擬骨盆收緊的感覺

效果 能讓產後鬆弛的骨盆重新恢復緊實，並將位置略微下降的骨盆位置向上提。同時也能發揮提臀的功效。如果產後恢復情形良好，請在產後 1 個月就開始練習。

① 仰躺，彎起膝蓋。

② 一邊吸氣，一邊依序抬起臀部、腰部到背部。完全抬起後維持住這個動作，屏住呼吸。

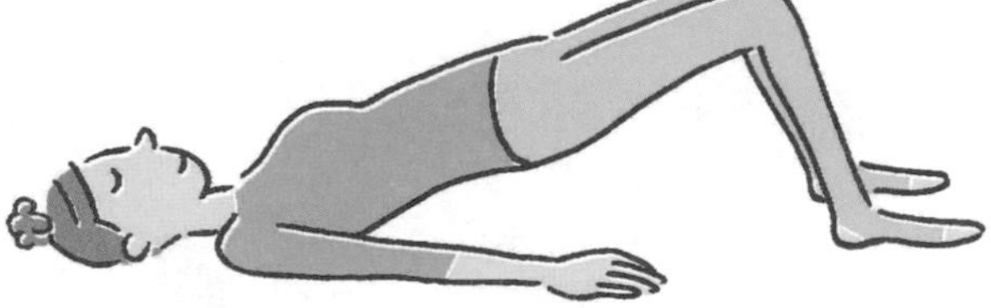

③ 緩緩吐氣，以相反的次序將背部、腰部到臀部放至地面。放平之後作一個深呼吸。這個動作需要重複數次。

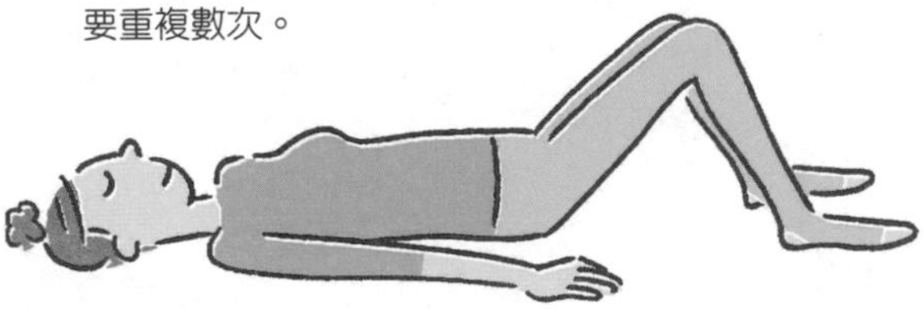

練習時若能讓寶寶趴在肚子上，效果更佳。

產後也要持續進行頭殼清醒呼吸法和風箱式呼吸法。
同時也可以在寶寶睡覺的時候，安排冥想時間。
心情能夠獲得平靜，就能消除育兒帶來的焦慮不安。

建議和寶寶一起練習做這種放鬆動作

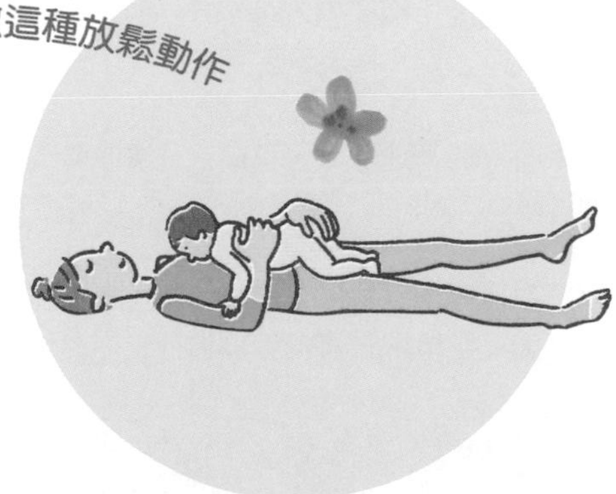

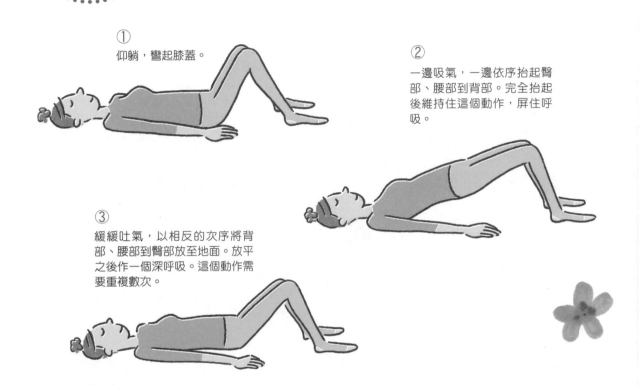

嬰兒按摩

最重要的是兩人一起享受按摩過程

嬰兒按摩最重要的一點，就是媽媽和寶寶都要共同享受這段時光。因此請選擇寶寶心情愉快，而且媽媽也比較悠閒的時候進行。建議在洗澡之前，媽媽可以一邊脫掉寶寶的衣服一邊進行。

形式上具有一套施行順序，不過其中沒有任何一項是非做不可的項目。所以媽媽可以觀察寶寶的情況，並依照自己的施行便利性加以調整。

對寶寶的作用

① 刺激寶寶的腦部
（觸覺、視覺、聽覺、運動神經）
② 藉由肌膚接觸，讓寶寶的精神放鬆
③ 藉由按摩，活化內臟機能
（可改善便秘）
④ 藉由親密接觸加深親子羈絆

對媽媽的作用

① 接觸寶寶能使母愛湧現
② 更能掌握寶寶的身體變化和成長
③ 能和和寶寶好好地面對面相處

隨時可行，不分月齡

除了在剛喝完牛奶之後（進食過後），其他時間隨時都可以進行嬰兒按摩。尤其推薦在寶寶心情好的時候、洗澡之前，以及睡覺之前進行。最好能從新生兒時期一直持續到幼兒時期，空出能夠放鬆的時間。

使用透明的芝麻油

為了不讓寶寶的皮膚過度負擔，請媽媽一定要使用潤滑油。建議使用吞下去也不要緊的太白牌芝麻油*。一般超市就能買到，而且芝麻油當中含有的亞麻油酸具有良好的保濕效果。

注意事項

- 將室溫維持在寶寶即使光著身子也不會著涼的溫度。調節到23度即可。
冬天的室溫更需要特別注意。
- 結束時不必把油擦掉，可以在洗澡時沖掉。
- 如果寶寶開始哭泣，那麼中途停止也ＯＫ。請完全按照寶寶的步調進行。

事前準備物品

- 大塊一點的浴巾
準備一條能讓寶寶橫躺在上面的大浴巾。其實毛毯也可以，但還是準備沾到油之後能夠用力搓洗的材質比較理想。
- 透明的芝麻油
裝在小碟子裡使用。
- 可放鬆心情的音樂
為了在按摩期間放鬆心情，可以播放寶寶最喜歡的音樂，或是古典樂、心靈音樂等。

*註：日本廠牌，直接用生芝麻榨取的透明芝麻油。

好，我們開始吧

開始嬰兒按摩之前，請先向寶寶說聲「要開始了喔」，再開始進行。
可以抱著寶寶輕輕搖晃，以作為暖身運動。
這時請盡量和寶寶保持眼神接觸。

①
採取盤腿坐下之類的輕鬆姿勢，抱起寶寶。

②
抱著寶寶輕輕搖晃。一邊將重心左右移動，一邊輕輕搖晃寶寶。

③ 媽媽的骨盆左右迴轉，畫成 8 字形。
④ 一邊迴轉一邊上下聳肩，讓全身放鬆。
⑤ 同時輕柔撫摸寶寶的身體。
⑥ 這個動作必須持續做到身體放鬆、筋骨舒展開來為止。

臉

按摩臉部的時候，請和寶寶保持眼神接觸。

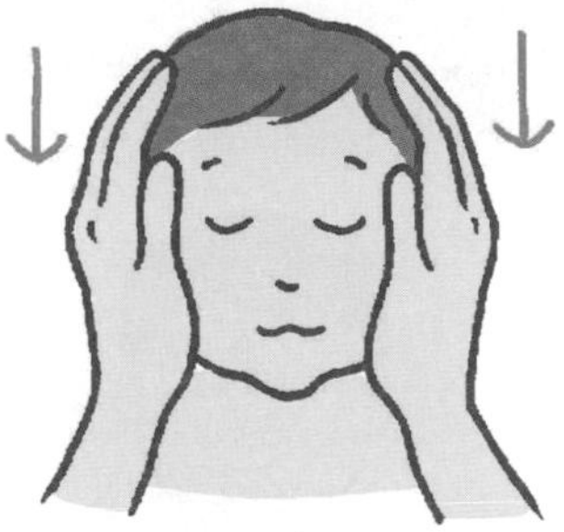

請一邊和寶寶說話一邊進行。
一下能聽見或一下聽不見聲音時，能夠刺激寶寶的聽覺發育。

① 將雙手貼在寶寶的臉頰上。
② 把手緩緩下移
③ 反覆這個動作數次。

頭

給予頭部輕微刺激，可達到鎮定心神的效果。

① 按摩之前，請媽媽先搓一搓雙手，促進血液循環。因為冷冰冰的手會嚇到寶寶。持續摩擦雙手，直到溫暖起來。
② 想像寶寶戴著一頂西瓜紋路的帽子，再沿著想像中的黑色直線進行按摩。
③ 運用四指的指尖，從頭頂中心開始，以畫圓的方式按摩到兩側。當寶寶的頭還小時，可以只用中指。
④ 輕輕刺激髮際。有節奏地畫圈。

使用潤滑油

從這一步驟開始使用按摩精油（太白牌芝麻油）。

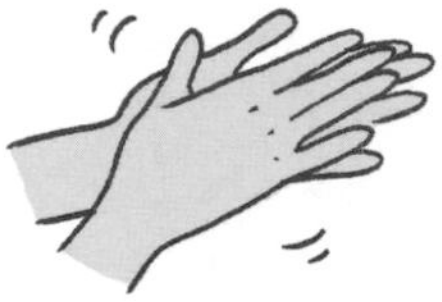

①將油倒進小碟子裡。
不要一次倒太多，不夠時再添加，這樣就不會造成浪費。
②將油倒入掌心，接著雙手互相摩擦，讓潤滑油遍佈整片手掌。
小心不要讓潤滑油過度黏稠，即可開始進行按摩。一旦覺得手掌不再潤滑時，請再度將油倒入掌心抹勻。

脖子

支撐頭部的脖子是肌肉容易僵硬的地方。
請細心加以按摩紓緩。

①媽媽的四根手指伸進寶寶的脖子後方，兩手中指不要碰在一起，稍微分開。
②用中指指腹輕輕施壓，由下往上加以按摩。

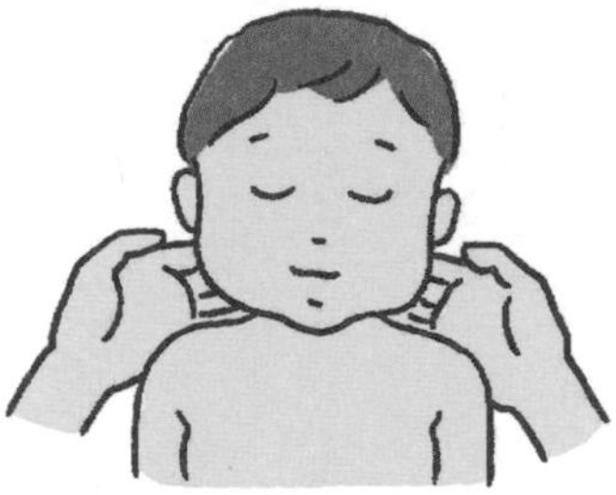

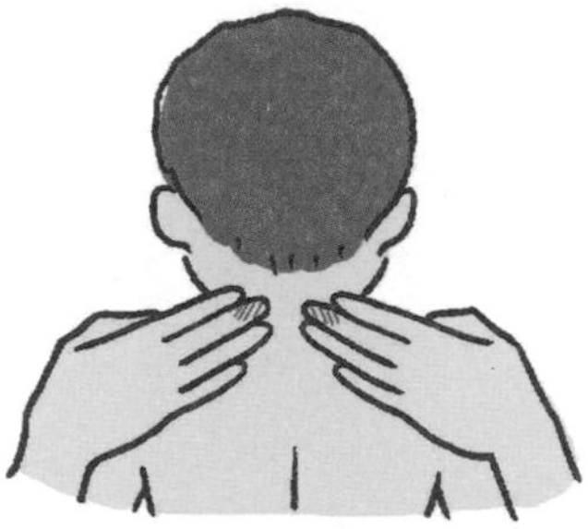

肚子

按摩肚子能夠改善寶寶情緒不穩、半夜哭泣、或是便祕等狀況。

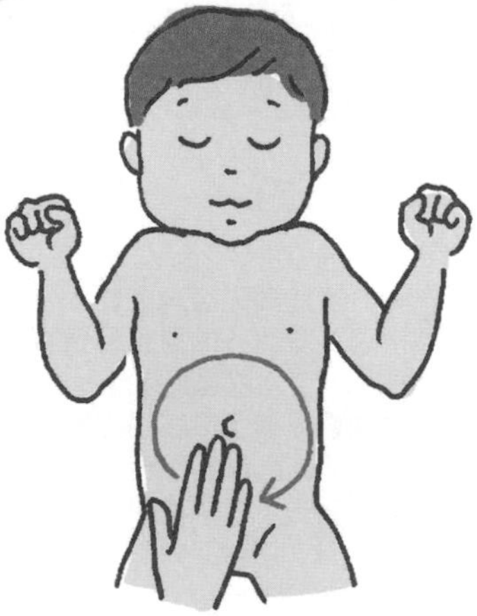

①讓寶寶露出肚子，將手放在上面。
②以肚臍為中心，依照順時針方向輕輕按摩。按摩時請運用整根手指的內側。

胸口到肩膀

若能讓寶寶確實挺胸，甚至可以按摩到肺部。
不要隔著衣服進行，而要直接接觸皮膚。

①展開寶寶的胸口，將雙手放在胸口上。
②使用手指內側，按摩範圍從胸口、肩膀直到手臂，讓胸口能夠盡量開展。

手

從肩膀到手臂。
接著給予手掌刺激。
手掌的刺激可以稍微強些。

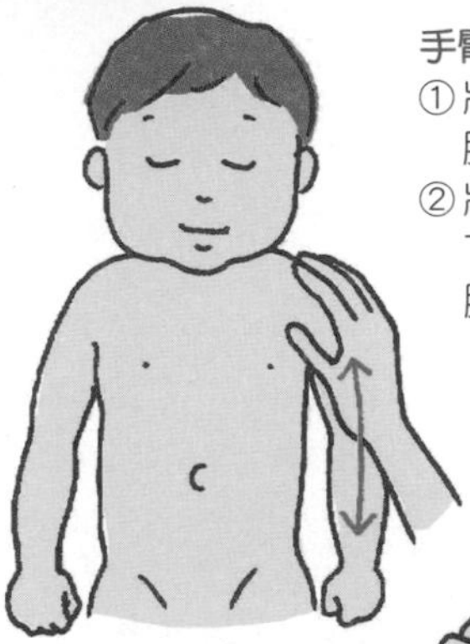

手臂

① 將手放在寶寶的肩膀上。
② 將手輕輕地從肩膀下滑到手臂、手腕。

手掌

① 輕輕展開寶寶緊握的手掌。
② 展開之後，用手指輕輕敲打給予刺激。

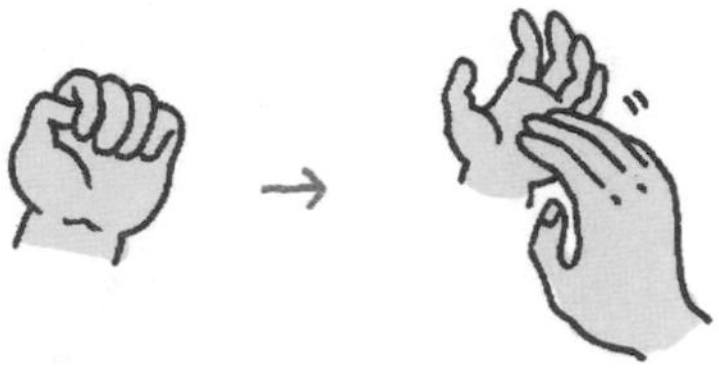

背後

按摩範圍從背後一直到屁股。兩邊屁股如果夾在一起，容易會因為濕氣而潰爛，所以請將雙腳分開，直接與空氣接觸。

① 將雙手貼在寶寶的背後。
② 沿著脊椎骨兩側，緩緩向下輕撫按摩。
③ 向下到屁股的時候，請在屁股位置輕輕向外按摩一圈，讓屁股分開，再朝著中心位置輕吹一口氣。

腳

來自腳底的刺激，對於促進寶寶走路相當有效。這裡介紹的腳底按摩，請在自己有空閒，而且寶寶心情愉快的時候進行。可從下到上摩擦整個腳底。

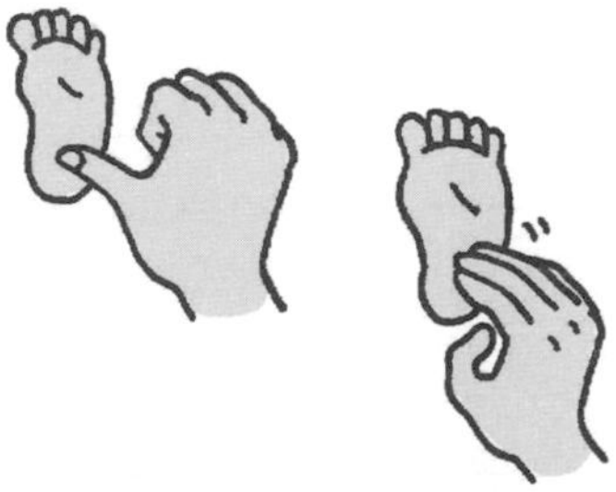

① 舉起寶寶的腳掌，將手指抵在腳底板上。
② 從腳跟開始往上按摩。腳底也可以稍微多用一點力。當寶寶的腳掌還小時，只要用大拇指的指腹按摩即可。
③ 最後用指尖輕敲腳底板，給予刺激。

冷卻舒緩

最後加以冷卻舒緩，結束嬰兒按摩。

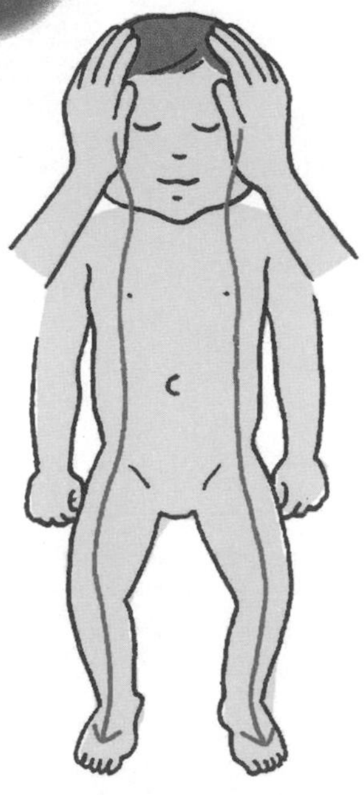

① 使用雙手，從頭到肩膀、手，一路緩緩向下撫摸。
② 從胸口到肚子、腳，直到趾尖，緩緩地向下撫摸。

十六劃

十七劃

十八劃

十九劃

二十劃

二十一劃

二十二劃

二十三劃

二十四劃

十二劃

十三劃

十四劃

十五劃

八劃

九劃

十劃

十一劃

索 引

英文

二劃

三劃

四劃

五劃

六劃

七劃

國家圖書館出版品預行編目資料

幸福生產書：給新手媽咪專用的懷孕・生產・育兒百科 / 池川明監修；江宓蓁譯. -- 初版. -- 新北市：世茂出版有限公司，2022.11
面；　公分. --（婦幼館；176）

ISBN 978-626-7172-05-6（平裝）

1.CST: 懷孕　2.CST: 分娩　3.CST: 育兒　4.CST: 婦女健康

429.12　　　111012831

婦幼館 176

幸福生產書：給新手媽咪專用的懷孕・生產・育兒百科

監　　修／池川明
譯　　者／江宓蓁
主　　編／楊鈺儀
出 版 者／世茂出版有限公司
地　　址／（231）新北市新店區民生路 19 號 5 樓
電　　話／（02）2218-3277
傳　　真／（02）2218-3239（訂書專線）
劃撥帳號／ 19911841
戶　　名／世茂出版有限公司　單次郵購總金額未滿 500 元（含），請加 80 元掛號費
酷 書 網／ www.coolbooks.com.tw
排版製版／辰皓國際出版製作有限公司
初版一刷／ 2022 年 11 月

I S B N ／ 978-626-7172-05-6
定　　價／ 450 元

「本書為《日本第一胎內記憶婦產科醫師寫給準媽媽的安產書》暢銷改版」